“十三五”职业教育国家规划教材

模拟电子技术应用

(第二版)

主　编　肖义军

工学结合：新理念

考核评价：新模式

技能抽查：新指导

·长　沙·

图书在版编目(CIP)数据

模拟电子技术应用 / 肖义军主编. —2版. —长沙：中南大学出版社，2022.8

ISBN 978-7-5487-4838-0

Ⅰ. ①模… Ⅱ. ①肖… Ⅲ. ①模拟电路—电子技术 Ⅳ. ①TN710

中国版本图书馆 CIP 数据核字(2022)第 031534 号

模拟电子技术应用

MONI DIANZI JISHU YINGYONG

主编 肖义军

□出 版 人 吴湘华
□责任编辑 胡小锋
□责任印制 唐 曦
□出版发行 中南大学出版社
社址：长沙市麓山南路 邮编：410083
发行科电话：0731-88876770 传真：0731-88710482
□印 装 长沙印通印刷有限公司

□开 本 787 mm×1092 mm 1/16 □印张 14 □字数 348 千字
□版 次 2022 年 8 月第 2 版 □印次 2022 年 8 月第 1 次印刷
□书 号 ISBN 978-7-5487-4838-0
□定 价 35.00 元

前言
Foreword

第二版前言

“十三五”职业教育国家规划教材《模拟电子技术应用》(第一版)自2017年出版以来，受到中等职业学校师生的欢迎，使用较为广泛。随着中等职业教育人才培养目标与教学模式的变化，为使该教材适应新的职业教育教学改革方向，更贴近教学的实际需要，我们对该教材进行了修订。本次修订依据教育部颁布的《中等职业学校电子技术基础与技能教学大纲》，同时参照了有关国家职业技能标准和行业职业技能鉴定规范，也充分吸收了使用学校一线教师的反馈意见和建议。

本书编写时努力体现以全面素质教育为基础、以就业为导向、以职业能力为本位、以学生为主体的职业教育教学理念；坚持“做中学、做中教”的职业教育教学特色，积极探索理论和实践相结合的教学模式，适应项目化教学新型教学方法实施的需要；将模拟电子技术的基础理论与技能知识进行归纳梳理，融合成五个典型实践项目。

根据中等职业学校学生的知识水平、认知特点以及职业技能培训要求，本书融合的五个典型实践项目均采用项目描述、知识准备、任务实现、考核评价、拓展提高和同步练习等六个环节的体例结构，打破传统的学科体系，以项目为导引，以任务为驱动，遵循“以能力培养为核心，以技能训练为主线，以理论知识为支撑”，较好地处理了理论与实践的关系，主题鲜明，重点突出，体现了“够用、适用、管用”的思想。变学科知识本位为职业能力本位，融理论知识于项目实践，注重学生动手能力的培养，达到理实合一、交互渗透、逐渐递进的教学效果，突出了工学结合与职业素质的培养，满足学生职业生涯发展的需要。

建议本课程的教学课时数为124课时，各项目参考学时见下表。

内容	课时
项目1：智能小夜灯的制作	30
项目2：迷你小功放的制作	38
项目3：简易金属探测器的制作	20
项目4：可控硅调光台灯的制作	16
项目5：多功能直流稳压电源的制作	16
机动	4
合计	124

由于编者水平有限，书中错误和不当之处在所难免，热诚欢迎广大读者批评指正，提出宝贵的意见和建议(QQ：249260921)，以便进一步完善教材。

编 者

2022年2月

第一版前言

根据《国务院关于大力发展职业教育的决定》、国务院印发的《关于加快发展现代职业教育的决定》等文件提出的教材建设要求，及《中等职业学校专业教学标准(试行)》(2014)要求职业教育科学化、标准化、规范化等，以及习近平总书记专门对职业教育工作作出的重要指示，编写了这本《模拟电子技术应用》。

本书是基于“知行合一”理念的中等职业学校电子类专业创新教材。编写时以项目模块重新构建知识体系结构，书中内容都是以典型产品为载体设计的活动来进行的，围绕工作任务、工作现场来组织教学内容，在任务的引领下学习理论，实现理论教学与实践教学融通合一、能力培养与工作岗位对接合一、实习实训与顶岗工作学做合一。

本书紧紧围绕课程目标重构知识体系结构，项目内容按照项目描述、学习目标、知识准备、任务实现、考核评价、拓展提高这六个环节来组织编写。编写中坚持以工作为本位、以职业实践能力培养为主线、以项目为载体的总体要求。每个项目的学习都以典型电子产品为载体设计的活动来进行的，打破传统的学科体系，紧紧围绕工作任务来选择和组织课程内容，在任务的引领下学习理论知识，让学生在实践活动中掌握理论知识，实现理论与实践的一体化，提高岗位的职业能力。

本书的特点：

1. 教材中各项目及项目内容按照循序渐进、由易到难、先感性再抽象的递进关系安排，所选案例、任务、项目贴近学生学情，又注重了知识的趣味性、实用性和可操作性，遵循了中职学生的认知规律。

2. 教学内容浅显易懂，理论内容以“够用、实用”为原则，增强了实践性教学内容。实践性教学内容占总课时的50%左右，使学生既有一定的理论知识，又有更多的实践机会。

3. 全书共安排了五个项目任务，重点关注如何综合运用所获得的理论知识、操作知识来完成工作任务。通过“完整性活动”，学生可获得有工作意义的“产品”或者“作品”，这样，不仅可以增强学生对教学内容的直观感，而且有利于增强学生的工作热情和学习兴趣，达到让学生通过完成具体项目来构建相关理论知识，并发展职业能力的目的。

建议本课程的教学课时数为110课时，各项目参考学时见下表。

内容	课时
项目1：智能小夜灯的制作	26
项目2：迷你小功放的制作	34
项目3：无线话筒的制作	14
项目4：调光台灯的制作	16
项目5：多功能直流稳压电源的制作	14
机动	6
合计	110

由于编者水平有限，书中错误和不当之处在所难免，热诚欢迎广大读者批评指正，提出宝贵的意见和建议（QQ：249260921），以便进一步完善教材。

编　者

2017年6月

目录

Contents

项目1

智能小夜灯的制作

1.1 项目描述

本项目介绍的智能小夜灯(图1-1)，是采用阻容降压、桥式整流、电容滤波、二极管稳压等电路将220 V交流电变换成LED工作所需要的直流电，通过光敏电阻对光照的检测来控制电子开关，实现LED灯白天自动熄灭，夜晚自动点亮。通过本项目的学习与实践，可以让读者获得如下知识和技能：

图1-1　智能小夜灯

1. 会识别和检测电阻器、电容器和电感器；
2. 掌握晶体二极管的符号、特性和参数；
3. 会识别和检测晶体二极管；
4. 掌握整流滤波电路的组成及工作原理；
5. 会计算常用整流电路输出电压的大小；
6. 会根据实际整流电路的要求选择整流二极管和滤波电容；
7. 掌握稳压、发光、光电、变容等特殊二极管的符号、特性和作用；
8. 会使用NI Multisim 14.0仿真软件对电路进行仿真实验；
9. 会安装、调试和检测智能小夜灯电路；
10. 具有一定的电子产品装接、检测和维修能力。

1.2 知识准备

要完成以上要求的智能小夜灯的制作，需要具备以下一些相关知识和技能，下面分别进行阐述。

1.2.1 电阻器

任务导引

电阻器简称电阻，是电子电路中不可缺少的元件之一，其作用是阻碍电子的运动，即控制电流的大小。电阻在电路中的作用主要有缓冲电流、充当负载、分压、分流和保护等。那么，我们如何从外形识别电阻？电阻的主要参数有哪些？电阻如何选用和检测呢？

一、认识电阻器

1. 普通电阻器

电阻器用字母 R 表示，图形符号如图 1-2(a)所示；图 1-2(b)为色环电阻实物，色环电阻体上面色环用于标识电阻的阻值和误差精度，目前常用的有四色环和五色环两种标识方法，其中五色环的精度比较高；图 1-2(c)为贴片电阻实物，目前常见的封装形式为 0602 和 0805，其标称阻值直接标注在电阻的表面，如“R050”表示 0.05 Ω，“204”表示 20×10^4 Ω (200 kΩ)；图 1-2(d)为大功率线绕电阻实物。

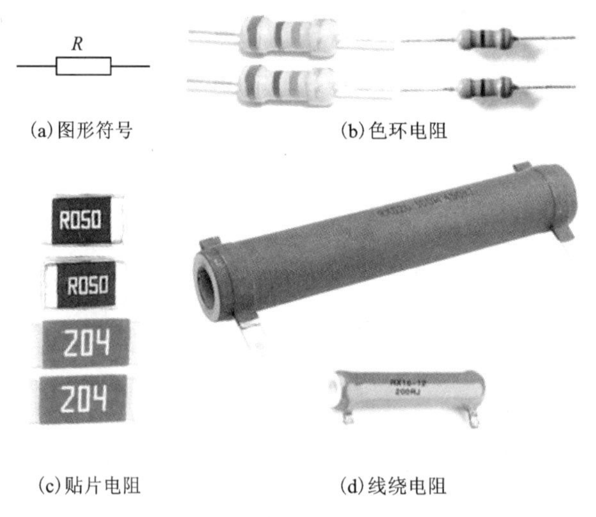

(a)图形符号 (b)色环电阻

(c)贴片电阻 (d)线绕电阻

图 1-2 普通电阻的图形符号及实物

2. 特殊电阻器

图 1-3 所示为部分特殊电阻的实物及图形符号；图 1-3(a)为光敏电阻实物及图形符号，光敏电阻在电路中通常用字母“R_L”来表示。光敏电阻的顶部有一个受光面，可以感受外界光线的强弱：当光线较弱时，其阻值很大，光线变强后，阻值迅速减小。利用光敏电阻的这个特性可以制作各种光控电路或光控灯；图 1-3(b)为热敏电阻实物及图形符号，热敏电阻在电路中通常用字母“R_T”来表示，分为正温度系数(PTC)和负温度系数(NTC)两大类，常用于各种温度控制电路中；图 1-3(c)为压敏电阻实物及图形符号，它在电路中常用字母“R_V”表示。压敏电阻通常用于各种保护电路，当其两端电压低于标称电压时，其阻值接近无穷大，当其两端电压超过标称电压时，其阻值迅速减小，起到保护后续电路的作用；图 1-3(d)为水泥电阻实物，水泥电阻是一种陶瓷绝缘功率型线绕电阻，按照其功率可以分为 2 W、3 W、5 W、7 W、8 W、10 W、15 W、20 W、30 W 和 40 W 等规格，水泥电阻具有功率大、阻值稳定、阻燃性强等特点，而且在电路过电流情况下迅速熔断，起到保护电路的作用；图 1-3(e)、(f)为排阻实物及图形符号，将多个相同阻值的电阻集成在一起就成了“排阻”，排阻体积小，安装方便，排阻标称值与误差等级的表示方法与普通电阻相同，“10”表示有效数字，“2”表示倍率，“ 102”表示 $10\times10^2\ \Omega=1\ \text{k}\Omega$，即排阻中每只电阻的阻值为 1 kΩ。

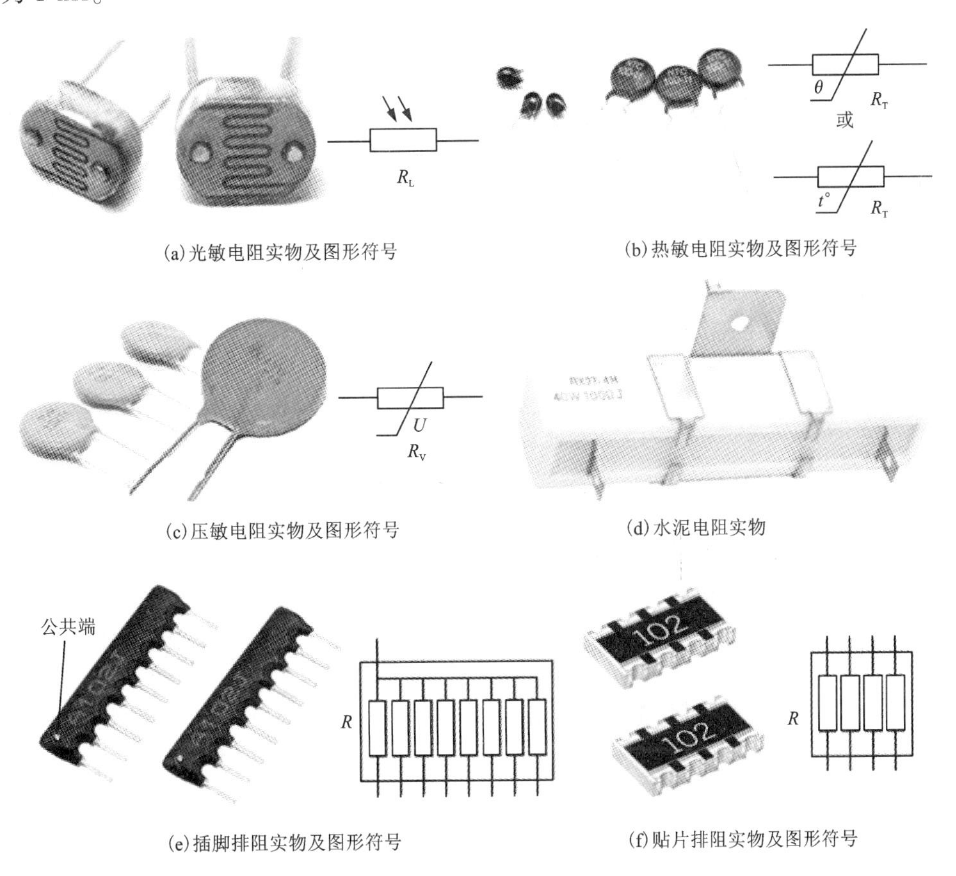

(a)光敏电阻实物及图形符号　(b)热敏电阻实物及图形符号

(c)压敏电阻实物及图形符号　(d)水泥电阻实物

(e)插脚排阻实物及图形符号　(f)贴片排阻实物及图形符号

图 1-3　部分特殊电阻的实物及图形符号

二、电阻器的主要参数

1. 标称阻值与允许偏差

电阻器的标称阻值与允许偏差均标注在电阻器表面，标注方法有直标法、文字符号法、数码法和色标法等四种。

(1) 直标法

直标法是在电阻器表面用阿拉伯数字和单位符号直接标出参数，如图 1-4 所示；图 1-4(a) 表示标称阻值为 2 kΩ、额定功率为 4W 的线绕电阻器；图 1-4(b) 表示标称阻值为 1.2 kΩ、允许偏差为±10%、额定功率为 0.5 W 的碳膜电阻器。

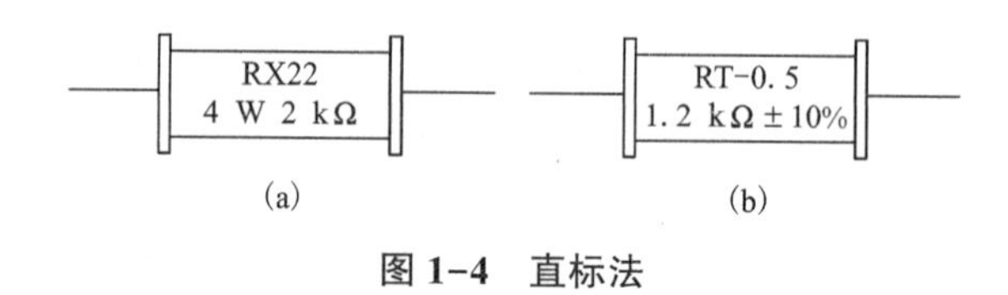

图 1-4 直标法

(2) 文字符号法

文字符号法是采用阿拉伯数字和文字符号两者有规律的组合来表示电阻的标称值，其允许偏差用文字符号来表示，如图 1-5 所示。图 1-5(a) 表示阻值为 3.6 kΩ，偏差为±5%；图 1-5(b) 表示阻值为 6.2 Ω，偏差为±10%。允许偏差与字母对照关系：D 表示±0.5%，F 表示±1%，J 表示±5%，K 表示±10%，M 表示±20%。

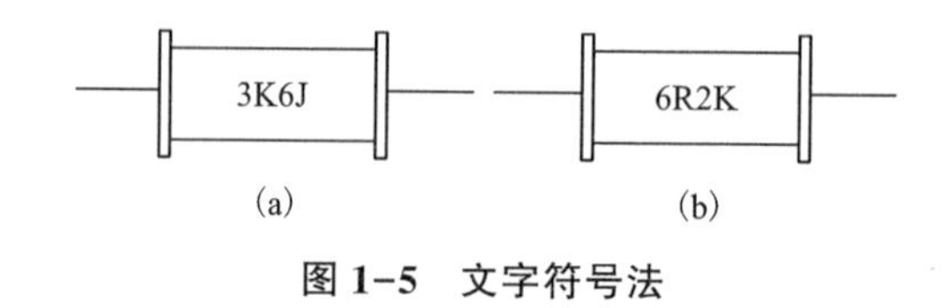

图 1-5 文字符号法

(3) 数码法

数码法是采用三位阿拉伯数字表示电阻的标称阻值，前两位表示阻值的有效数字，第三位表示有效数字后面零的个数，常见于贴片电阻或微调电位器上。例如，100 表示 10 Ω，102 表示 1 kΩ。当阻值小于 10 Ω 时，以×R×表示，将 R 看作小数点，例如，8R2 表示 8.2 Ω。

(4) 色标法

色标法是用不同颜色的色带或色点在电阻器表面标出标称阻值和允许偏差，目前通常采用四色环和五色环标识。

①四色环电阻中各色环的含义见表 1-1。

表 1-1　四色环电阻中各色环的含义

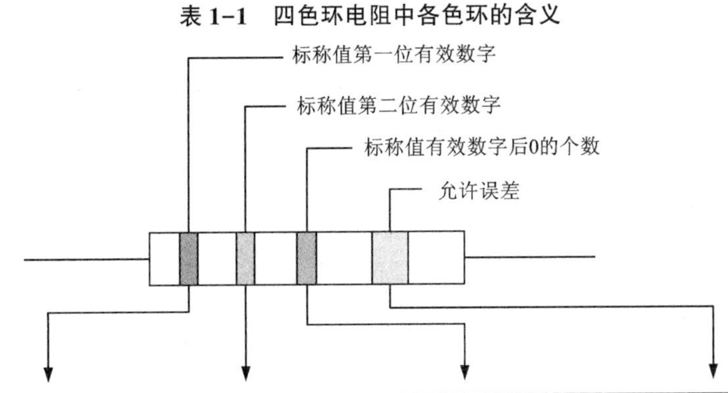

颜色	第一位有效值	第二位有效值	倍率	允许偏差
黑	0	0	10^0	—
棕	1	1	10^1	—
红	2	2	10^2	—
橙	3	3	10^3	—
黄	4	4	10^4	—
绿	5	5	10^5	—
蓝	6	6	10^6	—
紫	7	7	10^7	—
灰	8	8	10^8	—
白	9	9	10^9	-20%~50%
金	—	—	10^{-1}	±5%
银	—	—	10^{-2}	±10%
无色	—	—	—	±20%

②五色环电阻中各色环的含义见表 1-2。

2. 额定功率

额定功率也是电阻器的一个常用参数。在规定的大气压力(650~800 mmHg)和特定的环境温度范围内，电阻器长期连续工作并能满足规定的性能要求时，所允许耗散的最大功率称为电阻器的额定功率。

电阻器的额定功率采用标准化的额定功率系列值。其中线绕电阻器的额定功率系列为：3 W、4 W、8 W、10 W、16 W、25 W、40 W、50 W、75 W、100 W、150 W、250 W、500 W。非线绕电阻器的额定功率系列为：0.05 W、0.125 W、0.25 W、0.5 W、1 W、2 W、5 W。通常小于 1W 的电阻器在电路图中不标出额定功率值。大于 1W 的电阻器用阿拉伯数字加单位表示，如 10 W。

表 1-2　五色环电阻中各色环的含义

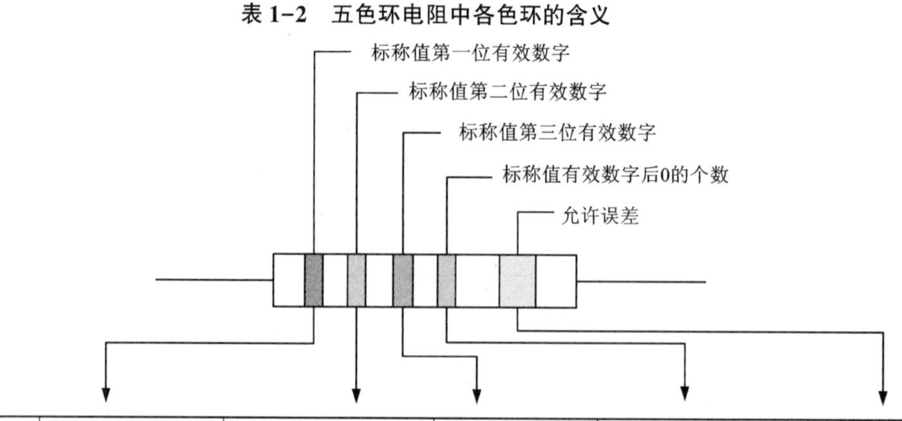

颜色	第一位有效值	第二位有效值	第三位有效值	倍率	允许偏差
黑	0	0	0	10^0	—
棕	1	1	1	10^1	±1%
红	2	2	2	10^2	±2%
橙	3	3	3	10^3	—
黄	4	4	4	10^4	—
绿	5	5	5	10^5	±0.5%
蓝	6	6	6	10^6	±0.25%
紫	7	7	7	10^7	±0.1%
灰	8	8	8	10^8	—
白	9	9	9	10^9	—
金	—	—	10^{-1}	—	—
银	—	—	10^{-2}	—	—

在电路图中表示电阻器额定功率的图形符号如图 1-6 所示。

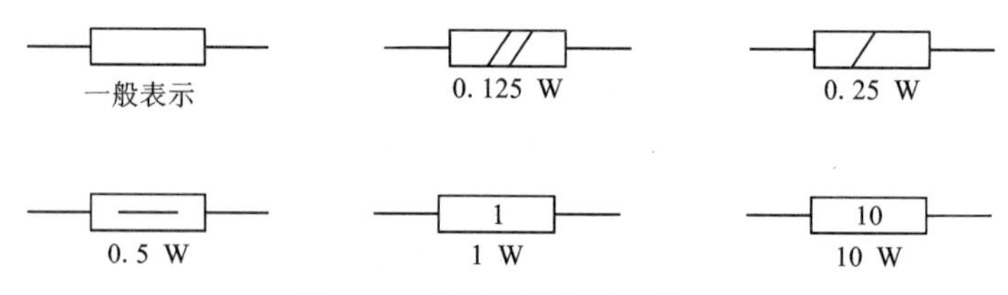

图 1-6　电阻器额定功率符号

三、电阻器选用与检测

1. 选用常识

根据电子设备的技术指标和电路的具体要求选用电阻的型号和误差等级；额定功率应大于实际消耗功率的 1 倍或 2 倍；高频电路应选用金属膜电阻、金属氧化膜电阻等高频电阻；低频电路选用线绕电阻、碳膜电阻；功率放大电路、偏置电路、取样电路应选温度系数小的电阻器；更换损坏的电阻器时，最好用同类型、同规格、同阻值的电阻器，如无合适阻值和功率的电阻，可以考虑代换，其原则是：额定功率大的可以代替额定功率小的，精度高的可以代替精度低的，金属膜电阻器可以代替碳膜电阻器。

2. 电阻器检测方法

(1)机械万用表检测方法

①选择挡位。应根据被测电阻标称值的大小来选择量程，尽量使指针落到刻度的中段位置。例如，被测电阻为 100 Ω，选择 R×10 挡。

②欧姆调零。将红、黑两表笔短接，观察指针是否指向“0 Ω”处，若不指向“0 Ω”处，需调节欧姆调零旋钮进行欧姆调零，如图 1-7 所示。

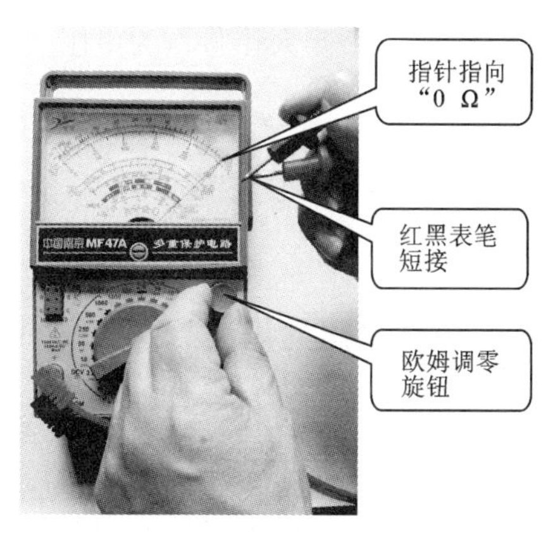

图 1-7　欧姆调零

③测量。将电阻器接入红、黑两表笔之间进行检测，如图 1-8 所示，注意双手不要同时触及两表笔和电阻两端，否则人体将作为电阻并入测量，产生测量误差。

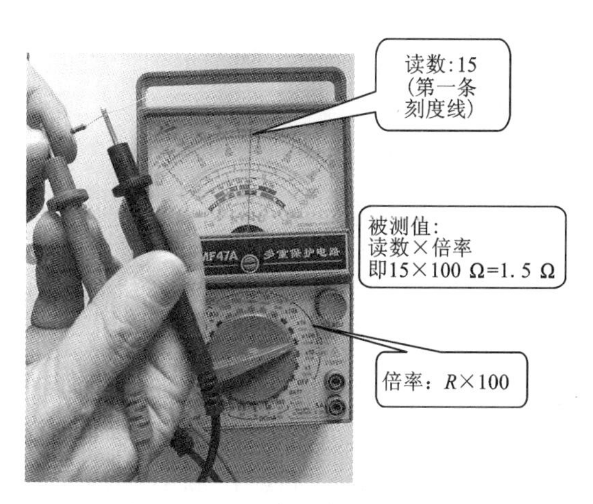

图 1-8　万用表测电阻两端阻值

注意：若第②步欧姆调零实在无法调到零，也可调到一个具体数值，第③步测量后的读数减去该数值再乘以倍率即可。

(2)数字万用表检测方法

①选择挡位。数字万用表电阻挡如图 1-9 所示，应根据被测电阻标称值的大小来选择量程，注意每个挡位只能测量比量程小的电阻。例如，标称值为 2 kΩ 的电阻，就不能选择 2 k 挡进行测量，因电阻本身有误差，实际阻值也可能稍大于 2 kΩ，而无法正常显示，要选择比 2 k 挡大的 20 k 挡测量才能正常显示。

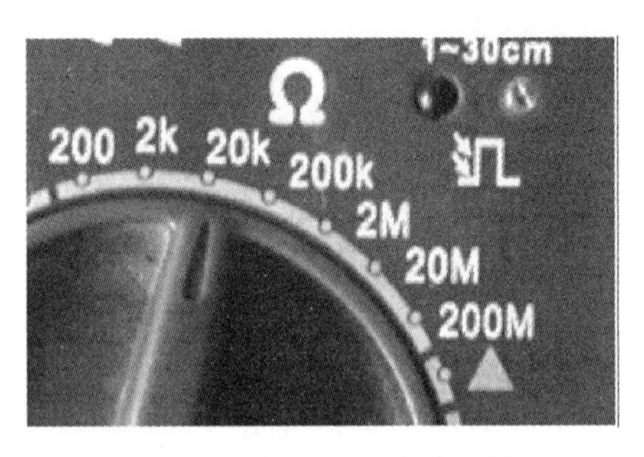

图 1-9　数字万用表电阻挡

②将电阻器接入红、黑两表笔之间，注意双手不要同时触及两表笔和电阻两端，否则人体将作为电阻并入测量，产生测量误差。此时屏幕显示值即为电阻的实际阻值。

1.2.2　技能实训

色环电阻的识读与检测

1. 电阻的识读

(1)制作色环电阻板若干块，每块可放置色环电阻 20 只，由学生识读，标出该板各色环电阻的标称阻值和误差，并互相交换，反复练习，提高识读速度。

(2)制作不同类型的一边为电阻器实物，另一边为含有阻值大小和误差等级标注的电阻板若干块。每块放置不同阻值的电阻 20 只，标注 40 条，由学生通过找“朋友”的方式给每个电阻器找到对应的标注，并互相交换，反复练习，提高识读速度。

2. 用万用表测量电阻

(1)选用有色环、有数值标注的不同阻值电阻若干个，学生通过万用表进行测量，验证参数，达到测量快速、准确的要求。

(2)选用无色环、无数值标注的不同阻值电阻若干个，学生通过万用表进行测量，达到测量快速、准确的要求。

3. 技能大比拼

(1)完成表 1-3 中“根据色环写出阻值”“根据阻值写出色环”栏的内容，看谁用的时间短且正确率高。

(2)随机抽出正常色环电阻或直标电阻若干，给定 1 分钟进行识读，看谁识读得多且正确率高，将结果记入表 1-3 中。

(3)将正常电阻与有质量问题的电阻进行混合，随机抽出若干，给定 1 分钟进行质量检测，看谁测得多且正确率高，将结果记入表 1-3 中。

表 1-3 电阻器识读、测量表

由色环写出阻值(不含误差)				由阻值写出色环(不含误差)			
色环	阻值	色环	阻值	阻值	色环	阻值	色环
棕黑黑		棕黑红		0.5 Ω		2.7 kΩ	
红黄黑		绿棕棕		1 Ω		3 kΩ	
橙橙黑		棕黑绿		36 Ω		5.6 kΩ	
黄紫橙		蓝灰橙		220 Ω		6.8 kΩ	
灰红红		黄紫棕		470 Ω		8.2 kΩ	
白棕黄		红紫黄		750 Ω		24 kΩ	
黄紫棕		紫绿棕		1 kΩ		47 kΩ	
橙黑棕		棕黑橙		1.2 kΩ		39 kΩ	
紫绿红		橙橙橙		1.8 kΩ		100 kΩ	
白棕棕		红红红		2 kΩ		150 kΩ	
1 分钟内识读电阻数(只)					注：20 只满分，错一只扣 5 分		
1 分钟内测量电阻数(只)					注：20 只满分，错一只扣 5 分		

1.2.3 电容器

任务导引

电容器又称作电容，是组成电路的基本元件之一，在电路中起着储存电荷的作用，它具有隔直流通交流、阻低频通高频的特性，因此常用于电源滤波、交流耦合、去耦、旁路、振荡和定时等电路中。那么，我们如何从外形识别电容？电容的主要参数有哪些？电容又应如何选用和检测呢？

一、认识电容器

1. 电解电容器

电容器用字母 C 表示，电解电容器图形符号如图 1-10(a)所示。图 1-10(b)为铝电解电容器实物，外面包有一层塑料薄膜，里面为铝壳，其极性标识是在电容体一侧标有“-”，表示为负极，另一侧就为正极；图 1-10(c)为贴片铝电解电容器实物，有标记的一端为负极；图 1-10(d)为贴片钽电解电容器实物，有标记的一端为正极，与贴片铝电解电容器正好相反。

2. 瓷介电容器

图 1-11(a)为无极性电容器图形符号。图 1-11(b)为瓷片电容器实物，一般为片状，

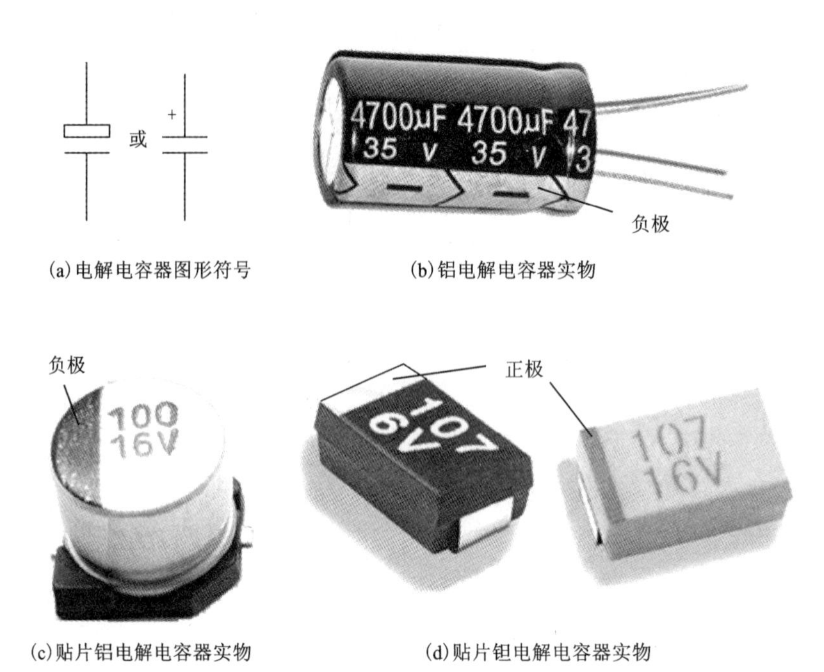

(a)电解电容器图形符号　(b)铝电解电容器实物

(c)贴片铝电解电容器实物　(d)贴片钽电解电容器实物

图 1-10　电解电容器符号及实物

其标称值直接标注在外壳上；图 1-11(c)为独石电容器实物，独石电容器又称为多层陶瓷电容器；图 1-11(d)为贴片陶瓷电容器实物。

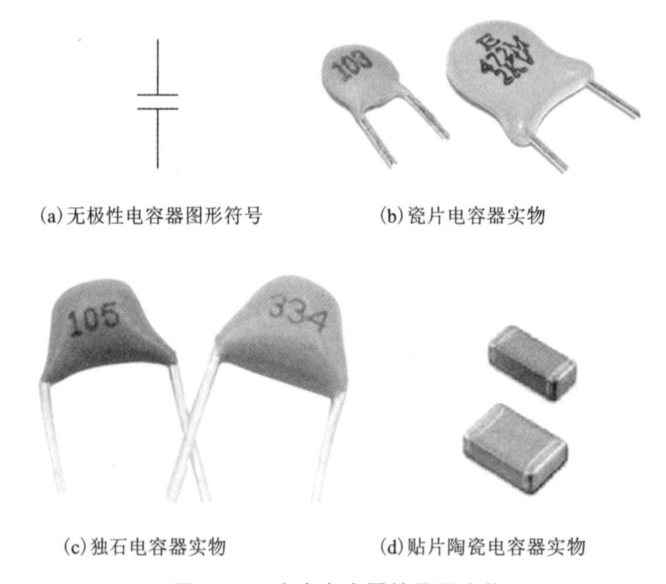

(a)无极性电容器图形符号　(b)瓷片电容器实物

(c)独石电容器实物　(d)贴片陶瓷电容器实物

图 1-11　瓷介电容器符号及实物

3. 薄膜电容器

薄膜电容器实物如图1-12所示，图1-12(a)为涤纶电容器实物，外形扁平；图1-12(b)为CBB电容器实物，CBB电容器为聚丙烯电容器。

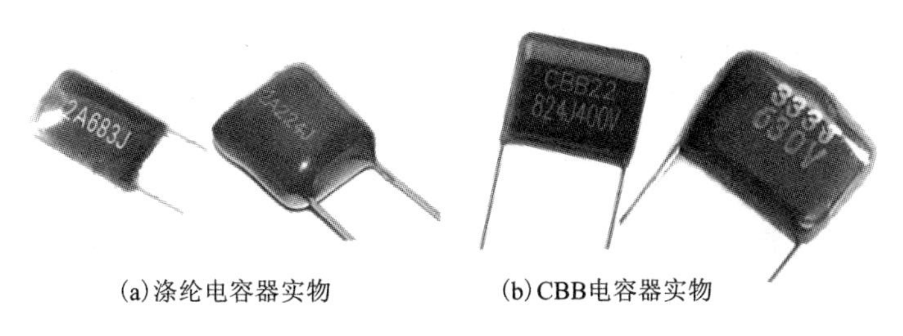

(a)涤纶电容器实物　(b)CBB电容器实物

图1-12　薄膜电容器符号及实物

二、电容器的主要参数

1. 标称容量与允许偏差

电容器的容量标注法有如下五种：

(1)直标法

直标法是将标称容量及偏差直接标在电容体上，如：0.22 μF±10%、220 μF±0.5%；若是零点零几，常把整数位的“0”省去，如：.01 μF表示0.01 μF。有些电容器也采用“R”表示小数点，如：R47 μF表示0.47 μF。

(2)数字表示法

数字表示法是只标数字不标单位的直接表示法。采用此法的仅限pF和μF两种。如：电容体上标志“3”“47”“6800”“0.01”分别表示3 pF、47 pF、6800 pF、0.01 μF。对电解电容器如标志“1”“47”“220”则分别表示1 μF、47 μF和220 μF。

(3)数字字母法

数字字母法是将容量的整数部分写在容量单位标志字母的前面，容量的小数部分写在容量单位标志字母的后面。如：1.5 pF、6800 pF、4.7 μF、1500 μF分别写成1p5、6n8、4μ7、1m5。

(4)数码法

数码法一般用三位数字表示电容器容量大小，其单位为pF。其中第一、第二位为有效值数字，第三位表示倍数，即表示有效值后“零”的个数。如：“103”表示10×10^3 pF(0.01 μF)、“224”表示22×10^4 pF(0.22 μF)。

(5)色标法

色标法是采用颜色来表示参数，其表示方法与电阻器使用颜色表示参数相同，其容量单位为pF。对于立式电容器，色环顺序从上而下，沿引脚方向排列。如果某个色环的宽度等于标准宽度的2或3倍，则表示相同颜色的2个或3个色环。有时小型电解电容器的工作电压也采用色标，如：6.3 V用棕色，10 V用红色，16 V用灰色，而且标志在引线根部。

电容器的容量偏差分别用D(±5%)、F(±10%)、G(±2%)、K(±10%)、M(±20%)和

N(±30%)表示。

2. 额定直流工作电压(耐压)

电容器的耐压是表示电容器接入电路后，能长期连续可靠地工作，不被击穿时所能承受的最大直流电压。使用时绝对不允许超过这个耐压值，否则，电容器就要被损坏或被击穿，甚至电容器本身会爆裂。

如果电容器用于交流电路中，其交流电的最大值不能超过电容器额定的直流工作电压值，否则，电容器就要被损坏或被击穿，甚至电容器本身会爆裂。

三、电容器选用与检测

1. 选用常识

(1)根据实际电路要求选择合适类型的电容器。如：用于高频电路中的电容器，应选用介质损耗小及频率特性好的涤纶电容、陶瓷电容、云母电容；用于电源滤波、退耦应选用电解电容。

(2)对电容容量的确定要符合电容器容量标称系列规定。电子产品在批量生产时，应选用电容器容量标称系列中的电容，以确保有稳定的货源，避免出现所选用的电容无法购买到。如在整流滤波电路中，根据计算得出滤波电容为 3100 μF，此容量在标称系列中不存在，故应在电容器容量标称系列中选一个相近的值，如 3300 μF。

(3)选择电容器耐压时要留有余量。为确保电子产品能长期稳定工作，能适应正常电压的波动，在选择电容器的额定工作电压时要留有 20%~30%的余量，个别电路工作电压波动较大时，还须有更大的安全裕量。

2. 电容器的检测方法

(1)用机械万用表测量电解电容

①选择万用表挡位。针对电容的不同容量选用合适的量程。一般情况下，1~47 μF 间的电容，可用 $R\times1\text{k}$ 挡测量，大于 47 μF 的电容可用 $R\times100$ 挡测量。

②测量。将万用表红表笔接电解电容的负(或正)极，黑表笔接正(或负)极，在刚接触的瞬间，万用表指针即向右偏转较大偏度(对于同一电阻挡，容量越大，摆幅越大)，接着指针逐渐向左回转，直到停在某一位置。此时的阻值便是电解电容的正向(或反向)漏电阻，正向漏电阻略大于反向漏电阻。电解电容的漏电阻一般应在几百千欧以上，否则，将不能正常使用。在测试中，若正向、反向均无充电的现象，即万用表指针不动，则说明电解电容的容量消失或内部断路；如果所测阻值很小或为零，说明电容漏电大或已击穿损坏，不能再使用。测量方法如图 1-13 所示。

③判别极性。对于正、负极标志不明或无法识别的电解电容器，可利用上述测量漏电阻的方法加以判别，即先任意测一下漏电阻，记住其大小，然后交换表笔再测出一个阻值。两次测量中阻值大的那一次便是正向接法，即黑表笔接的是正极，红表笔接的是负极。

④估测容量。使用万用表电阻挡，测量电容的原理是给电解电容进行正、反向充电，指针的摆动幅度的大小正比于电容器容量，可据此估测出电解电容的容量。

(2)用机械万用表测量无极性电容

无极性电容的容量一般比较小，用机械万用表进行测量时，只能定性地检查其是否有

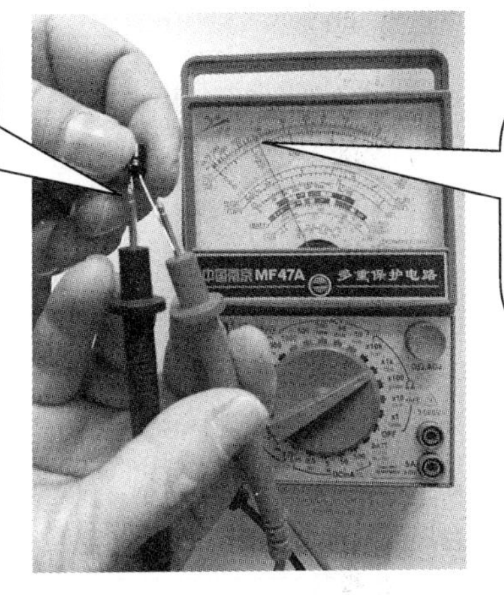

图 1-13　电解电容器质量的检测

漏电、内部短路或击穿现象。测量时，选用万用表 $R\times10$ k 挡，将两表笔分别任意接电容的两个引脚，阻值应为无穷大。若测出阻值(指针向右摆动)为零，则说明电容漏电损坏或内部击穿。若无极性电容的容量较大(0.01 μF 以上)，则指针会发生轻微的偏转，可用万用表的 $R\times10$ k 挡直接测试电容器有无充电过程以及有无内部短路或漏电，并根据指针向右摆动的幅度大小来估计出电容器容量的大小。

(3)用数字万用表检测电容

某些数字式万用表具有测量电容容量的挡位，如图 1-14 所示，其量程分为 2 μF、20 μF 和 200 μF 三挡。测量时选择合适量程，将已放电的电容两引脚直接插入面板上的电容测量插孔中，屏幕显示值即为该电容器的容量，根据显示值与标称值之间的差别即可判断电容器的质量。

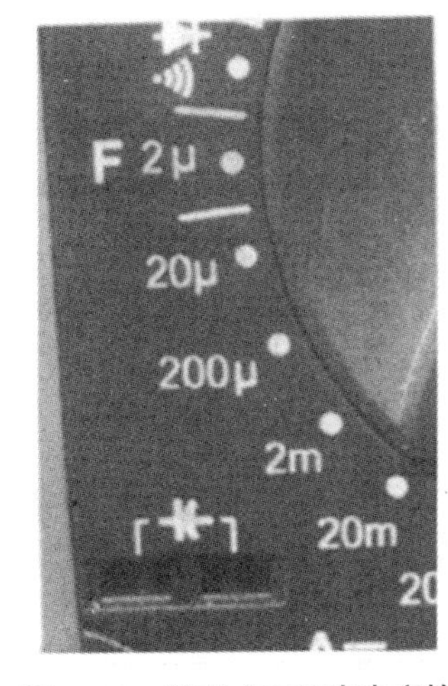

图 1-14　数字式万用表电容挡

1.2.4　技能实训

电容器的识读与检测

1. 电容器类型和参数的识读

准备不同类型、不同参数的电容器若干，由学生识读类型和标称参数，反复练习，提高识读速度。

2. 用万用表测量电容器

(1)选用正常电容器若干，学生借助万用表进行质量测量，达到测量快速、准确的要求。

(2)选用标志不清或质量存在问题的电容器若干，学生借助万用表进行质量测量，达到测量快速、准确判别的要求。

3. 技能大比拼

(1)完成表 1-4 中根据标值写出电容容量的内容，看谁用的时间短且正确率高。

(2)随机抽出正常电容器若干，给定 1 分钟进行识读，看谁识读得多且正确率高，将结果记入表 1-4 中。

(3)将正常电容与有质量问题的电容进行混合，随机抽出若干，给定 1 分钟进行质量检测，看谁测得多且正确率高，将结果记入表 1-4 中。

表 1-4　电容器识读、测量表

标值	容量	标值	容量	标值	容量
2.7		10000		2p2	
3.3		0.01		1n	
6.8		0.015		6n8	
20		0.022		10n	
27		0.033		22n	
200		0.068		100 n	
300		0.22		103	
1000		0.47		104	
68000		p33		224	
1 分钟内识读电容数(只)			注：20 只满分，错一只扣 5 分		
1 分钟内测量电容数(只)			注：20 只满分，错一只扣 5 分		

1.2.5　电感器

任务导引

电感器又称作电感，也是构成电路的基本元件，在电路中可阻隔交流电的通过，具有通低频、阻高频的特性，在交流电路中常用于扼流、降压、谐振等作用。那么，我们如何从外形识别电感？电感的主要参数有哪些？电感又应如何检测呢？

一、认识电感器

电感器用字母 L 表示，图形符号如图 1-15(a)所示。图 1-15(b)为空心线圈电感实物，常用于高频电路中，调整其线圈的形状与间距就可以调整其电感量的大小；图 1-15

(c)为磁环电感实物，通常用作滤波器，用于各种电源的低噪、滤波电路；图1-15(d)为色码电感，外形与电阻相似，区别是电感两端圆锥状，适应频率为10 kHz~200 MHz的各种电路中；图1-15(e)为立式电感，主要用于电源、通信设备等电子电路中；图1-15(f)为铁芯线圈电感，常与电容器组成滤波电路；图1-15(g)为贴片电感，主要用于手机等集成度要求较高的电路中。

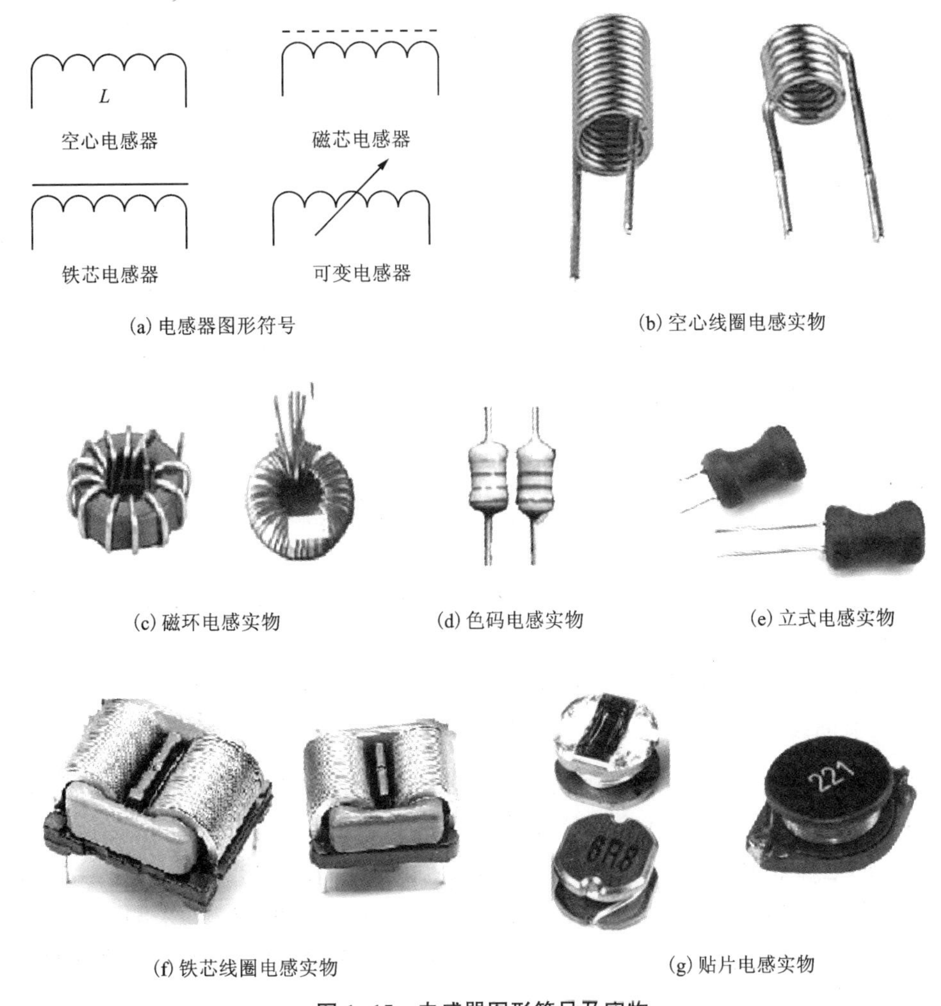

(a) 电感器图形符号　(b) 空心线圈电感实物

(c) 磁环电感实物　(d) 色码电感实物　(e) 立式电感实物

(f) 铁芯线圈电感实物　(g) 贴片电感实物

图1-15　电感器图形符号及实物

二、电感器的主要参数

电感的标注方法目前有直标法和色标法两种。

1. 直标法

直标法是指将电感的主要参数，如电感量、误差值、最大工作电流等参数用文字直接标在电感器的外壳上。其中，最大工作电流常用字母A、B、C、D、E等标注，标注字母和电流对应关系如表1-5所示。

表 1-5　电感器最大工作电流的标注字母

标注字母	A	B	C	D	E
最大工作电流/mA	50	150	300	700	1600

小型固定电感的误差等级有Ⅰ、Ⅱ、Ⅲ三级，Ⅰ级为±5%，Ⅱ级为±10%，Ⅲ级为±20%。对体积较大的电感，其电感量、误差等级及标称电流一般在外壳上直接标注，如电感外壳上标有22 μH、A、Ⅱ的字样，表示电感量22 μH、标称电流50 mA、误差为±10%。

在贴片小电感中，也可用N表示nH的小数点，用R表示μH的小数点。如4N7表示4.7 nH，4R7表示4.7 μH。

2. 色标法

色标法是指在电感的外壳涂上各种不同颜色的环，用来标注其主要参数，主要有四色环电感和五色环电感两种。其数字与颜色的对应关系和前面学习的色环电阻标注方法相同，单位为微亨(μH)。

三、电感器选用与检测

1. 选用常识

(1)选用电感器时，首先应考虑其性能参数(电感量、额定电流值、品质因数等参数)及其外形结构是否符合要求。

(2)小型固定电感器与色码电感器、色环电感器之间，只要电感量、额定电流值相同，外形尺寸相近，一般都可以直接代换使用。

(3)对于专用设备中的线圈，应尽可能选用同型号、同规格的产品。

2. 电感器的检测方法

一般采用机械万用表或数字万用表电阻挡测量电感线圈的阻值来判断其好坏，即检测电感是否有短路、断路或绝缘不良等情况。一般电感线圈的直流电阻很小(零点几欧姆)，低频扼流圈的电感量大，其线圈的匝数相对较多，因此直流电阻相对较大(几百至几千欧姆)。当测得的电阻为无穷大时，表明线圈内部或引出端已经断线；如果测得的低频扼流圈电阻为零，则说明内部短路。万用表电阻挡只能对电感器的通断或是否存在短路进行判断，电感量的大小必须借助专用仪器，在此不讲述。

1.2.6　半导体二极管

任务导引

二极管是用半导体材料制成的一种电子器件，其核心是一个PN结，基本特性是单向导电性，广泛应用于各种电子设备中。那么，二极管结构是怎样的？它具有怎样的导电特性？主要参数和作用有哪些？使用时我们又应如何选用和检测呢？

一、半导体的基本知识

自然界中的物质，按照导电能力的不同，可分为导体、半导体和绝缘体。半导体的导电能力介于导体和绝缘体之间，常用的半导体材料有硅(Si)、锗(Ge)等。完全纯净的半导体称为本征半导体。在纯净的半导体中，掺入适量的杂质，会使半导体的导电能力显著增强。人们正是通过掺入某些特定的杂质元素，精确地控制半导体的导电能力，制造成各种性质、用途的半导体器件。几乎所有的半导体器件(如二极管和三极管、场效应管、晶闸管以及集成电路等)都是采用掺有特定杂质的半导体制作而成的。

用得最多的半导体是四价元素硅和锗，在纯净的半导体中掺入极微量的其他元素后所得到的半导体称为杂质半导体，其类型有P型半导体和N型半导体两种。掺杂过程是在高温炉中进行的，将特定元素和纯净半导体材料一起蒸发，这一过程受到严格控制。

在纯净的半导体硅或锗中掺入适量的五价磷元素(或其他五价元素)，可形成带负电的自由电子(又称多数载流子)参与导电，故被称为电子型半导体，简称N型半导体。

在纯净的半导体硅或锗中掺入适量的三价硼元素(或其他三价元素)，可形成带正电的空穴(又称多数载流子)参与导电，故被称为空穴型半导体，简称P型半导体。

二、二极管结构、图形符号及分类

二极管是最简单的半导体器件，将P型半导体和N型半导体结合在一起，在结合处会形成一个特殊的薄层，即PN结，一个PN结可以制作一只二极管。

1.二极管的结构

普通二极管由一个PN结加上两根电极引线做成管芯，从P区引出的电极作为正极，从N区引出的电极作为负极，并且用塑料、玻璃或金属等材料作为管壳封装起来，这样就构成了二极管，如图1-16所示。二极管一般采用两种方式进行电极的极性标识。体积较小时，在其中的一端用一个色环来表示负极，无色环一端就是正极；体积较大时，常在壳体上印有标明正极和负极的符号，如图1-17(b)所示。

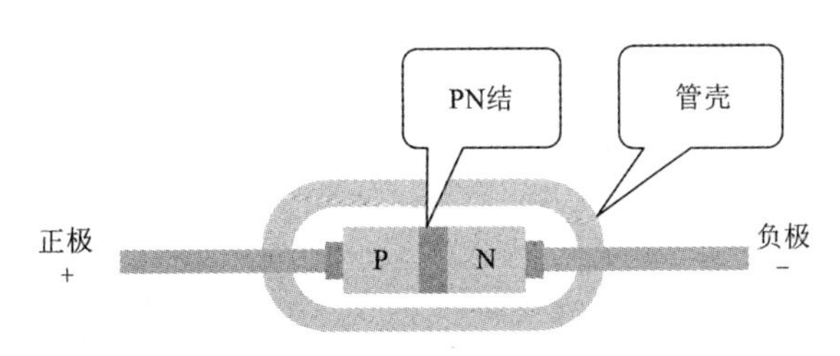

图1-16 二极管基本结构

2.二极管的图形符号

图1-17(b)所示的各类二极管广泛应用于各类电子产品中，图形符号如图1-17(a)所示，图形符号中用箭头形象地表示了二极管正向电流流通的方向，箭头的一边代表正极，用“+”号表示，另一边代表负极，用“-”号表示；文字符号用字母“VD”表示。

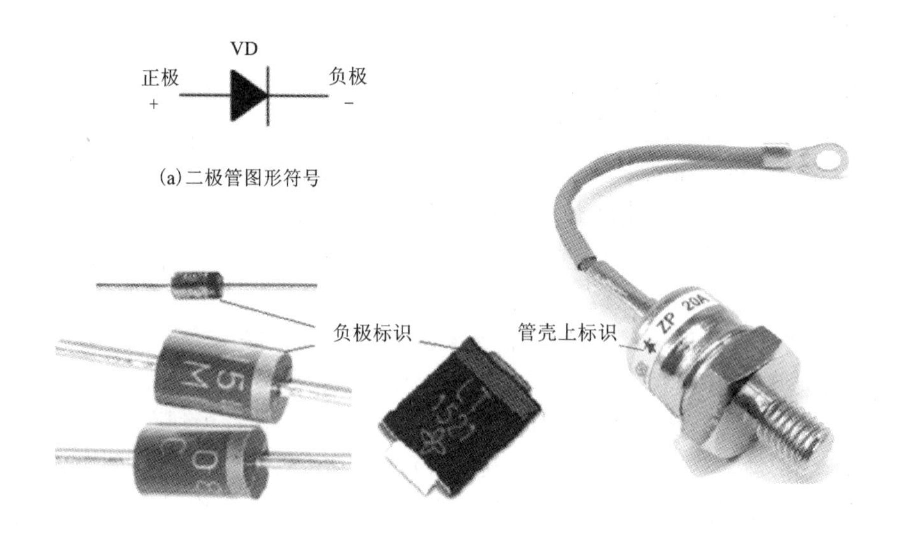

(a)二极管图形符号

(b)二极管不同封装类型和极性标识

图 1-17　二极管图形符号及极性标识

3. 二极管的分类

二极管按用途分为开关、稳压、整流、检波、光电、发光、变容、阻尼等二极管；按结构分为面接触型和点接触型二极管；按制作材料分为硅二极管和锗二极管。

三、二极管的单向导电特性

1. 二极管的单向导电特性

做中学、做中教

打开 NI Multisim 14.0 仿真软件，按图 1-18 所示电路调入对应器件并连接好电路，运行仿真软件，分别闭合和断开开关 S_1、S_2，观察 X_1、X_2 两个指示灯的亮灭情况，将结果填入表 1-6。

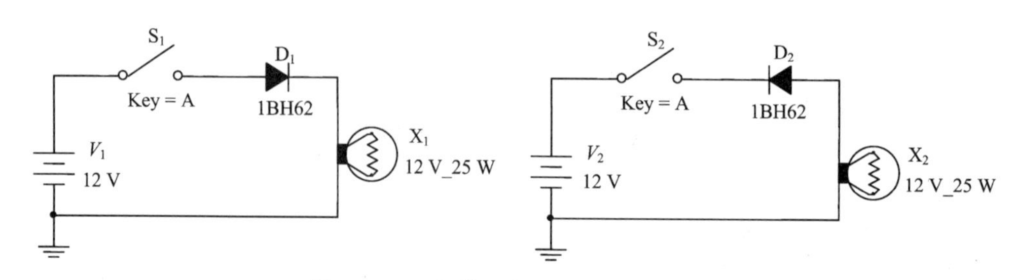

图 1-18　二极管导电特性仿真实验电路

表 1-6 二极管导电特性仿真实验记录表

S_1	X_1	二极管工作状态	S_2	X_2	二极管工作状态
断开			断开		
闭合			闭合		

通过以上仿真实验，我们发现：当 S_1 断开时，指示灯 X_1 熄灭；当 S_1 闭合时，指示灯 X_1 点亮。当 S_2 断开时，指示灯 X_2 熄灭；当 S_2 闭合时，指示灯 X_2 同样熄灭。

可以说明：

(1)二极管加正向电压导通

将二极管的正极接电路中的高电位，负极接低电位，称为正向偏置(正偏)。此时二极管内部呈现较小的电阻，有较大的电流通过，二极管的这种状态称为正向导通状态。

(2)二极管加反向电压截止

将二极管的正极接电路中的低电位，负极接高电位，称为反向偏置(反偏)。此时二极管内部呈现很大的电阻，几乎没有电流通过，二极管的这种状态称为反向截止状态。

2. 二极管的特性曲线

二极管的导电性能由加在二极管两端电压和流过的电流来决定，这两者之间的关系称为二极管的伏安特性。

(1)正向特性

做中学、做中教

打开 NI Multisim 14.0 仿真软件，按图 1-19 所示电路调入对应器件并连接电路，运行仿真软件，闭合开关 S_1，改变电位器 R_1 的百分比，将电压表(V_1)和电流表(A_1)测得的结果填入表 1-7。

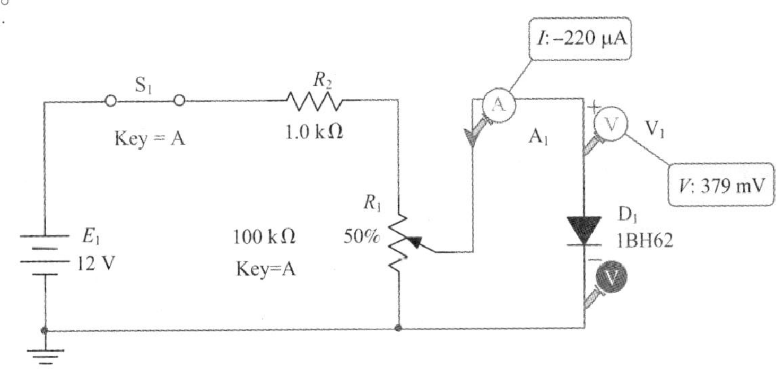

图 1-19 二极管正向特性仿真电路

表 1-7 二极管正向特性曲线仿真实验记录表

R_1 百分比	10%	20%	30%	40%	50%	60%	70%	80%	90%	100%
电流表(A_1)										
电压表(V_1)										

根据表 1-7 记录的数据在坐标纸上用描点的方法，画出电压和电流之间关系的图像。（特别说明：为使曲线更连贯，可将电位器 R_1 改变的百分比减小，增加点的个数）

由上述仿真实验和采用描点法作出的二极管伏安特性曲线可知：

当二极管两端所加的正向电压由零开始增大时，在正向电压比较小的范围内，正向电流很小，二极管呈现很大的电阻。如图 1-20 中 *OA* 段，通常把这个范围称为死区，相应的电压叫死区电压。硅二极管的死区电压约为 0.5 V，锗二极管的死区电压为 0.1～0.2 V。外加电压超过死区电压以后，正向电流迅速增加，这时二极管处于正向导通状态。如图中 *AB* 段，此时管子两端电压降变化不大，硅管为 0.6～0.7 V，锗管为 0.2～0.3 V，此电压为二极管的导通压降，可作为判断二极管是否正常工作的依据。

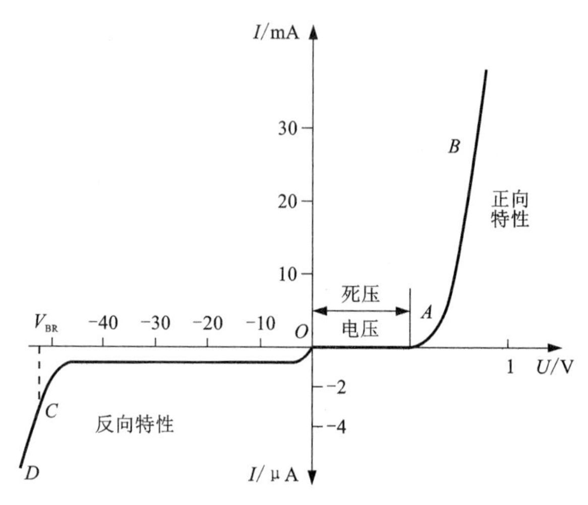

图 1-20　二极管伏安特性曲线分析

（2）反向特性

做中学、做中教

打开 NI Multisim 14.0 仿真软件，按图 1-21 所示电路调入对应器件并连接电路，运行仿真软件，闭合开关 S_1，改变电位器 R_1 的百分比，将电压表（V_1）和电流表（A_1）测得的结果填入表 1-8。

表 1-8　二极管反向特性曲线仿真实验记录表

R_1 百分比	10%	20%	30%	40%	50%	60%	70%	80%	90%	100%
电流表（A_1）										
电压表（V_1）										

根据表 1-8 记录的数据在坐标纸上用描点的方法，画出电压和电流之间关系的图像。（特别说明：为体现反向击穿情况，可通过增大电源 E_1 电压的大小来实现）

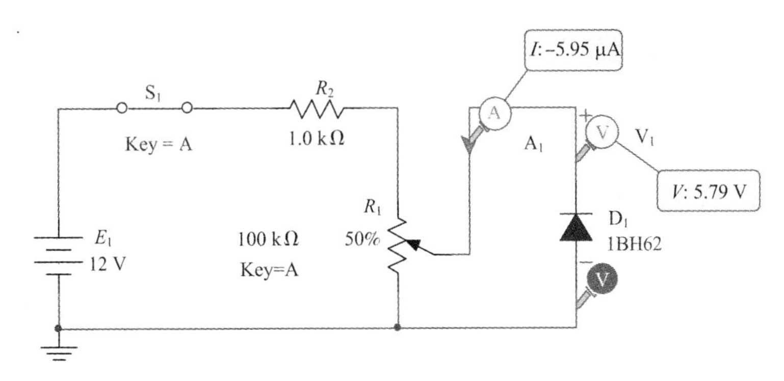

图 1-21　二极管反向特性仿真电路

由上述仿真实验和采用描点法作出的二极管伏安特性曲线可知：

当给二极管加反向电压时，形成的反向电流是很小的，而且在很大范围内基本不随反向电压的变化而变化，即保持恒定，如图 1-20 中 *OC* 段。

如反向电压不断增大，当大到一定数值时，反向电流会突然增大，如图 1-20 中 *CD* 段，这种现象称为反向击穿，相应的电压叫反向击穿电压。正常使用二极管时，是不允许出现这种现象的。

不同的材料、不同的结构和不同的工艺制成的二极管，其伏安特性有一定差别，但伏安特性曲线的形状基本相似。

从二极管伏安特性曲线可以看出，二极管的电压与电流变化不呈线性关系，也就是说二极管的内阻不是常数，所以二极管属于非线性器件。

四、二极管的型号和主要参数

1. 二极管的型号

国产二极管型号命名规定由五部分组成（国外产品依各国标准而确定，需要对应查阅相关资料），意义如下（部分二极管无第五部分）：

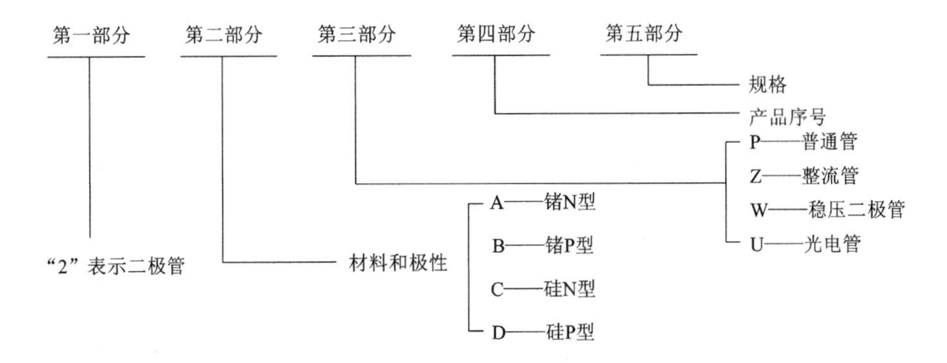

示例：2CZ31D 表示 N 型硅材料整流二极管。

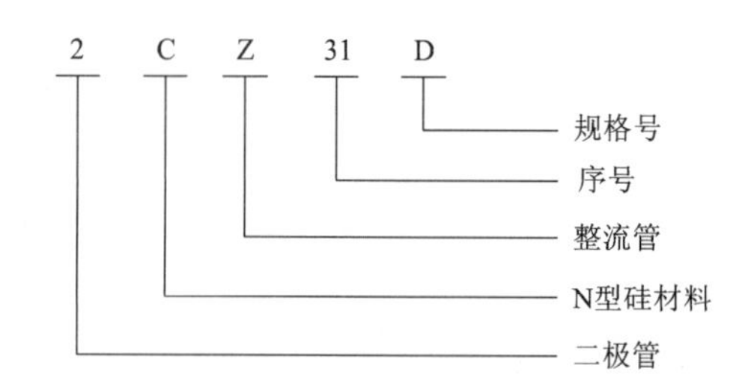

国外型号的二极管，常以"1N"或"1S"开头，如1N4812、1N4001、1S1885等，"N"表示该器件是美国电子工业协会注册产品，"S"则表示该器件是日本电子工业协会注册产品。现将1N4812型号意义说明如下：

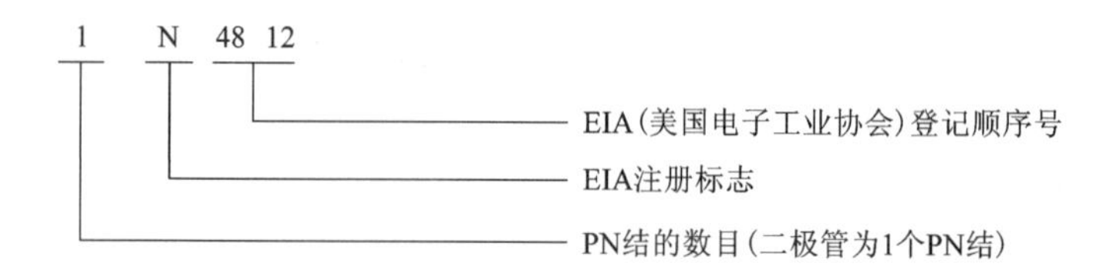

2. 二极管的主要参数

(1)最大整流电流 I_{FM}

最大整流电流 I_{FM} 通常称为额定工作电流，是二极管长期连续工作时，允许通过二极管的最大正向电流值。因为电流通过二极管时就要发热，如果正向电流超过此值，二极管就会有烧坏的危险，通常为几微安至几百毫安。

(2)最高反向工作电压 U_{RM}

最高反向工作电压 U_{RM} 通常称为额定工作电压，是二极管在正常工作时所能承受的最大反向工作电压值(也称耐压)。为了确保二极管安全工作，通常取反向击穿电压的一半作 U_{RM}，工作实际值不能超过此值。

五、特殊二极管

1. 稳压二极管

(1)稳压二极管的图形符号

稳压二极管又称齐纳二极管，是一种用于稳压(或限压)、工作于反向击穿状态的二极管。其文字符号用V或VZ表示，稳压二极管的种类很多，图1-22(a)所示为常用稳压二极管的实物，图1-22(b)所示为稳压二极管的图形符号。

(2)稳压二极管的伏安特性

稳压二极管的伏安特性曲线如图1-23所示，从图中可以看出，当反向电压达到 U_Z 时，反向电流突然剧增，稳压二极管处于击穿状态，此后，电流在很大范围内变化，其两端电压基本保持不变(稳压区)。如果把击穿电流通过电阻限制在一定的范围内，管子就可以长时间在反向击穿状态下稳定工作，而且，稳压二极管的反向击穿特性是可逆的，即去掉反向电压，稳压二极管又恢复常态。可见，稳压二极管能稳定电压正是利用其反向击穿后

(a)外形图　　(b)图形符号

图 1-22　稳压二极管实物及图形符号

电流剧变，而两端电压几乎不变的特性来实现的。

稳压二极管的击穿电压值就是稳压值。稳压二极管主要用于基准电源电路、辅助电源电路及恒压源电路。稳压二极管的类型很多，主要有 2CW、2DW 系列，如 2CW15，其稳定电压为 7.0~8.5 V。从晶体管手册可以查到常用稳压二极管的技术参数和使用资料。

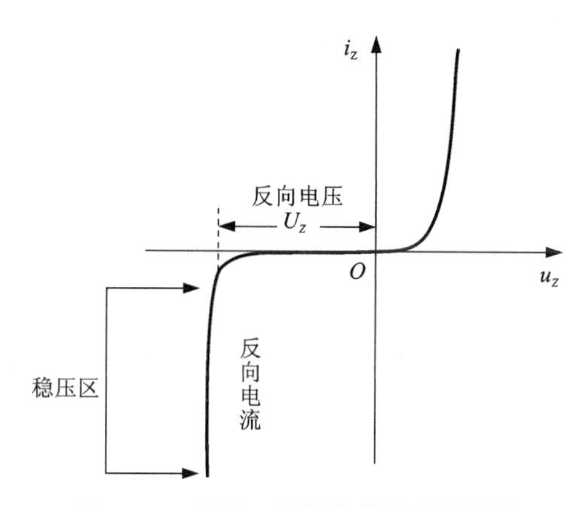

图 1-23　稳压二极管的伏安特性曲线

(3)稳压二极管稳压电路

①电路结构及特点

图 1-24 为稳压二极管稳压电路。其优点是电路十分简单，安装容易，也可以供要求不高的负载使用；缺点是电路输出电流受稳压二极管最大稳定电流的限制，不能适应负载较大电流的需要。

②稳压原理

做中学、做中教

打开 NI Multisim 14.0 仿真软件，按图 1-24 所示电路调入相应器件并连接好电路，用电压表(V_1)监测输入电压，电压表(V_2)监测输出电压，电流表(A_1)监测输出电流，电流表(A_2)监测输入电流，电流表(A_3)监测稳压二极管电流，分输入电压变化和负载变化(R_2 和 R_P 串联后总电阻)两种情况进行仿真实验，将测得的结果填入表 1-9。

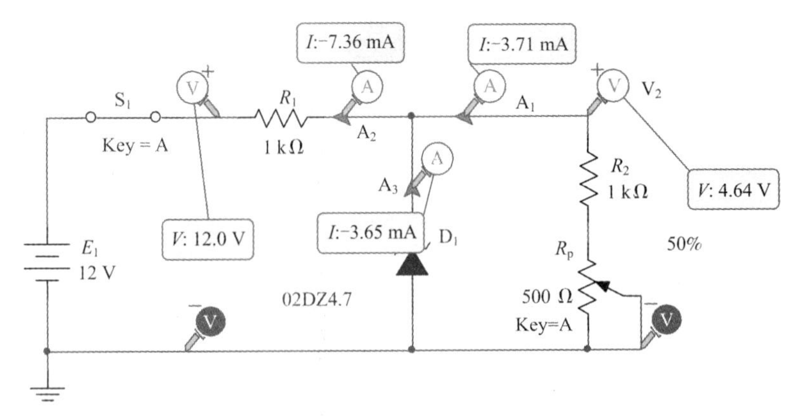

图 1-24　稳压二极管稳压电路

表 1-9　稳压二极管稳压电路仿真实验记录表

输入电压/V	12	13	14	15	16	17	18	19	20	备注
电压表(V_2)										R_P 调到50%位置
电流表(A_1)										
电流表(A_2)										
电流表(A_3)										
R_P 百分比	10%	20%	30%	40%	50%	60%	70%	80%	90%	备注
电压表(V_2)										输入电压固定为15 V
电流表(A_1)										
电流表(A_2)										
电流表(A_3)										

由上述仿真实验数据可知：

当输入电压 U_I 升高或负载 R_L(R_2 和 R_{P2} 串联后总电阻)阻值变大(负载减轻)时，将造成输出电压 U_O 随之上升。那么稳压二极管的反向电压 U_Z 也会上升，从而引起稳压电流 I_Z 急剧加大，流过 R_1 的电流 I_{R1} 也加大，导致其上的电压降上升，使输出电压 U_O 下降，从而实现输出电压稳定不变。

上述分析也可用如下推导表示

$U_I\uparrow$ (或R_L增大) → $U_O\uparrow$ → $U_Z\uparrow$ → $I_Z\uparrow$ → $I_{R1}\uparrow$ → $U_{R1}\uparrow$ → $U_O\downarrow$ ($U_O=U_I-U_{R1}$)

U_O稳定不变

同理，输入电压 U_I 降低或负载 R_L 阻值变小(负载加重)时，输出电压 U_O 也能稳定不变。

2. 发光二极管(LED)

(1)发光二极管的图形符号

发光二极管与普通二极管一样也是由 PN 结构成的，同样具有单向导电性。发光二极管工作在正偏置状态，其图形符号如图 1-25(a)所示。

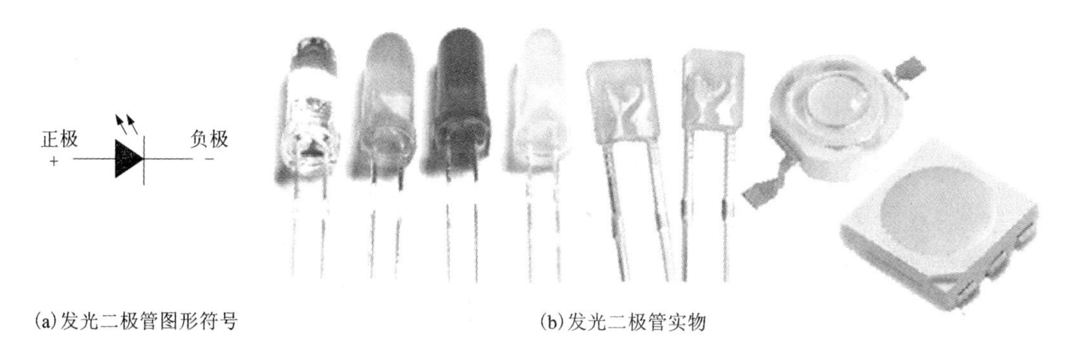

(a)发光二极管图形符号　　(b)发光二极管实物

图 1-25　发光二极管图形符号及实物

(2)发光二极管的基本特性

发光二极管是采用磷化镓或砷化镓等半导体材料制成的，是直接将电能转换成光能的发光器件。发光二极管的发光颜色和它本身外壳的颜色相同，但也有透明色的发光二极管，能发出红色、黄色、绿色、白色等可见光。还有三色变色发光二极管和人眼看不见的红外线发光二极管，其实物如图 1-25(b)所示。它们被广泛运用于电路的状态显示、信息显示、装饰工程、照明等领域。

通常，一般发光二极管通过 10 mA 电流时，就可发出强度令人满意的光线，高强度的发光二极管只需 5 mA 左右电流即可。电流通过发光二极管时，发光二极管两端有一个“管压降”，根据制造材料的不同，通常管压降在 1.7～3.5 V 之间。如红色发光二极管的管压降为 1.7 V 左右，黄色的为 1.8 V 左右，绿色的为 2 V 左右，蓝色的为 3.5 V 左右。

(3)发光二极管的典型应用

发光二极管可以用直流、交流和脉冲电源点亮，它属于电流控制型半导体器件，使用时需串联一合适的限流电阻，以避免电流超过发光二极管的允许值，造成它的寿命缩短甚至烧毁。

发光二极管用作交流电源指示灯的电路如图 1-26 所示，二极管 VD 与发光二极管 VL 并联。开关 S 接通时 VL 发光，可作为工作指示灯，此时 VD 两端的反向电压只有 1.7 V 左右，可选用 1N4001 等低压二极管。

用发光二极管来判断电源极性的电路如图 1-27 所示。VL1 和 VL2 采用两只不同颜色的发光二极管，它们的正、负极相对并联，再与限流电阻串联构成测量电路。如果两只管子同时发光，则所测得电源为交流电，如果只有一只管子发光，可根据发光二极管的颜色判断出电压的极性，R 的阻值根据 U_I 的大小来选择，应将流过发光二极管的电流限制在 1～4 mA 范围内。

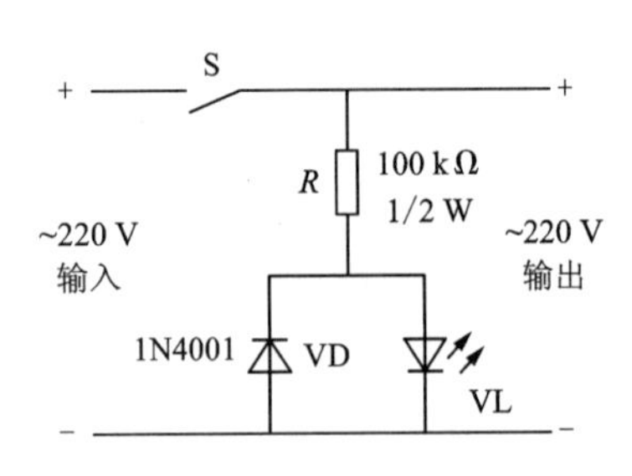

图 1-26 发光二极管用作电源指示灯

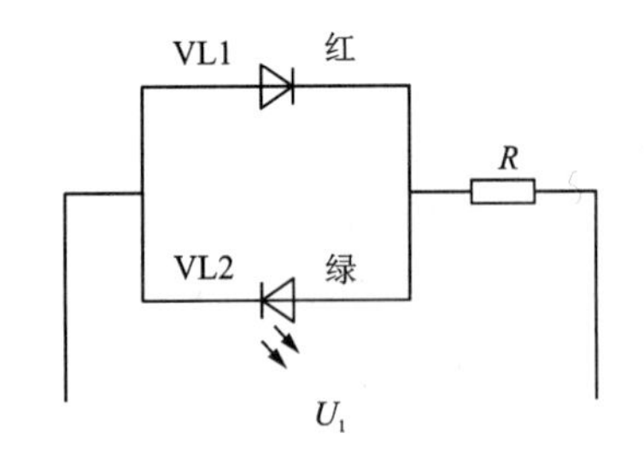

图 1-27 发光二极管判断电源极性

3. 光电二极管

光电二极管是一种能将接收到的光信号转换成电信号输出的二极管，又称光敏二极管，其基本特性是在光的照射下产生光电流。光电二极管也具有和普通二极管一样的单向导电性，它广泛用于制造各种光敏传感器、光电控制器等，其实物如图 1-28(a)所示。

(1)光电二极管的图形符号

光电二极管的图形符号及文字符号如图 1-28(b)所示。

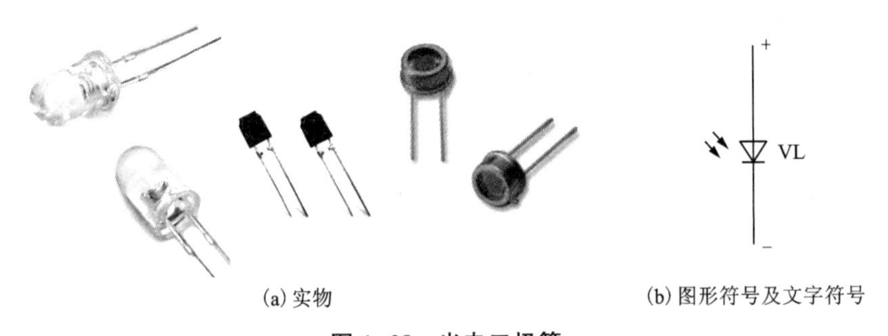

(a) 实物　　(b) 图形符号及文字符号

图 1-28 光电二极管

(2)光电二极管的基本特性

光电二极管是在反向电压作用下工作的，它的正极接较低的电位，负极接较高的电位。没有光照时，反向电流极其微弱，称为暗电流；有光照时，反向电流迅速增大到几十微安，称为亮电流。光的强度越大，反向电流也越大。光的变化引起光电二极管电流变化，该电流流经负载，产生输出电压 U_0，如图 1-29 所示。这就可以把光信号转换成电信号，成为光电传感器件。

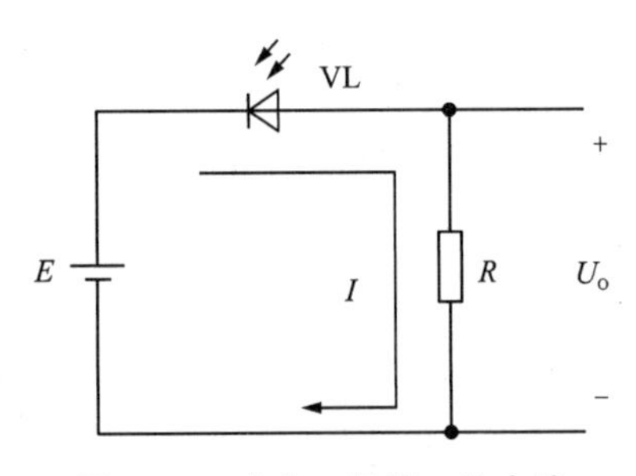

图 1-29 光电二极管工作电路

4. 变容二极管

(1)变容二极管图形符号

变容二极管与稳压二极管一样，工作于反向偏置状态。其实物如图 1-30(a)所示，图形符号及文字符号如图 1-30(b)所示。

(a) 实物　　(b) 图形符号及文字符号

图 1-30　变容二极管

(2) 变容二极管的基本特性

变容二极管是在反向电压作用下工作的，当给变容二极管施加反向电压时，由于 PN 结展宽而呈现电容特性，其两个电极之间的 PN 结电容大小随加到变容二极管两端反向电压大小的改变而变化(反向电压增大电容量减小，反向电压减小电容量增大)，其特性相当于一个可以通过电压控制的自动微调电容器。

变容二极管的电容量为皮法(pF)级，最大电容与最小电容之比约为 5∶1，如 2CB14 型变容二极管，当反向电压在 3~25 V 之间变化时，其结电容在 20~30 pF 之间变化。它主要在高频电路中用作自动调谐、调频、调相等，例如在电视接收机的调谐回路中作可变电容。

六、二极管的选用与检测方法

1. 二极管的选用常识

二极管的种类和规格很多，各有不同的应用场合，相互间一般不能代用。例如，检波二极管一般都用 2AP 系列，若使用 2CZ 系列就会使检波效率降低。当然，什么事都不是绝对的，如某整流二极管损坏后，如找不到同规格的二极管，还是可以使用代用管，代换的原则是：高耐压(反向电压)管可以替换低耐压管，整流电流值大的二极管可以替换整流电流值小的二极管。

2. 二极管的检测方法

(1) 机械万用表测量普通二极管

①挡位的选择。对于一般的小功率二极管使用电阻挡的 $R\times100$、$R\times1$ k 挡位，而不宜使用 $R\times1$ 和 $R\times10$ k 挡，前者由于万用表内阻最小，通过二极管的正向电流较大，可能烧毁二极管；后者由于万用表电池的电压较高，加在二极管两端的反向电压也较高，易击穿二极管；对于大功率二极管，可选择 $R\times1$ 挡。

②测量。将黑表笔接二极管的正极，红表笔接二极管的负极，阻值一般在 100~500 Ω 之间，如图 1-31 所示。当红黑表笔对调后，阻值应在几百千欧以上，如图 1-32 所示。

如果不知道二极管的正负极，也可用上述方法进行判断。测量过程中，万用表电阻挡显示的阻值很小时，即为二极管的正向电阻，黑表笔所接触的电极为二极管的正极，另一端为负极。如果显示的阻值很大，则红表笔相连的一端为正极，另一端为负极。

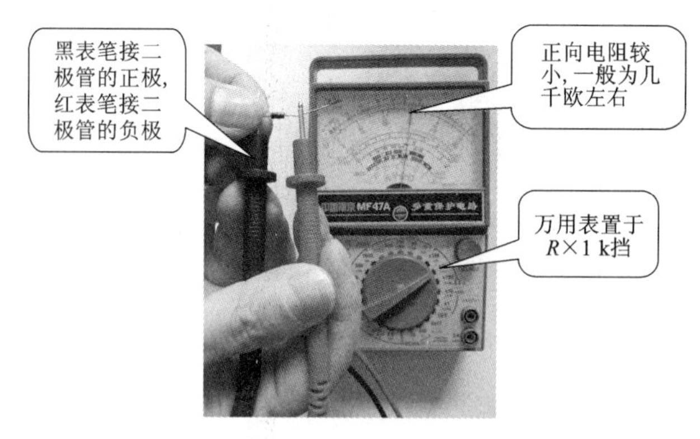

图 1-31　二极管正向电阻测量示意图

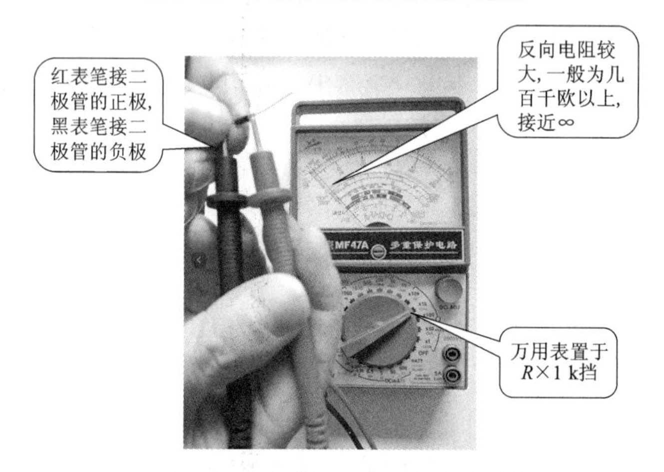

图 1-32　二极管反向电阻测量示意图

需提出的是，二极管的正向和反向电阻值会随检测万用表的量程（$R\times100$ 挡或 $R\times1$ k 挡）的不同而变化，这是正常现象，因为二极管是非线性器件。

（2）机械万用表测量发光二极管

①挡位的选择。万用表挡位选择 $R\times10$ k 挡。

②测量。将黑表笔接发光二极管的正极，红表笔接发光二极管的负极，阻值一般在 40 kΩ 之内，如图 1-33 所示。当红黑表笔对调后，阻值应在几百千欧以上，如图 1-34 所示。

（3）数字万用表测量二极管

①极性判别。将数字万用表置于二极管挡，如图 1-35 所示，两表笔分别接二极管的两个电极，若显示屏显示“1”以下数字时，说明二极管正向导通，红表笔接的是正极，黑表笔接的是负极。此时显示的数字为二极管的正向压降，单位为 V。若显示的数字为“1”，则说明二极管处于反向截止状态，红表笔接的是负极，黑表笔接的是正极（注意与机械表的差别）。

②判别硅管和锗管。红表笔接二极管正极，黑表笔接二极管负极，若显示屏显示电压为 0.5~0.7 V，说明被测管是硅管；若显示电压为 0.1~0.3 V，则被测管是锗管。

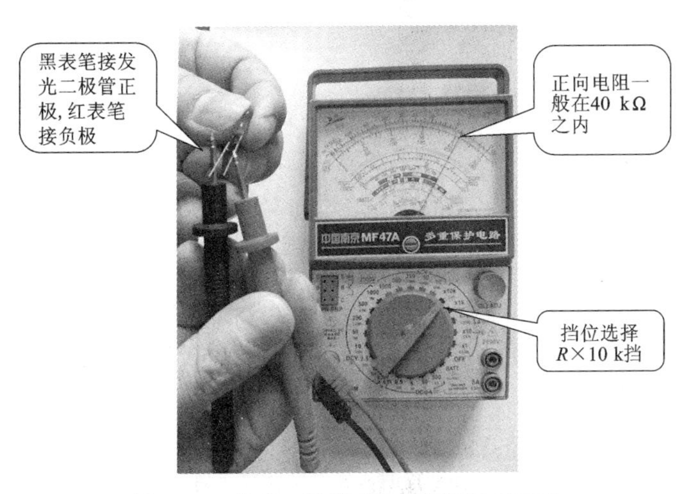

图 1-33 发光二极管正向电阻测量示意图

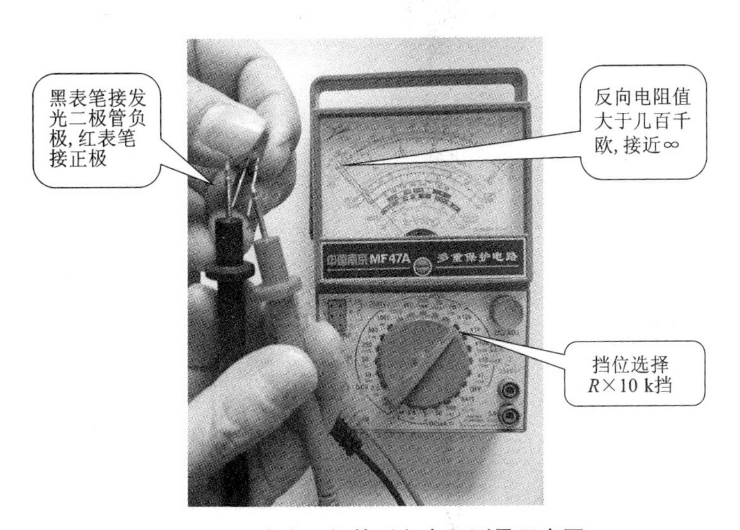

图 1-34 发光二极管反向电阻测量示意图

图 1-35 数字万用表二极管挡位

1.2.7 技能实训

二极管的识读与检测

1. 普通二极管的识别与检测

(1)准备普通二极管若干，通过外形及二极管上标称参数进行识读。

(2)准备正常和质量有问题的普通二极管若干，通过万用表进行检测，对质量进行判断。将检测结果填入表1-10。

表1-10 用万用表测试普通二极管

挡位	二极管型号	正向电阻	反向电阻	用途	质量
$R\times100$	1N4007				
$R\times1$ k					
$R\times100$	1N4148				
$R\times1$ k					
$R\times100$	2AP9				
$R\times1$ k					

2. 特殊二极管的识别与检测

(1)准备特殊二极管若干，通过外形及二极管上标称参数进行识读。

(2)准备正常和质量有问题的特殊二极管若干，通过万用表进行检测，对质量进行判断。将检测结果填入表1-11。

表1-11 用万用表测试特殊二极管

类型	二极管型号	正向电阻	反向电阻	用途	质量
发光二极管					
稳压二极管					
光电二极管					

注意

①测试发光二极管，应用 $R\times10$ k 挡并调零。

②测稳压二极管时，用 $R\times1$ k 或 $R\times10$ k 挡，分别测反向电阻。如果稳压值大于9 V 就测不出来，另外查资料。

③测光电二极管时要遮住受光窗，接受光时，光线不能太强，否则会损坏二极管。

3. 技能大比拼

(1)随机抽出各类正常二极管若干，给定 1 分钟进行参数识读，看谁识读得多且正确率高。

(2)将正常二极管与有质量问题的二极管进行混合，随机抽出若干，给定 1 分钟进行质量检测，看谁测得多且正确率高。

1.2.8 二极管整流及电容滤波电路

任务导引

电子产品大多采用直流电源供电，而我们日常照明用电是交流电，那么采用怎样的电路可以将交流电变为直流电呢？能否应用前面我们学过的二极管来实现呢？

整流电路是直流电源的核心部分，它是利用二极管的单向导电性，将输入的交流电压转换为脉动的直流电压。脉动的直流电压还不能满足大多数电路的需要，因此在整流电路后面要加一个滤波电路，滤波电路的作用是将脉动的直流电压转变为平滑的直流电压。

一、半波整流电路

1. 电路组成

半波整流电路由电源变压器 T、整流二极管 VD 和用电负载 R_L 构成，如图 1-36(a)所示，其电路通常由图 1-36(b)所示的电路原理图来表示。

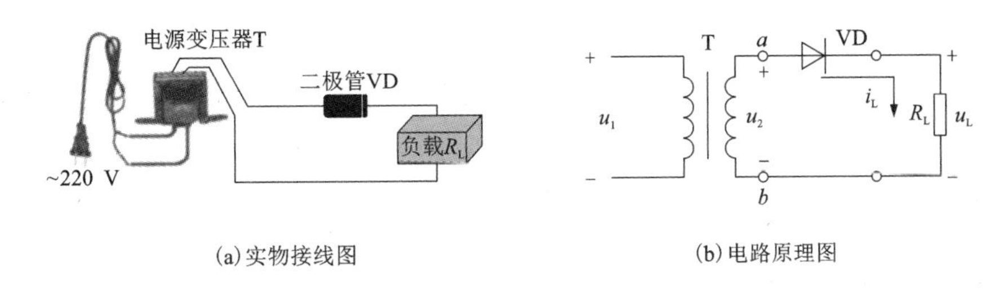

(a)实物接线图　(b)电路原理图

图 1-36 半波整流电路

2. 工作过程

做中学、做中教

打开 NI Multisim 14.0 仿真软件，参考图 1-36(b)所示电路调入器件并连接电路(负载取 100 Ω)，用电压表监测输入、输出电压，电流表监测负载电流，示波器监测输入与输出波形，运行仿真，将测得的数据及波形填入表 1-12。

表 1-12　半波整流电路仿真实验记录表

输入电压/V	输入电压波形	输出电压波形
输出电压/V		
输出电流/mA		

通过仿真实验，我们得到半波整流工作过程如下：

（1）当电压 u_2 为正半周时，a 端电位高于 b 端电位，二极管 VD 正向偏置而导通，电流 i_L 由 a 端→VD→R_L→b 端，自上而下流过 R_L，在 R_L 上得到一个极性为上"+"下"−"的电压 u_L。若不计二极管的正向压降，此期间负载上的电压 $u_L=u_2$，波形如图 1-37 所示。

（2）当 u_2 为负半周时，b 端电位高于 a 端电位，二极管 VD 反向偏置而截止，若不计二极管的反向漏电流，此期间无电流通过 R_L，负载上的电压 $u_L=0$，波形如图 1-37 所示。

由此可见，在交流电一个周期内，二极管有半个周期导通，另半个周期截止，在负载电阻 R_L 上的脉动直流电压波形是交流电压 u_2 的一半。故称半波整流。

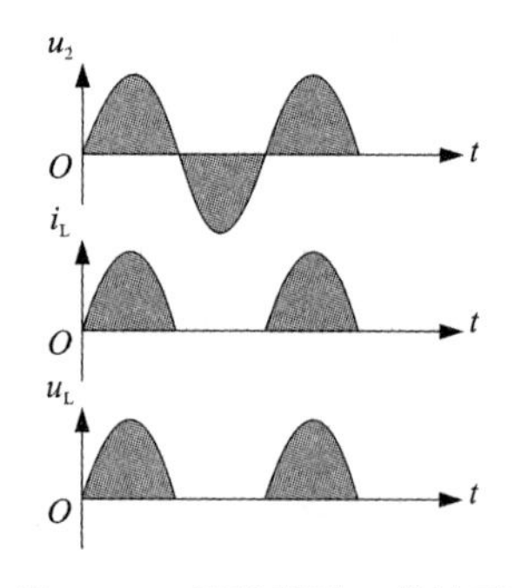

图 1-37　半波整流工作波形

输出电压的极性取决于二极管在电路中的连接方式，如将图 1-36 中二极管反接时，输出电压的极性也将变反。

3. 负载上的直流电压与直流电流的估算

（1）负载上的直流电压 U_L

负载 R_L 上的半波脉动直流电压平均值可用直流电压表直接测得，也可按下式计算求出

$$U_L=0.45U_2 \tag{1-1}$$

式中：U_2 为变压器二次电压有效值。

（2）负载上的直流电流 I_L

流过负载 R_L 的直流电流为

$$I_L=\frac{U_L}{R_L}=0.45\frac{U_2}{R_L} \tag{1-2}$$

4. 整流二极管的选择

由图 1-36（b）可知，整流二极管与负载是串联的，所以流经二极管的电流 I_D（平均值）与负载上的直流电流 I_L 相等，故选用二极管时要求其

$$I_{FM} \geqslant I_D = I_L \tag{1-3}$$

二极管承受的最大反向工作电压是发生在 u_2 达到最大值时，即

$$U_{RM} \geqslant \sqrt{2} U_2 \tag{1-4}$$

根据最大整流电流和最高反向工作电压的计算值，查阅有关半导体器件手册，选用合适的二极管型号，使其额定值大于计算值。

【例 1.1】有一直流负载，电阻为 1.5 kΩ，要求工作电流为 10 mA，如果采用半波整流电路，试求电源变压器的二次电压，并选择适当的整流二极管。

解：因为

$$U_L = R_L I_L = 1.5 \times 10^3 \times 10 \times 10^{-3}\ \text{V} = 15\ \text{V}$$

由 $U_L = 0.45U_2$，变压器二次电压的有效值为

$$U_2 = \frac{U_L}{0.45} = \frac{15}{0.45}\ \text{V} \approx 33\ \text{V}$$

二极管承受的最大反向工作电压为

$$\sqrt{2} U_2 = 1.41 \times 33\ \text{V} \approx 47\ \text{V}$$

根据求得的参数，查阅整流二极管参数手册，可选择 $I_{FM} = 100$ mA，$U_{RM} = 50$ V 的 2CZ82B 型整流二极管，或选用符合条件的其他型号二极管，如 1N4001、1N4002 等。

二、全波整流电路

1. 电路组成

全波整流电路实质上是由两个半波整流电路组成的，如图 1-38(a)所示。图中 T 为电源变压器，具有中心抽头，其作用是将电网上的交流电压变为 u_{2a} 和 u_{2b} 两个大小相等，对地电位正好相反的交流电压，VD_1、VD_2 为整流二极管，R_L 是要求供电的负载电阻。

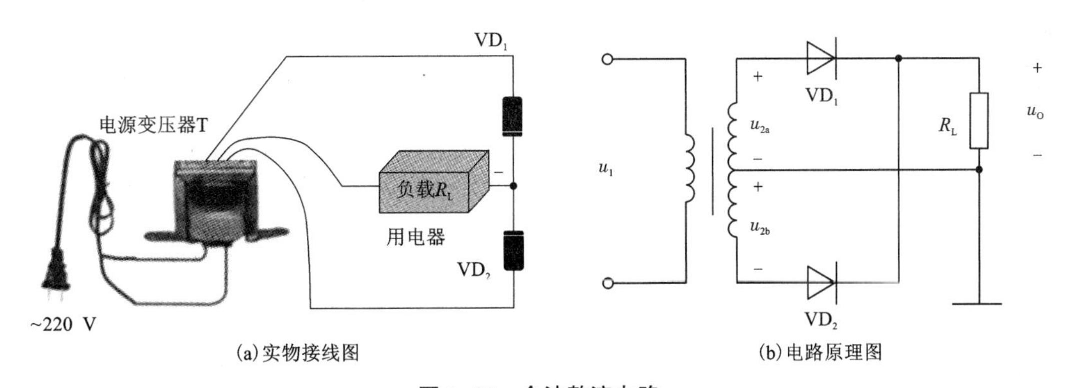

图 1-38　全波整流电路

2. 工作过程

做中学、做中教

打开 NI Multisim 14.0 仿真软件，参考图 1-38(b)所示电路调入器件并连接电路(负载取 100 Ω)，用电压表监测输入、输出电压，电流表监测各二极管和负载电流，示波器监测

输入与输出波形，运行仿真，将测得的数据及波形填入表 1-13。

表 1-13　全波整流电路仿真实验记录表

输入电压/V	输入电压波形	输出电压波形
输出电压/V		
输出电流/mA		
二极管电流/mA		

通过仿真实验，我们得到全波整流电路工作过程如下：

（1）当变压器输入交流电压为正半周时，变压器次级感应电压 u_{2a} 对地为正半周，VD_1 因加正向电压而导通，电流 i_{VD1} 经负载 R_L 到地，输出电压 $u_o=u_{2a}$。而变压器次级感应 u_{2b} 对地为负半周，VD_2 因加反向电压而截止，次级感应 u_{2b} 无输出。其工作情况如图 1-39(a)所示。

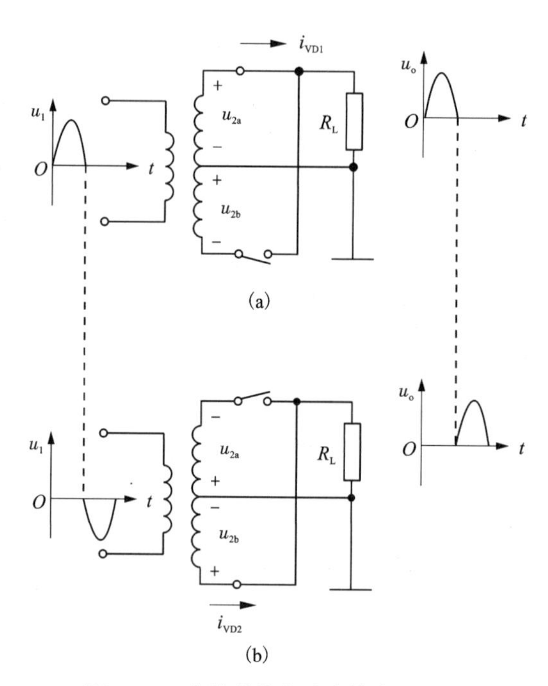

图 1-39　全波整流电路中的电流路径

（2）当变压器输入交流电压为负半周时，变压器次级感应电压 u_{2a} 对地为负半周，VD_1 因加反向电压而截止，u_{2b} 对地为正半周，VD_2 因加正向电压而导通，产生的电流

i_{VD2} 经负载 R_L 到地，输出电压 $u_o=u_{2b}$。因变压器次级是中心抽头，故有 $u_{2a}=u_{2b}$，$i_{VD1}=i_{VD2}$。其工作情况如图 1-39(b)所示。

当输入电压进入下一个周期时，又重复上述过程。在该电路中，交流电压的正、负半周中，VD_1、VD_2 轮流导通，在负载 R_L 上总是得到自上而下的单向脉动电流。与半波整流电路相比，它有效地利用了交流电的负半周，所以整流效率提高了一倍。全波整流电路工作波形如图 1-40 所示。

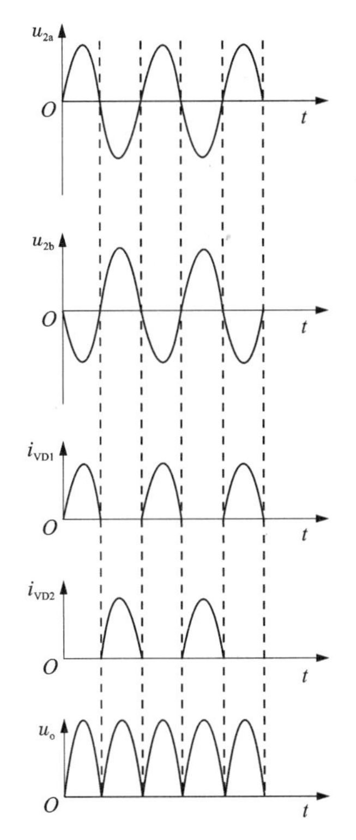

图 1-40　全波整流电路工作波形

3. 负载上的直流电压与直流电流的估算

从以上分析得知，全波整流电路中负载所获得的直流电压比半波整流电路提高了一倍。

(1)负载上的直流电压 U_L

$$U_L=0.9U_2 \tag{1-5}$$

(2)负载上的直流电流 I_L

$$I_L=\frac{U_L}{R_L}=0.9\frac{U_2}{R_L} \tag{1-6}$$

4. 整流二极管的选择

在全波整流电路中，每只二极管都是在交流电的半个周期内导通的，每只管子的平均电流是输出电流的二分之一，故选用二极管时要求其

$$I_{FM}\geqslant I_D=\frac{1}{2}I_L \tag{1-7}$$

二极管承受的最大反向工作电压是交流电压 u_{2a} 和 u_{2b} 叠加的峰值，所以选用二极管的最大反向工作电压为

$$U_{RM}\geqslant 2\sqrt{2}U_2 \tag{1-8}$$

三、桥式整流电路

1. 电路组成

桥式整流电路由电源变压器和 4 个同型号的二极管接成电桥形式而组成，桥路的一对角点接变压器的二次绕组，另一对角点接负载，如图 1-41(a)所示。图中 T 为电源变压器，其作用是将电网上的交流电压变为整流电路要求的交流电压 u_2，$VD_1\sim VD_4$ 为整流二极管，R_L 是要求供电的负载电阻。

2. 工作过程

做中学、做中教

打开 NI Multisim 14.0 仿真软件，参考图 1-41(b)所示电路调入器件并连接电路(负载取 100 Ω)，用电压表监测输入、输出电压，电流表监测各二极管和负载电流，示波器监测

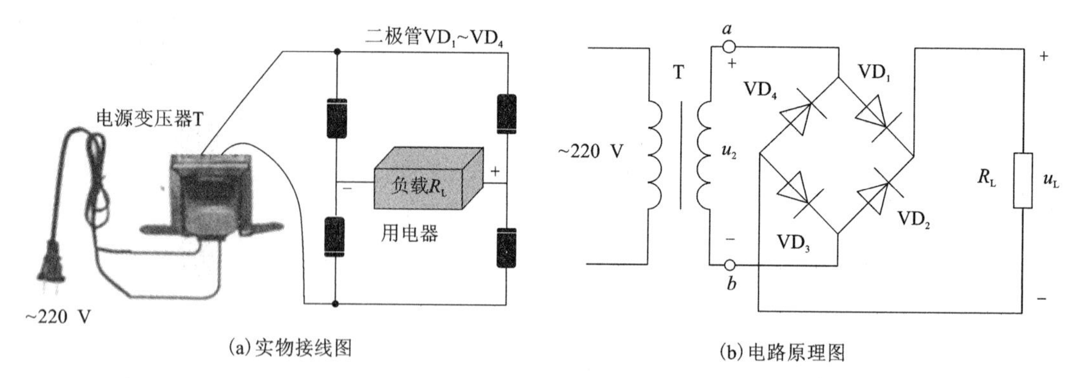

(a)实物接线图　　(b)电路原理图

图 1-41　桥式整流电路

输入与输出波形，运行仿真，将测得的数据及波形填入表 1-14。

表 1-14　桥式整流电路仿真实验记录表

输入电压/V	输入电压波形	输出电压波形
输出电压/V		
输出电流/mA		
二极管电流/mA		

通过仿真实验，我们得到桥式整流电路工作过程如下：

(1)当电压 u_2 为正半周时，即 a 端为“+”、b 端为“-”，这时 VD_1、VD_3 导通，VD_2、VD_4 截止，电流 i_{L1} 由 a 端→VD_1→R_L→VD_3→b 端，如图 1-42(a)中虚线箭头所示。此电流流经负载 R_L 时，在 R_L 上形成了上“+”下“-”的输出电压。工作波形如图 1-43 所示。

(2)当 u_2 为负半周时，即 a 端为“-”、b 端为“+”，这时 VD_2、VD_4 导通，VD_1、VD_3 截止，电流 i_{L2} 由 b 端→VD_2→R_L→VD_4→a 端，如图 1-42(b)中虚线箭头所示。该电流经 R_L 的方向和 u_2 正半周时流向一致，同样在 R_L 上形成了上“+”下“-”的输出电压。工作波形如图 1-43 所示。

由此可见，无论 u_2 处于正半周还是负半周，都有电流分别流过两只二极管，并以相同方向流过负载 R_L，是单方向的全波脉动波形。

3. 负载上的直流电压与直流电流的估算

从以上分析得知，桥式整流电路中负载所获得的直流电压与全波整流电路一样。

(1)负载上的直流电压 U_L

$$U_L = 0.9U_2 \tag{1-9}$$

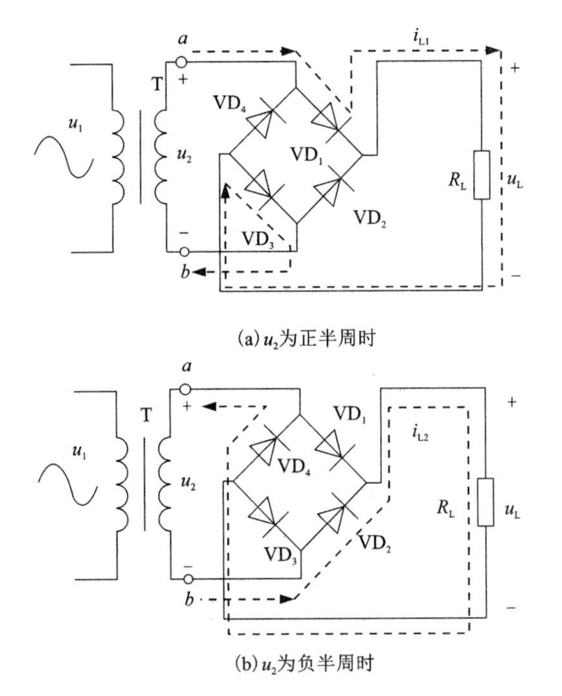

图 1-42　桥式整流电路中的电流路径

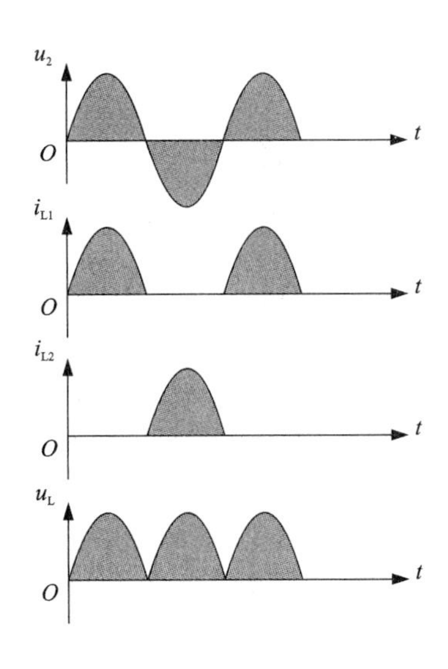

图 1-43　桥式整流电路工作波形

(2) 负载上的直流电流 I_L

$$I_L=\frac{U_L}{R_L}=0.9\frac{U_2}{R_L} \tag{1-10}$$

4. 整流二极管的选择

在桥式整流电路中，每只二极管都是在交流电的半个周期内导通的，每只管子的平均电流是输出电流的二分之一，故选用二极管时要求其

$$I_{FM}\geqslant I_D=\frac{1}{2}I_L \tag{1-11}$$

二极管承受的最大反向工作电压是交流电压 u_2 的峰值，所以选用二极管的最大反向工作电压为

$$U_{RM}\geqslant\sqrt{2}U_2 \tag{1-12}$$

【例 1.2】有一直流负载需直流电压 6 V，直流电流 0.4 A，如果采用单相桥式整流电路，试求电源变压器的二次电压，并选择整流二极管的型号。

解：由 $U_L=0.9U_2$，可得变压器二次电压的有效值为

$$U_2=\frac{U_L}{0.9}=\frac{6}{0.9}\ \text{V}\approx 6.7\ \text{V}$$

通过二极管的平均电流

$$I_D=\frac{1}{2}I_L=\frac{1}{2}\times 0.4\ \text{A}=0.2\text{A}=200\ \text{mA}$$

二极管承受的最高反向工作电压

$$\sqrt{2}U_2=9.4\ \text{V}$$

根据以上求得的参数，查阅整流二极管参数手册，可选择 $I_{FM}=300\ \text{mA}$、$U_{RM}=10\ \text{V}$ 的 2CZ56A 型整流二极管，或者选用符合条件的其他型号二极管，如 1N4001 等。

四、电容滤波电路

1. 电路组成

电容滤波电路是使用最多也是最简单的滤波电路，其结构是在整流电路的负载两端并联一较大容量的电解电容，如图 1-44(a)所示。利用电容两端电压不能突变，在电容充、放电过程中使输出电压趋于平滑。

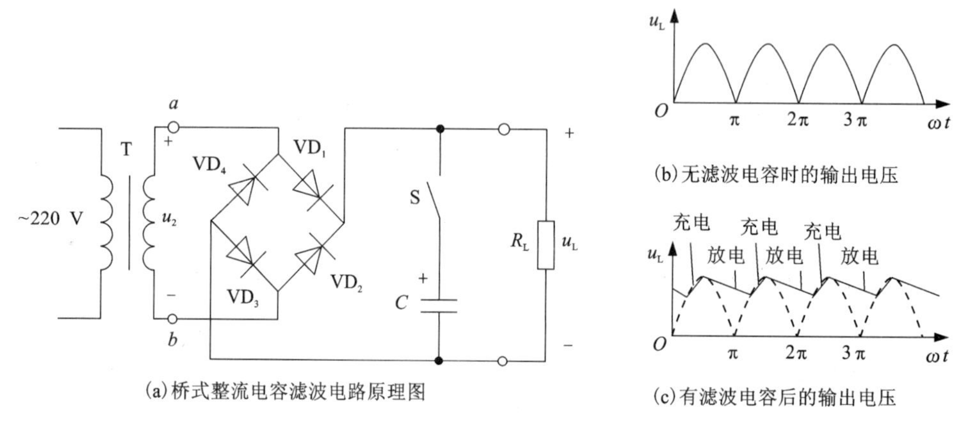

(a)桥式整流电容滤波电路原理图

(b)无滤波电容时的输出电压

(c)有滤波电容后的输出电压

图 1-44　桥式整流电容滤波电路原理图

2. 工作过程

做中学、做中教

打开 NI Multisim 14.0 仿真软件，参考图 1-44(a)所示电路调入器件并连接电路(负载取 100 Ω)，用电压表监测输入、输出电压，电流表监测各二极管和负载电流，示波器监测输入与输出波形，分开关 S 闭合和断开两种情况进行仿真，将测得的数据及波形填入表 1-15。

表 1-15　桥式整流电容滤波电路仿真实验记录表

<table>
<tr><td rowspan="4">开关 S 断开</td><td>输入电压/V</td><td>输出电流/mA</td><td>输入电压波形</td><td>输出电压波形</td></tr>
<tr><td></td><td></td><td rowspan="3"></td><td rowspan="3"></td></tr>
<tr><td>输出电压/V</td><td>二极管电流/mA</td></tr>
<tr><td></td><td></td></tr>
<tr><td rowspan="4">开关 S 闭合</td><td>输入电压/V</td><td>输出电流/mA</td><td rowspan="4"></td><td rowspan="4"></td></tr>
<tr><td></td><td></td></tr>
<tr><td>输出电压/V</td><td>二极管电流/mA</td></tr>
<tr><td></td><td></td></tr>
</table>

通过仿真实验，我们得到电容滤波工作过程如下：

电容 C 接入电路，假设开始时电容上的电压为零，接通电源后 u_2 从零开始增大，整流输出的电压一方面向负载 R_L 供电，另一方面给电容 C 充电。当充电电压达到最大值 $\sqrt{2}U_2$ 后，u_2 开始下降，于是电容 C 开始通过负载电阻放电，维持负载两端电压缓慢下降，直到下一个整流电压波形的到来。当 u_2 大于电容端电压 u_C 时，电容又开始充电。如此循环下去，使输出电压的脉动成分减小，平均值增大，从而达到滤波的目的，负载上就得到了图 1-44(c)所示的输出电压。

电解电容只能滤除低频波动，对于直流电源中的高频干扰噪声波，可以并联一个 0.1 μF 或 0.01 μF 的独石电容或者瓷片电容来滤除。

3. 输出直流电压的估算

整流电路接入滤波电容时，通常输出电压可按下面的经验公式估计：

半波整流电容滤波

$$U_L \approx U_2 \tag{1-13}$$

全波、桥式整流电容滤波

$$U_L \approx 1.2U_2 \tag{1-14}$$

半波、全波、桥式整流电容滤波空载时(负载 R_L 开路)

$$U_L \approx 1.4U_2 \tag{1-15}$$

即空载时输出电压值接近 u_2 的最大值。

【例 1.3】一个桥式整流电容滤波电路，如图 1-44(a)所示。电源由 220 V、50 Hz 的交流电压经变压器降压供电，负载电阻 R_L 为 40 Ω，输出直流电压为 20 V。求开关闭合时，变压器二次电压、滤波电容的耐压值和容量。

解：(1)变压器二次电压按式(1-14)可得

$$U_2 = \frac{U_L}{1.2} \approx 17\ \text{V}$$

(2)当负载空载时，电容承受最大电压，所以电容的耐压值为

$$U_{RM} \geqslant \sqrt{2}U_2 \approx 24\ \text{V}$$

电容的容量应满足 $R_LC=(3\sim5)T/2$，取 $R_LC=2T$，$T=1/f$，因此

$$C = \frac{2T}{R_L} = 1000\ \mu\text{F}$$

可选用 1000 μF/50 V 的电解电容。

滤波电容的容量可根据负载电流的大小参考表 1-16 进行选择。

表 1-16 滤波电容的选择

输出电流 I_L	2 A	1 A	0.5~1 A	0.1~0.5 A	<100 mA	<50 mA
电容的容量 C	4700 μF	2200 μF	1000 μF	470 μF	200~500 μF	200 μF

注：此为桥式整流电容滤波，$U_L=12\sim36$ V 时的参考值。

1.2.9 技能实训

单相整流滤波电路的安装与调试

1. 任务目标

(1)会根据图 1-45 所示电路原理图绘制电路安装布线图;

(2)会在通用印制电路板上搭接单相桥式整流滤波电路;

(3)能说明电路中各元器件的作用,并能检测元器件;

(4)能用万用表对电路进行电压和电流的测量;

(5)能用示波器观察单相桥式整流电路的输入、输出电压波形。测定其输入、输出电压间的量值关系;

(6)能用示波器观察电容滤波电路的工作效果,测定其输出电压的量值关系;

(7)提高电子产品装接、检测能力。

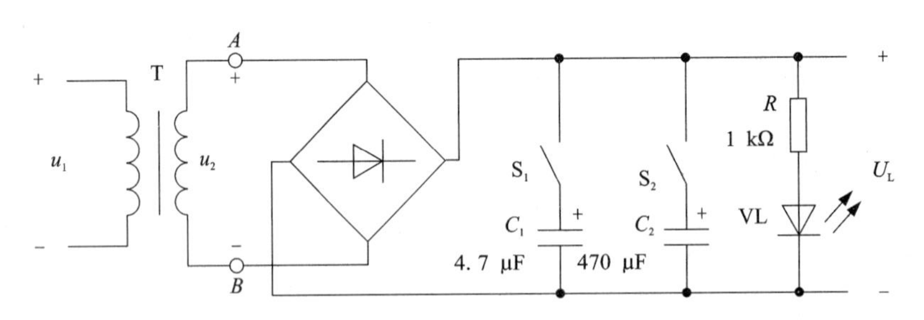

图 1-45 桥式整流、电容滤波电路原理图

2. 实施步骤

(1)装调流程

绘制安装布线图→清点元器件→元器件检测→插装和焊接→通电前检查→通电测量→数据记录。

(2)装调步骤

①先安装单相桥式整流电路,整流元件采用整流桥堆;

②在桥式整流电路工作正常的情况下,接入滤波电容。

注意:

电源变压器一次绕组的两个接线端与电源插头的连接处应用套管套住,再用绝缘胶布包住,以防止短路或触电。

3. 调试与记录

检查元器件安装正确无误后,才可以接通电源。测量时,先连线后接电源(或断开电源开关),拆线、改线或检修时一定要先关电源;另外电源线不能接错,否则将可能损坏元器件。

(1)整流电路测量(断开开关 S_1、S_2)

用数字万用表交流电压挡测量图 1-45 所示电路中的 A、B 端电压 u_2，再用直流电压挡测量直流输出电压 u_L，将结果记录在表 1-17 中。

用示波器观察 u_2 和 u_L 的波形，并描绘在表 1-17 中。

②整流、滤波电路测量

将开关 S_1 闭合，S_2 断开，接滤波电容 C_1，用数字万用表测量输出电压，并用示波器观察其波形，并描绘在表 1-17 中。

将开关 S_1 断开，S_2 闭合，接滤波电容 C_2，用数字万用表测量输出电压，并用示波器观察其波形，并描绘在表 1-17 中。

表 1-17　桥式整流、电容滤波电路测试记录表

测试项目	变压器二次电压 u_2		输出电压 u_L	
	有效值/V	波形	平均值/V	波形
S_1、S_2 断开				
S_1 闭合，S_2 断开				
S_1 断开，S_2 闭合				

1.3　任务实现

1.3.1　认识电路组成

图 1-46 为智能小夜灯电路原理图。R_1、C_1 构成阻容降压电路，R_2 为限流电阻，VD_1、VD_2、VD_3、VD_4 构成桥式整流电路，VZ 为 24 V 稳压二极管，R_3、R_4、R_5、Q_1 构成电子开关控制电路，C_2 为滤波电容，LED_1、LED_2、LED_3、LED_4 为发光二极管。图 1-47 为智能小夜灯实物图。

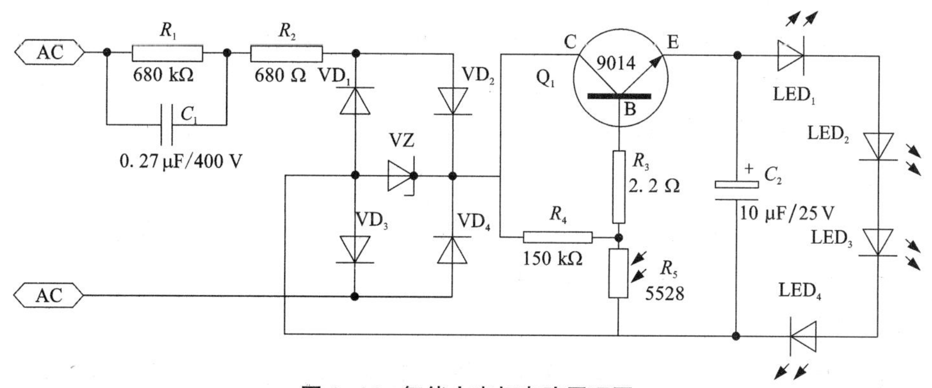

图 1-46　智能小夜灯电路原理图

图 1-47　智能小夜灯实物图

1.3.2　认识电路工作过程

220 V 交流电通过 R_1、C_1 降压成 20 多伏的交流电；经限流电阻 R_2 后送到由 $VD_1 \sim VD_4$ 构成的桥式整流电路，整流后经 VZ 稳压，输出最大值为 24 V 的脉动直流电。

白天光线较强时，光敏电阻 R_5 呈低阻状态，24 V 直流电压经 R_4、R_5 分压后，R_5 两端电压趋于 0 V，此时三极管基极 B 电压约为 0 V，Q_1 截止，$LED_1 \sim LED_4$ 不发光。（三极管截止原理项目 2 分析）。

晚上光线变暗，光敏电阻 R_5 呈高阻状态，24 V 直流电压经 R_4、R_5 分压后再经 R_3 加到三极管基极 B，Q_1 导通，24 V 直流电经过 Q_1 降压、C_2 滤波后向 $LED_1 \sim LED_4$ 供电，$LED_1 \sim LED_4$ 发光。（发光强度与三极管导通强度有关，三极管导通原理项目 2 分析）。

1.3.3　电路仿真

1. 绘制仿真电路

打开 NI Multisim 14.0 仿真软件，参考图 1-48 所示电路调入元器件，绘制仿真电路。因仿真软件中无光敏电阻，用 S_1、R_5、R_6 模拟代替图 1-46 所示电路中的光敏电阻，S_1 拨到左边模拟白天，S_1 拨到右边模拟晚上。

2. 调试仿真电路

运行仿真软件，拨动开关 S_1，看能否控制发光二极管亮与灭，如不能进行控制，对电路器件及连接进行检查，直到能正常控制亮灭为止。

3. 参数测量

借助仿真软件中电压表完成表 1-18 中各电压数据的测量，将测量结果填入表中。

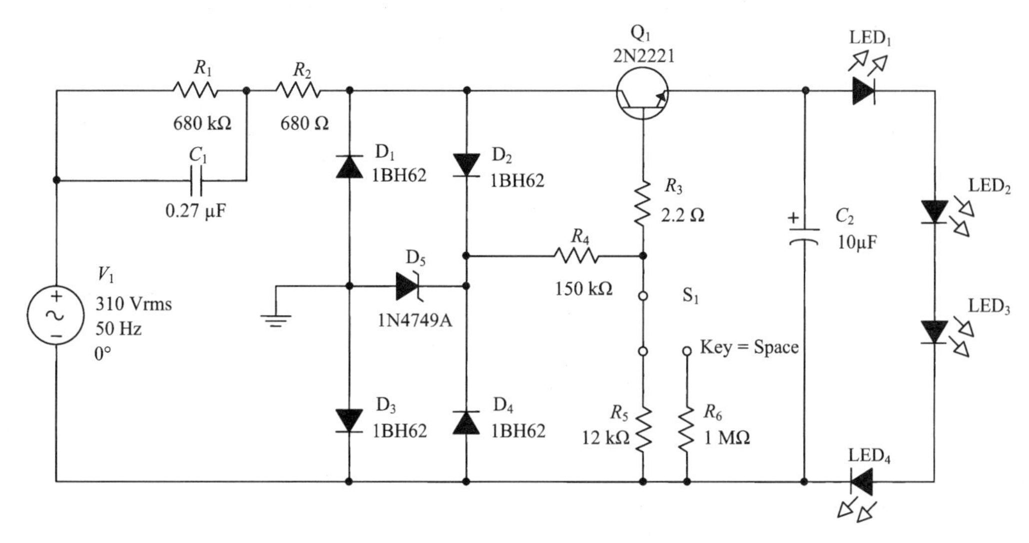

图 1-48　智能小夜灯仿真电路图

表 1-18　智能小夜灯仿真关键点电压测量表

条件	整流前交流电压	整流后直流电压	三极管各极对地电压			各发光二极管两端电压
			基极 B	发射极 E	集电极 C	
S_1 拨到左边						
S_1 拨到右边						

1.3.4　元器件的识别与检测

1. 元器件的选用

R_1 ~ R_4 选用 1/4W 金属膜电阻器或碳膜电阻器；R_5 选用 5528 光敏电阻；C_1 选用耐压为 400 V 以上 CBB 电容器；C_2 选用 10 μF/25 V 电解电容器；VD_1 ~ VD_4 选用 1N4007 二极管，VZ 选用 1N4749A（稳压值为 24 V）稳压二极管；LED 选用 ϕ5 mm 发光二极管；Q_1 选用 9014 三极管。元器件选用清单见表 1-19。

表 1-19　智能小夜灯元器件清单

序号	类型	标号	参数	数量	质量检测	备注
1	电阻器	R_1	680 kΩ	1		
2	电阻器	R_2	680 Ω	1		
3	电阻器	R_3	2.2 Ω	1		

续表1-19

序号	类型	标号	参数	数量	质量检测	备注
4	电阻器	R_4	150 kΩ	1		
5	电阻器	R_5	5528	1		亮和暗分别检测
6	电容器	C_1	0.27 μF	1		
7	电容器	C_2	10 μF/25 V	1		
8	整流二极管	$VD_1 \sim VD_4$	1N4007	4		
9	稳压二极管	VZ	1N4749A	1		
10	发光二极管	LED	ϕ5 mm	1		
11	三极管	Q_1	9014	1		加引脚图

2. 元器件的外形

元器件的外形如图 1-49 所示。

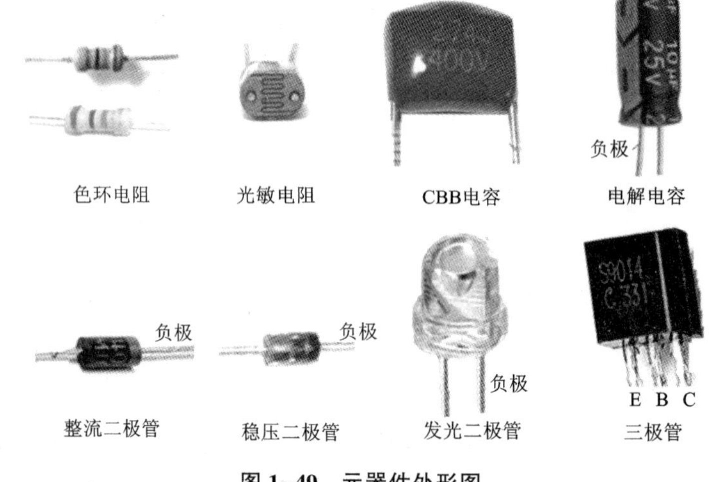

图 1-49　元器件外形图

3. 元器件的检测

(1)普通电阻器

根据电阻器色环估算电阻器的阻值，选择万用表电阻挡的合适量程，将万用表两表笔与电阻器两个引脚连接(注意：手不能同时接触电阻器两个引脚)，然后读数，看是否在允许范围内。将检测结果填入表 1-19。

(2)光敏电阻器

用万用表两表笔分别接触光敏电阻两引脚，再用一黑纸片将光敏电阻的透光窗口遮住，此时万用表的读数很大或接近无穷大(5528 暗电阻一般为 1 MΩ 以上)。此值越大说明光敏电阻性能越好。若此值很小或接近为零，说明光敏电阻已烧穿损坏，不能再继续使用。

将一光源对准光敏电阻的透光窗口，此时万用表的阻值明显减小，此值越小说明光敏电阻性能越好(5528 亮电阻一般为 10~20 kΩ)。若此值很大甚至无穷大，表明光敏电阻内部开路损坏，也不能再继续使用。

将光敏电阻透光窗口对准入射光线，用小黑纸片在光敏电阻的遮光窗上部晃动，使其间断受光，此时万用表读数应随黑纸片的晃动而变化。如果万用表读数始终停在某一位置不随纸片晃动而变化，说明光敏电阻的光敏材料已经损坏。将检测情况填入表 1-19。

(3)电容器

根据电容器标称参数，选择数字万用表电容挡的合适量程，将电容器插入万用表电容挡孔中，然后读数，看是否在允许范围内。将检测结果填入表 1-19。

(4)二极管的检测

选择数字万用表二极管挡，万用表红表笔接二极管正极，黑表笔接负极，看读数是否为零点几，交换表笔，看读数是否为“1”；发光二极管看其是否微亮发光。将检测情况填入表 1-19。

(5)三极管的检测

选择万用表二极管挡，任意假设一脚是 B 极，红表笔接 B 极，黑表笔分别接另两脚，能测得示值零点几时，则所假设的 B 极正确，且此三极管是 NPN 管；反之，黑表笔接 B 极能测得示值零点几，则是 PNP 管。将检测情况填入表 1-19。

1.3.5 电路安装

1. 识读电路板

根据电路板实物，参考电路原理图清理电路，查看电路板是否有短路或开路地方，熟悉各器件在电路板中的位置。智能小夜灯电路元器件布局如图 1-50 所示。

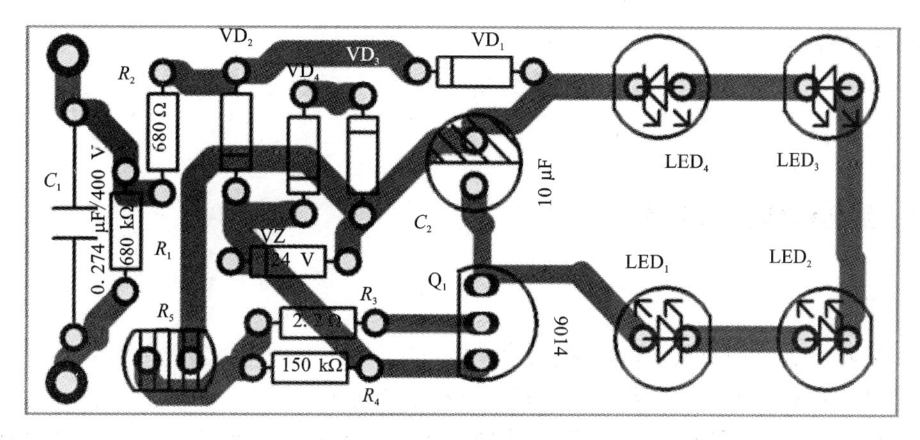

图 1-50 智能小夜灯电路元器件布局图

2. 安装原则

按先小件后大件、先较低的后较高的顺序安装，即按电阻器、整流二极管、电容器、三极管、发光二极管的顺序安装焊接。

3. 插件元器件焊接方法

(1)准备：将被焊件、电烙铁、焊锡丝、烙铁架等放置在便于操作的地方。

(2)加热被焊件：将烙铁头放置在被焊件的焊接点上，使接点升温。

(3)熔化焊料：将焊接点加热到一定温度后，用焊锡丝触到焊接处，熔化适量的焊料。焊锡丝应从烙铁头的对称侧加入，而不是直接加在烙铁头上。

(4)移开焊锡丝：当焊锡丝适量熔化后，迅速移开焊锡丝。

(5)移开烙铁：当焊接点上的焊料流散接近饱满，助焊剂尚未完全挥发，也就是焊接点上的温度最适当、焊锡最光亮、流动性最强的时刻，迅速拿开烙铁头。移开烙铁头的时机、方向和速度，决定着焊接点的焊接质量。正确的方法是先慢后快，烙铁头沿45°角方向移动，并在将要离开焊接点时快速往回一带，然后迅速离开焊接点。

4. 元器件安装

(1)电阻器的安装

将电阻器按照电路板器件间距进行整形(注意：器件引线弯曲处要有圆弧形，其半径不得小于引线直径的两倍)；插入对应位置(注意：色标方向一致，以便目视识别)；焊接(注意：普通电阻应紧贴电路板插装焊接，光敏电阻应在离电路板4~6 mm处插装焊接)。

(2)电容器的安装

将电容器按照电路板器件间距进行整形；插入对应位置(注意：无极性电容参数尽量朝外，以便目视识别)；焊接(注意：电解电容应紧贴电路板插装焊接，其他电容应在离电路板4~6 mm处插装焊接)。

(3)二极管的安装

按照电路板器件间距进行整形，插入对应位置，整流二极管、稳压二极管应紧贴电路板插装焊接，发光二极管离电路板4~6 mm处插装焊接(注意极性，别搞错)。

(4)三极管的安装

插入对应位置(注意：引脚方向，别搞错)；焊接(注意：离电路板4~6 mm处插装焊接，焊接时间不要太长)。

1.3.6 电路调试与检测

1. 电路调试

(1)安装结束，检查焊点质量(重点检查是否有错焊、漏焊、虚假焊、短路)，检查元器件安装是否正确(重点检查二极管、三极管极性)，方可通电。

(2)通电观察电路是否有异常现象(声响、冒烟)，如有应立即停止通电，查明原因。

(3)通电后，在光敏电阻有光照情况下，发光二极管不发亮；用黑纸片遮盖光敏电阻，发光二极管应发亮。

2. 电路检测

通电情况下，按下列要求操作，用万用表检测关键点电压，完成表 1-20。

表 1-20　智能小夜灯关键点电压检测值

条件	整流前交流电压	整流后直流电压	三极管各极对地电压			各发光二极管两端电压
			基极 B	发射极 E	集电极 C	
R_5 有光照						
R_5 无光照						

1.4　考核评价

智能小夜灯的制作评价标准见表 1-21。

表 1-21　智能小夜灯的制作评价标准

考核项目	评分点	分值	评分标准	得分
智能小夜灯的制作	电路识图	5	能正确理解电路的工作原理，否则视情况扣 1~5 分	
	电路仿真	20	能使用仿真软件画出正确的仿真电路，计 12 分，有器件或连线错误，每处扣 2 分；能完成各项仿真测试，计 8 分，否则视情况扣 1~8 分	
	元器件成形、插装与排列	10	元器件成形不符合要求，每处扣 1 分；插装位置、极性错误，每处扣 2 分；元器件排列参差不齐，标记方向混乱，布局不合理，扣 3~10 分	
	元件质量判定	15	正确识别元件，每错一处扣 1 分，扣完为止	
	焊接质量	20	有搭锡、假焊、虚焊、漏焊、焊盘脱落、桥接等现象，每处扣 2 分；出现毛刺、焊料过多、焊料过少、焊接点不光滑、引线过长等现象，每处扣 2 分	
	电路调试	15	正确使用仪器仪表，写出数据测试和分析报告，计满分；不能正确使用仪表测量每次扣 3 分，数据测试错误每次扣 2 分，分析报告不完整或错误视情况扣 1~5 分，扣完为止	
	电路检修	15	通电工作正常，记满分；如有故障能进行排除，也计满分，不能排除，视情况扣 3~15 分	
小计		100		

续表1-21

考核项目	评分点	分值	评分标准	得分
职业素养与操作规范考核	学习态度	20	不参与团队讨论，不完成团队布置的任务，抄袭作业或作品，发现一次扣2分，扣完为止	
	学习纪律	20	每缺课一次扣5分；每迟到一次扣2分；上课玩手机、玩游戏、睡觉，发现一次扣2分，扣完为止	
	团队精神	20	不服从团队的安排，与团队成员间发生与学习无关的争吵，发现团队成员做得不好或不到位或不会的地方不指出、不帮助，团队或团队成员弄虚作假，每发现一次扣5分，扣完为止	
	操作规范	20	操作过程不符合安全操作规程，仪器设备的使用不符合相关操作规程，工具摆放不规范，物料、器件摆放不规范，工作台位台面不清洁、不按规定要求摆放物品，任务完成后不整理、清理工作台，任务完成后不按要求清扫场地内卫生，发现一项扣2分，扣完为止。如出现触电、火灾、人身伤害、设备损坏等安全事故，此项计0分	
	行为举止	20	着装不符合规定要求，随地乱吐、乱涂、乱扔垃圾（食品袋、废纸、纸巾、饮料瓶）等，语言不文明，讲脏话，每项扣1~5分，扣完为止	
小计		100		

说明：1. 本项目的项目考核、职业素养与操作规范考核按10%比例折算计入总分；

2. 根据全学期训练项目对应的理论知识在期末进行理论考核，本项目占理论考核试卷的20%，期末理论考核成绩按10%折算计入总分。

1.5 拓展提高

并联型稳压电源的制作

并联型稳压电源电路原理图如图1-51所示。请根据电路原理图及所学知识，分析电路工作原理，查阅相关资料，列出所需元器件清单，自行采购相应器件，用万能板进行设计、组装、调试，项目完成后，撰写制作心得体会。

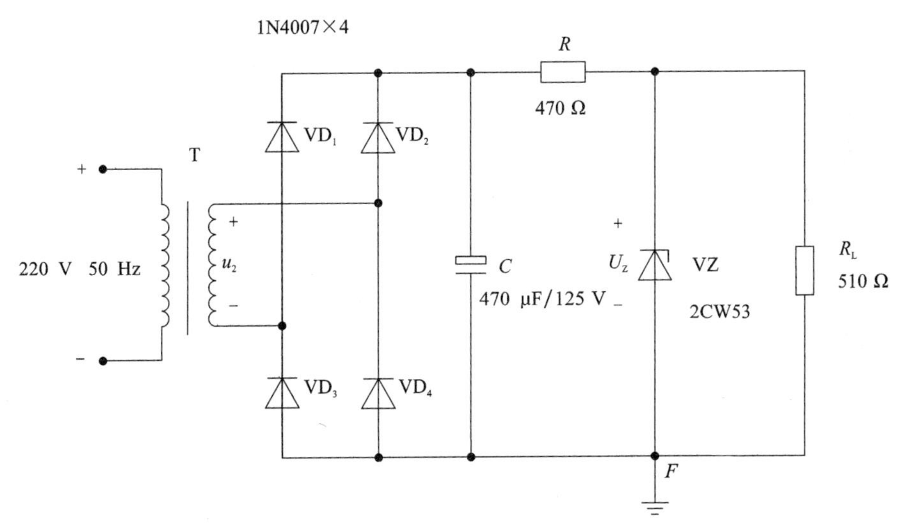

图 1-51　并联型稳压电源电路原理图

1.6　同步练习

一、填空题

1. 某四色环电阻色环为红黄棕金，则该电阻阻值为________，误差为________；色环为灰红红银，则该电阻阻值为________，误差为________。

2. 某电阻体上写有 2R4J 字样，则该电阻阻值为________，误差为________；写有 503M 字样，则该电阻阻值为________，误差为________。

3. 某电容体上写有 R47 字样，则该电容器容量为________；1P5 的字样，则该电容器容量为________；写有 103 字样，则该电容器容量为________。

4. 某电感体上写有 4R7 字样，则该电感器电感量为________；写有 1N5 字样，则该电感器电感量为________。

5. 某电感体上写有标有 22 μH、A、Ⅱ的字样，其中 22 μH 的含义是__________，A 的含义是__________，Ⅱ的含义是__________。

6. 二极管的单向导电特性是____。

7. 稳压二极管正常工作时应加________电压，其两端电压由__________决定；发光二极管接上______电压时，才能发光。

8. 稳压二极管能稳定电压是利用其________击穿后________剧变，而两端________几乎不变的特性来实现的。

9. 光电二极管是一种能将接收到的________信号转换成________信号输出的二极管，又称光敏二极管，其基本特性是在光的照射下产生________。

10. 变容二极管与稳压二极管一样，工作于________偏置状态。反向电压增大电容量________，反向电压减小电容量________。

11. 当在路测量二极管的正向压降为 0.3 V 时，可以确定该管为________二极管；当在路测得二极管的正向压降为 0.7 V 时，可以确定该管为________二极管。

12. 单相半波整流和单相桥式整流相比，脉动比较大的是____________，整流效果好的是__________。

13. 在桥式整流电路中，输出电压 $U_0=9$ V，负载电流 I_0 为 1 A，则二极管承受的反向电压 U_{RM} 为______V。

14. 在整流滤波电路中，电容器的接法是____________。

15. 电容滤波电路是利用了电容________________这一特性来平滑负载上电压脉动的，整流电路中接入滤波电容使负载上电压________，纹波减小。

二、选择题

1. 如果用万用表测得二极管的正、反向电阻都很大，则二极管(　　)。

A. 特性良好　　B. 已被击穿　　C. 内部开路　　D. 功能正常

2. 二极管两端加正向电压时(　　)。

A. 立即导通　　B. 超过击穿电压就导通

C. 超过 0.2 V 就导通　　D. 超过死区电压就导通

3. 在图 1-52 中，二极管为硅管，工作于正常导通状态的是(　　)。

A. −100 V —▷|— −50 V　　B. 4.3 V —▷|— 5 V

C. 10 V —▷|—▭— 7.2 V　　D. −12 V —▷|—▭— −11.7 V

图 1-52

4. 由理想二极管组成的如图 1-53 所示两个电路中，它们的输出电压分别是(　　)。

A. $U_{R1}=0$，$U_{R2}=0$　　B. $U_{R1}=8$ V，$U_{R2}=8$ V

C. $U_{R1}=8$ V，$U_{R2}=0$　　D. $U_{R1}=0$，$U_{R2}=8$ V

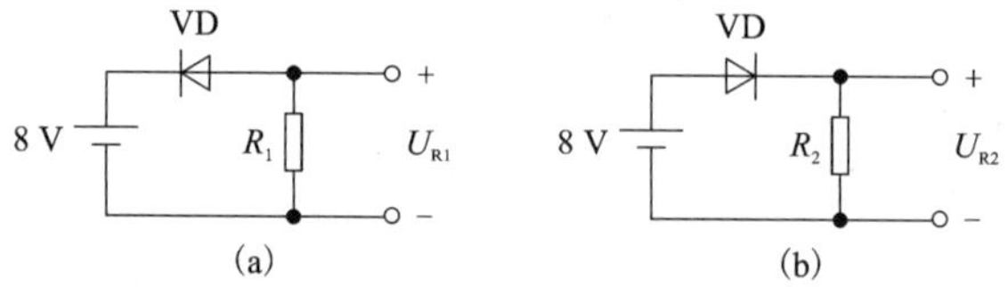

VD 8 V R_1 U_{R1} + − (a)

VD 8 V R_2 U_{R2} + − (b)

图 1-53

5. 下列二极管可用于稳压的是(　　)。

A. 2CW7　　B. 2AK4　　C. 2AP15

6. 在用指针式万用表测量二极管正向电阻时，对于同一只二极管用不同的挡位测出的正向电阻值不同，主要原因是(　　)。

A. 指针式万用表在不同挡位，其内阻不同

B. 二极管有非线性的伏安特性

C. 被测二极管的质量差

7. 二极管的正极电位是-10 V，负极电位是-5 V，则该二极管处于(　　)。

A. 零偏　　B. 反偏　　C. 正偏

8. 下列稳压二极管、发光二极管、光电二极管和变容二极管使用说法正确的是(　　)

A. 都正向使用　　B. 都反向使用

C. 稳压二极管、光电二极管和变容二极管反向使用，发光二极管正向使用

D. 稳压二极管和变容二极管反向使用，发光二极管和光电二极管正向使用

9. 下列对变容二极管和光电二极管描述正确的是(　　)

A. 变容二极管反向电压增大电容量减小，反向电压减小电容量增大

B. 变容二极管反向电压增大电容量增大，反向电压减小电容量减小

C. 光电二极管光照越强反向电流越小，光照越弱反向电流越大

D. 光电二极管光照越强正向电流越大，光照越弱反向电流越小

10. 桥式整流电路中，已知 $U_2=10$ V，若某一只二极管因虚焊造成开路，则输出电压 U_0 为(　　)。

A. 12 V　　B. 9 V　　C. 4.5 V

11. 在桥式整流电路中：

(1) 若 $U_2=20$ V，则输出电压直流平均值 U_0 为(　　)。

A. 20 V　　B. 18 V　　C. 9 V

(2) 桥式整流电路由四只二极管组成，故流过每只二极管的电流为(　　)。

A. $I_0/4$　　B. $I_0/2$　　C. I_0

(3) 每只二极管承受的最大反向电压 U_{RM} 为(　　)。

A. $\sqrt{2}U_2$　　B. $\frac{\sqrt{2}}{2}U_2$　　C. $2\sqrt{2}U_2$

12. 单相桥式整流电容滤波电路中，在满足 $R_LC \geqslant (3\sim5)T/2$ 时，负载电阻上的平均电压估算为(　　)。

A. $1.1U_2$　　B. $0.9U_2$　　C. $1.2U_2$　　D. $0.45U_2$

三、分析题

1. 在图 1-54 所示电路中，分别判断指示灯是亮还是不亮。

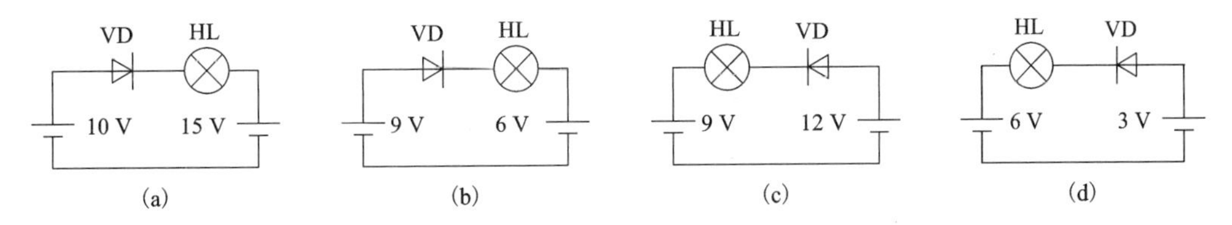

图 1-54

2. 二极管电路如图 1-55 所示，判断图中二极管的状态是导通还是截止，并确定输出电压 U_O（设二极管的导通电压可忽略不计）。

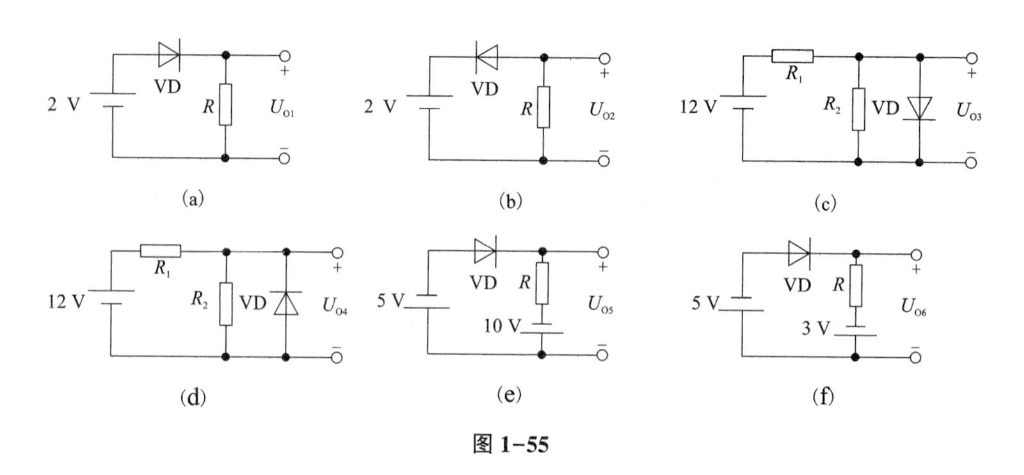

图 1-55

3. 用指针式万用表测量二极管的极性，如图 1-56 所示。

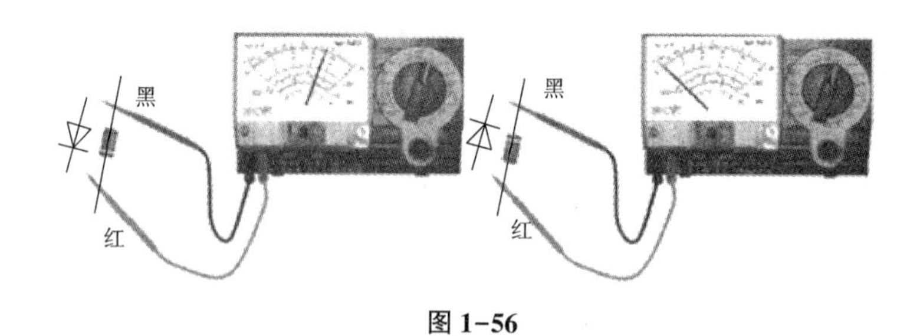

图 1-56

（1）为什么在阻值小的情况下，黑表笔接的一端必定为二极管正极，红表笔接的一端必定为二极管的负极？

（2）若将红、黑表笔对调后，万用表的指示将如何？

（3）若正、反向电阻均为无穷大，二极管性能如何？

（4）若正、反向电阻均为零，二极管性能如何？

（5）若正向和反向电阻值接近，二极管性能又如何？

4. 试分析图 1-57 所示电路是如何进行电源极性判断的？

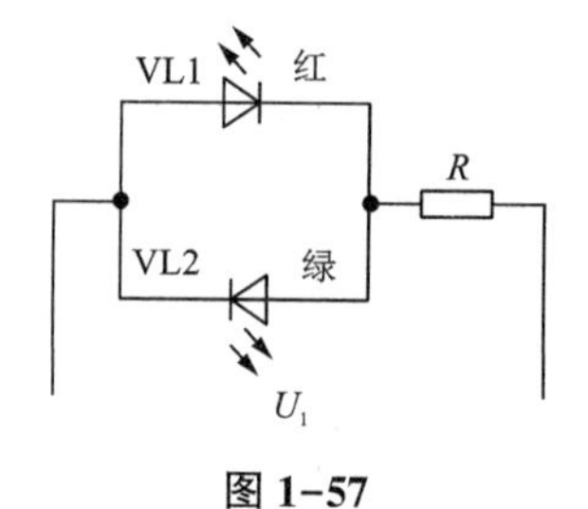

图 1-57

5. 电路如图 1–58 所示，稳压管的稳定电压为 6 V，最小稳定电流为 5 mA，最大稳定电流为 25 mA。

(1) 分别计算输入为 10 V、15 V、25 V 三种情况下输出电压值。

(2) 若输入电压为 35 V 时负载开路，则会出现什么现象？为什么？

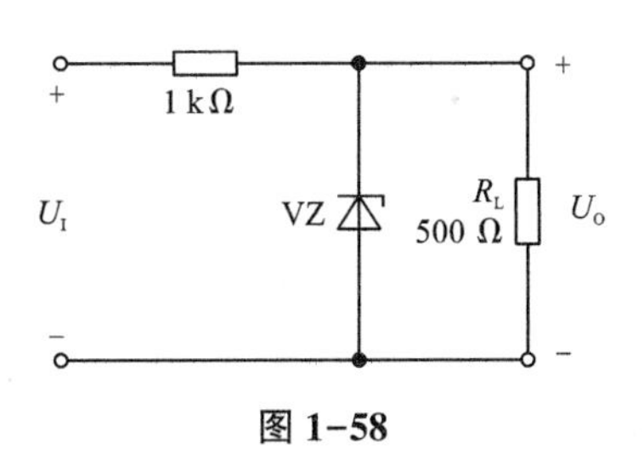

图 1–58

6. 在如图 1–59 所示的变压器中心抽头式全波整流电路中，已知 $V_L = 54$ V，$I_L = 2$ A。求：

(1) 电源变压器次级绕组电压 u_{2a}、u_{2b}；

(2) 整流二极管承受的最大反向电压 V_{RM}；

(3) 流过二极管的平均电流 I_V。

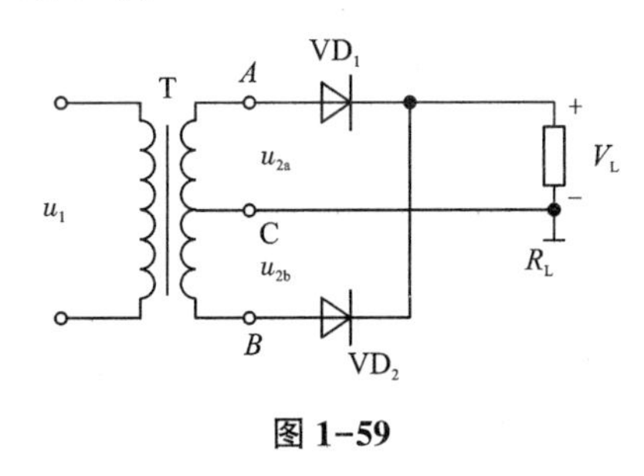

图 1–59

7. 画出图 1–60 所示电路中四只二极管和一只滤波电容(标出极性)。

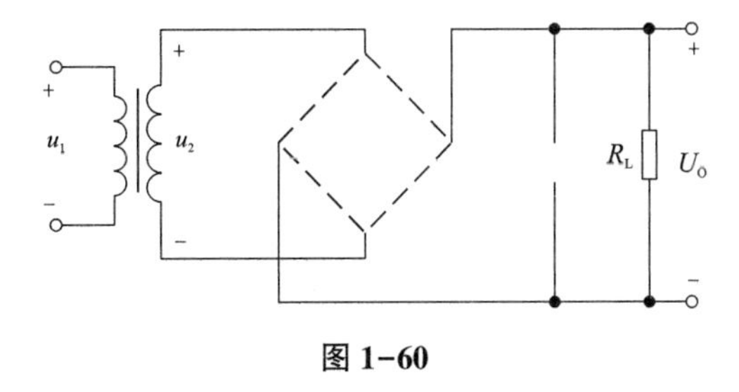

图 1–60

8. 在图 1–61 所示整流电路中，若 $U_2 = 20$ V，要求：

(1) 判别该电路是否为桥式整流电路，说明理由。

(2) 估算 U_O。

(3) 若 VD_2 脱焊断开，U_O 变为多少？

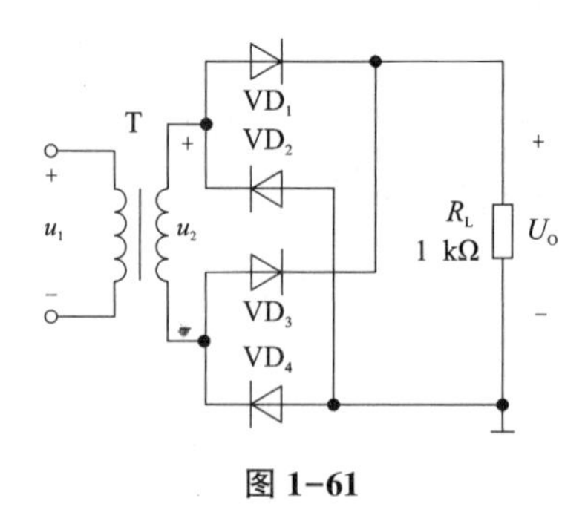

图 1-61

9. 全波整流电容滤波电路如图 1-62 所示。

(1) 在 u_{2a} 的正、负半周二极管导通情况如何？在 u_{2b} 的正、负半周二极管导通情况如何？

(2) 若 $u_{2a}=u_{2b}=20$ V，$R_L=100$ Ω，则 U_O 和 I_O 各为多少？

(3) 当 $u_{2a}=u_{2b}=20$ V 时，用万用表测得负载电压 U_O 分别为 9 V、18 V、20 V 和 24 V，试分析电路是否正常，如有故障，故障可能是在什么地方？

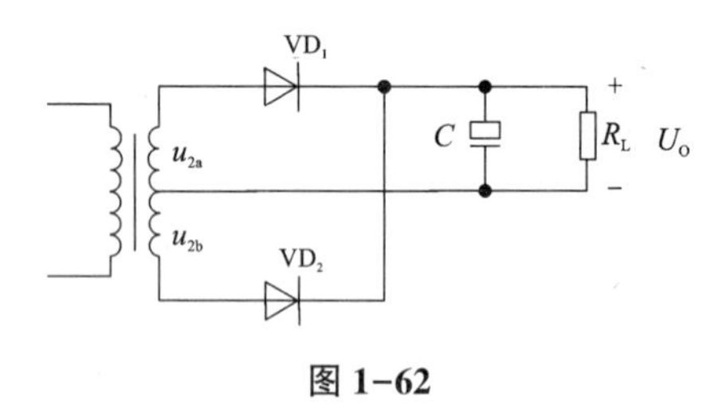

图 1-62

10. 桥式整流电容滤波电路如图 1-63 所示。

(1) 在 u_2 的正、负半周各有哪几只二极管导通？

(2) 若 $U_2=20$ V，$R_L=100$ Ω，则 U_O 和 I_O 各为多少？

(3) 当 $U_2=20$ V 时，用万用表测得负载电压 U_O 分别为 9 V、18 V、20 V 和 24 V，试分析电路是否正常，如有故障，故障可能是在什么地方？

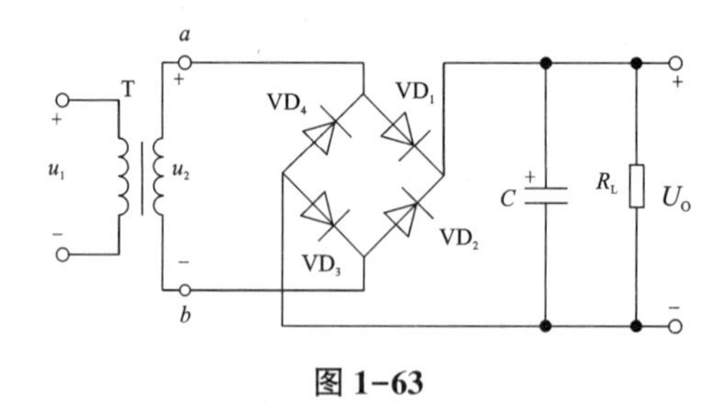

图 1-63

11. 桥式整流电容滤波电路中，输出波形 u_L 出现图 1-64 所示的几种情况，试分析故障原因。

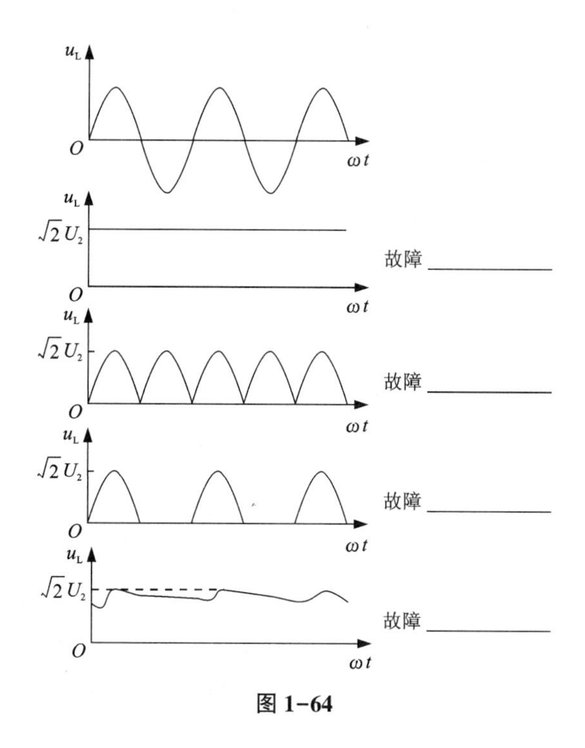

图 1-64

12. 有一稳压电源如图 1-65 所示，发现有一组变压器内部开路。现只有二极管 1N4001 若干，如何更改电路，使原电路性能保持不变？画出电路图。

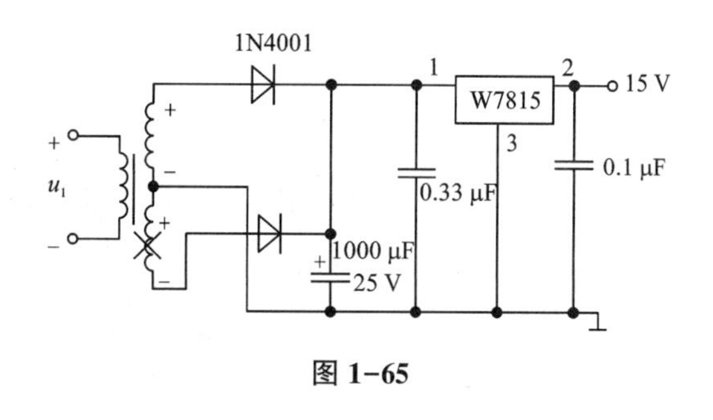

图 1-65

13. 已知某整流电路如图 1-66(a)所示，现发现电路中 A 点的波形如图 1-66(b)所示，其纹波频率为 50 Hz。

(1)试分析电路故障的具体原因。

(2)试用一种经济实用的方案排除故障。

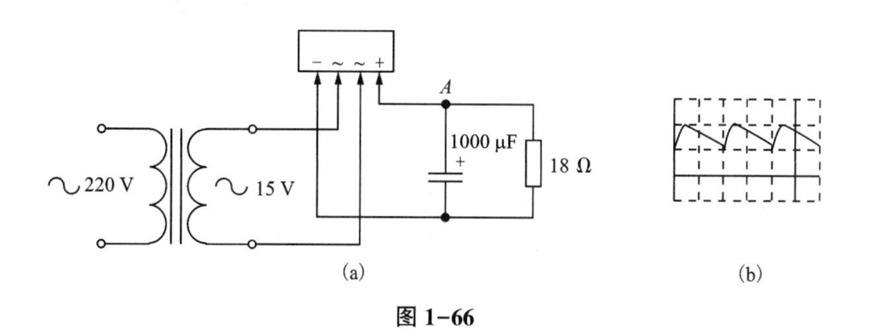

图 1-66

项目 2

迷你小功放的制作

2.1 项目描述

本项目介绍的迷你小功放(图 2-1),是采用音频功率放大器 8002A 对音频信号进行功率放大,采用音量电平指示 KA2284 驱动发光二极管实现电平显示,具有功率大、音质好、动态显示美、体积小、组装调试简单等优点。通过本项目的学习与实践,可以让读者获得如下知识和技能:

图 2-1 迷你小功放

1. 会识别和检测晶体三极管;
2. 了解三极管的特性曲线、主要参数,理解三极管电流放大作用;
3. 理解基本放大器的组成和主要元件的作用;
4. 会测量和调整放大电路的静态工作点;
5. 会估算基本放大电路的静态工作点、输入电阻、输出电阻和电压放大倍数;
6. 了解集成运放的主要参数和理想集成运放的特点;
7. 能识读集成运放构成的常用电路,会估算输出电压;
8. 会识读 OTL、OCL 功率放大电路;

9. 了解典型功放集成电路的引脚功能及其应用；
10. 会使用 NI Multisim 14.0 仿真软件对电路进行仿真实验；
11. 会安装、调试和检测音频功率放大电路及音量电平显示电路；
12. 具有一定的电子产品装接、检测和维修能力。

2.2 知识准备

2.2.1 晶体三极管

任务导引

晶体三极管，又称半导体三极管，也称双极型晶体管，是一种电流控制电流的半导体器件。其作用是把微弱信号放大成幅度值较大的电信号，也可用作无触点开关。那么，三极管结构是怎样的？具有怎样的电流控制关系？主要参数有哪些？我们又如何选用和检测呢？

一、三极管的外形、结构及图形符号

1. 三极管的外形

图 2-2 所示是几种常见的三极管，从封装外形来分，一般有硅酮塑料封装、金属封装以及用于表面安装的片状封装。目前常用的 90××系列三极管采用 TO-92 型塑封，它们的型号一般都标在塑壳上。

图 2-2 常见的三极管

2. 三极管的结构与图形符号

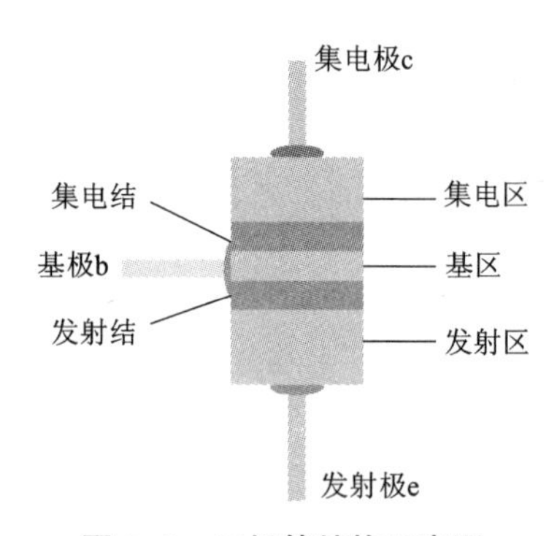

图 2-3　三极管结构示意图

三极管有三个电极，分别从三极管内部引出，其结构示意如图 2-3 所示。从图中可以看出，三极管的核心是两个互相联系的 PN 结，它根据不同的掺杂工艺在一个硅片上制造出三个掺杂区域而形成。

在三个掺杂区域中，位于中间的区域称为基区，引出极为基极 b，两边的区域称为发射区和集电区，分别引出发射极 e 和集电极 c；基区和发射区的 PN 结称为发射结，基区和集电区的 PN 结称为集电结。发射区是高浓度掺杂区，基区很薄且杂质浓度低，集电结面积大。

按两个 PN 结组合方式的不同，三极管可分为 PNP 型、NPN 型两类，其结构示意如图 2-4 所示。如果两边是 N 区，中间夹着 P 区，就称为 NPN 型三极管；反之，则称为 PNP 型三极管。

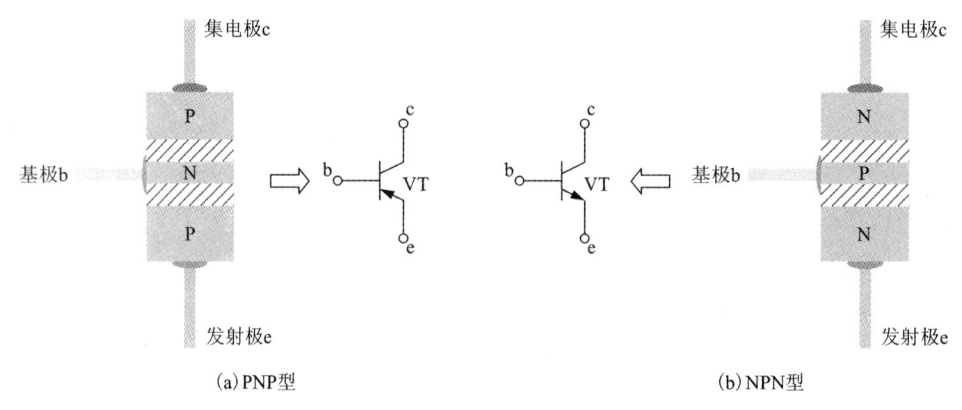

图 2-4　PNP 型、NPN 型三极管结构示意及符号

在电路原理图中，三极管是用图 2-4 中所示的图形符号和文字符号 VT 来表示。其中，有箭头的电极是发射极，箭头方向表示发射结正向偏置时的电流方向，由此可以判断管子是 PNP 型还是 NPN 型。

无论是 PNP 型还是 NPN 型三极管都可以用锗或硅两种材料制作，所以三极管又可分为锗三极管和硅三极管。

二、三极管中的电流分配和放大作用

1. 放大的概念

三极管的电流放大并不是指其自身能把小电流变成大电流，它仅仅是起着一种控制作用，控制着电路中的电源，使其按确定的比例向三极管提供 I_b、I_c 和 I_e 三个电流。电流的这种控制作用就好比图 2-5 中的水流控制，三极管的基极 b、集电极 c 和发射极 e 分别对应着图 2-5 中的细管、粗管和粗细交汇的管子。粗的管子内装有闸门，闸门开启大小受细管子中的水量控制。如果细管子中没有水流，粗管子中的闸门就会关闭；注入细管子中的水量越大，闸门就开得越大，相应地流过粗管子的水就越多，最后，细管子的水与粗管子的水汇合在一根管子中，这就体现出“以小控制大，以弱控制强”的道理。

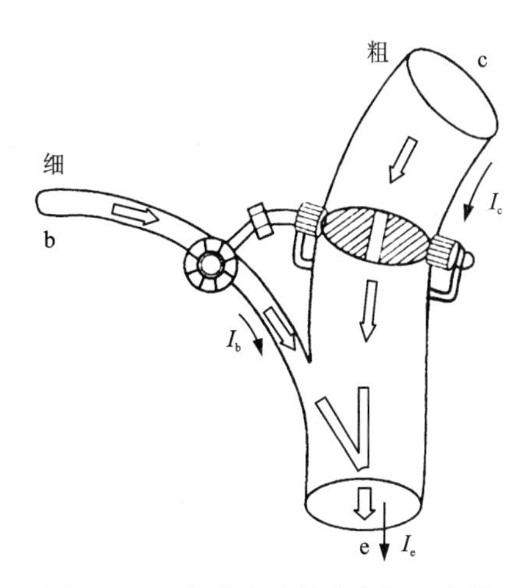

图 2-5　三极管电流放大作用示意图

所以，只要给电路中的三极管外加合适的电源电压，就会产生电流 I_b、I_c 和 I_e，这时很小的 I_b 就可以控制比它大上百倍的 I_c。显然，I_c 不是由三极管产生的，而是在 I_b 的控制下由电源电压提供的，这就是三极管的能量转换作用。

2. 三极管的电流放大作用

做中学、做中教

打开 NI Multisim 14.0 仿真软件，按图 2-6 所示电路调入对应器件，并连接好电路，运行仿真软件，调节电位器 R_3 百分比，将各电流数据填入表 2-1。

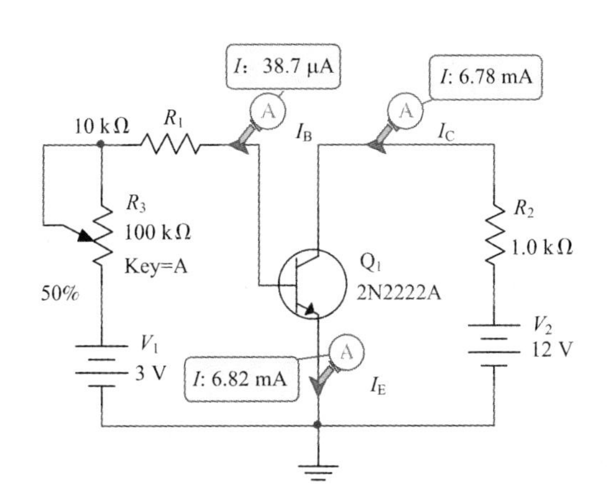

图 2-6　三极管电流放大仿真电路

表 2-1　三极管仿真电流测试数据

R_3	10%	20%	30%	40%	50%	60%	70%	80%	90%	100%
I_B/μA										
I_C/mA										
I_E/mA										

(1) 电流分配规律

通过分析表 2-1 三极管仿真电流测试数据的每一列，可得出三极管各极电流分配关

系为

$$I_E = I_B + I_C \tag{2-1}$$

显然，此结果符合基尔霍夫电流定律，即流入三极管的电流之和等于流出三极管的电流之和。在 NPN 管中，I_B、I_C 流入管内，I_E 流出管子。在 PNP 管中，I_E 流入管子，I_B、I_C 流出管子。

(2) 直流电流放大系数 $\bar{\beta}$

上述仿真实验发现三极管基极电流和集电极电流之比基本为常量。

实验电路中的发射极是输入回路、输出回路的公共端，称该常量为共发射极直流电流放大系数 $\bar{\beta}$(也可用 h_{FE} 表示)，定义为

$$\bar{\beta} = \frac{I_C}{I_B} \tag{2-2}$$

(3) 交流电流放大系数 β

上述仿真实验还发现基极电流有微小的变化量 Δi_B，集电极电流就会产生较大的变化量 Δi_C，且变化电流量之比也基本为常量。

该常量称为共发射极交流电流放大系数 β(也可用 h_{fe} 表示)，定义为

$$\beta = \frac{\Delta i_C}{\Delta i_B} \tag{2-3}$$

(4) 仿真实验结论

三极管的电流放大作用，实质上是用较小的基极电流信号控制较大的集电极电流信号，实现"以小控大"的作用。

三极管电流放大作用的实现需要外部提供直流偏置，即必须保证三极管发射结加正向电压(正偏)，集电结加反向电压(反偏)。电位关系应为 $V_C > V_B > V_E$。

由于 PNP 型三极管半导体导电极性的不同，因此，PNP 型三极管放大工作时，其电源电压 V_{BB} 和 V_{CC} 的极性就应与 NPN 型管相反，这时，管子的三个电极的电流方向也与 NPN 型管的电流方向相反，电位关系则为 $V_E > V_B > V_C$。

三、三极管的特性曲线

与二极管相似，三极管各电极电流和极间电压之间的关系也可用曲线来描述，它们是三极管特性的主要表示形式，称为三极管的伏安特性曲线。这些特性曲线主要有输入和输出特性曲线。

1. 三极管的三种组态

三极管在电路应用时，必定有一个电极作为信号的输入端，一个电极作为信号的输出端，另一个电极作为输入回路、输出回路的公共端。由此，三极管在电路中有三种组态，如图 2-7 所示，即以发射极为公共端的共发射极组态、以集电极为公共端的共集电极组态和以基极为公共端的共基极组态。

2. 共发射极输入特性曲线

共发射极输入特性曲线是指当 U_{CE} 为某一定值时，基极电流 i_B 和发射结电压 u_{BE} 之间的关系曲线，如图 2-8 所示。

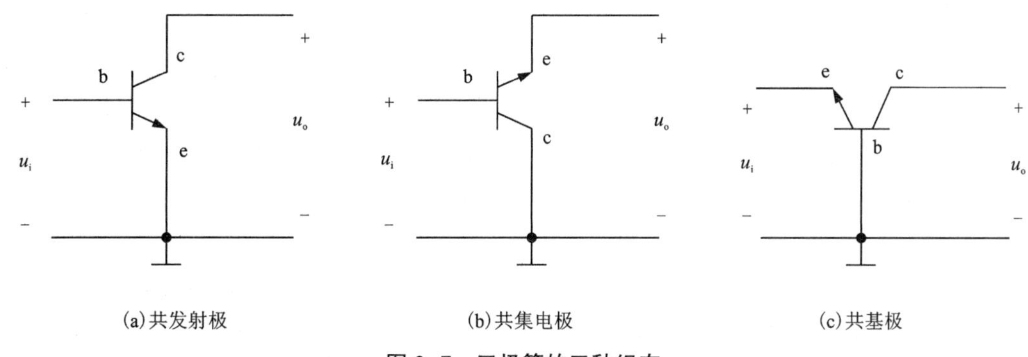

图 2-7　三极管的三种组态

当 $U_{CE}=0$ 时，输入特性曲线与二极管的正向伏安特性曲线相似，存在死区电压 U_{on}(也称开启电压)，硅管的 $U_{on}\approx0.5$ V，锗管的约为 0.1 V。只有当 u_{BE} 大于 U_{on} 时，基极电流 I_B 才会上升，三极管才会正常导通。硅管的导通电压约 0.7 V，锗管的导通电压约 0.3 V。

随着 U_{CE} 增大，输入特性曲线右移，但当 U_{CE} 超过某一定数值($U_{CE}>1$)后，曲线不再明显右移而基本重合。

3. 共发射极输出特性曲线

共发射极输出特性曲线是在基极电流 I_B 为一常量的情况下，集电极电流 i_C 和管压降 u_{CE} 之间的关系曲线。通常把三极管的输出特性曲线分为截止、饱和和放大三个区域，如图 2-9 所示。

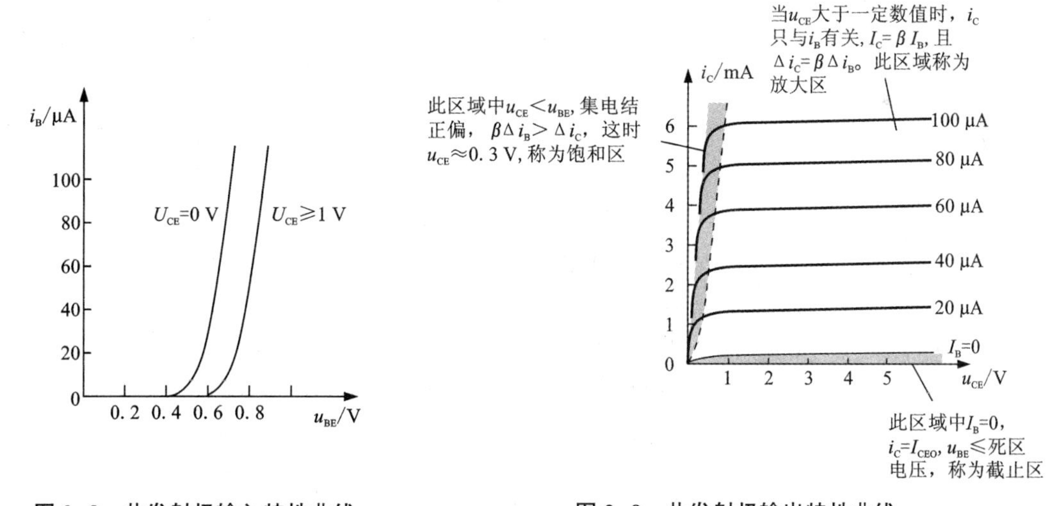

图 2-8　共发射极输入特性曲线　　**图 2-9　共发射极输出特性曲线**

(1)截止区

习惯上把 $I_B=0$ 曲线以下的区域称为截止区。在该区域，发射结电压小于开启电压且集电结反偏，即共发射极电路在该区域有 $u_{BE}\leqslant U_{on}$，且 $u_{CE}>u_{BE}$。此时，i_C 只有微小的穿透电流存在，可以近似认为 $i_C\approx0$。

(2)饱和区

u_{CE} 较小的区域称为饱和区。在该区域发射结和集电结均处于正偏，即共发射极电路在该区域有 $u_{BE}>U_{on}$，且 $u_{CE}<u_{BE}$。此时，i_C 基本不受 I_B 控制，但随 u_{CE} 增大而明显增大。三极管饱和时的 u_{CE} 值称为饱和电压降 U_{CES}，小功率硅管约为 0.3 V，锗管约为 0.1 V，该参数可作为判断三极管工作在饱和状态的重要依据。

(3)放大区

在图 2-9 中，一簇与横轴平行的曲线，且各条曲线距离近似相等的区域称为放大区。在该区域发射结正偏且集电结反偏，即共发射极电路在该区域 $u_{BE}>U_{on}$，且 $u_{CE}\geqslant u_{BE}$。此时，i_C 几乎仅仅决定于 I_B，而与 u_{CE} 无关，表现出三极管放大时的两个特性：①电流受控，I_B 对 i_C 有控制作用，即 $\Delta i_C=\beta\Delta i_B$；②恒流特性，只要 I_B 一定，i_C 基本不随 u_{CE} 变化而变化。

对应输出特性曲线上的三个区域，三极管的工作状态有放大、饱和和截止三个状态，NPN 型三极管的三种工作状态见表 2-2。

表 2-2　NPN 型三极管的三种工作状态

工作状态	工作特点				
	直流偏置	u_{BE}	I_C	u_{CE}	c、e 相当于
放大状态	发射结正偏、集电结反偏	硅管 0.6~0.7 V 锗管 0.2~0.3 V	$\Delta i_C=\beta\Delta i_B$——受控(电流放大作用) i_B 一定时，i_C 恒定(恒流特性)	$u_{CE}>u_{BE}$	受控电流源 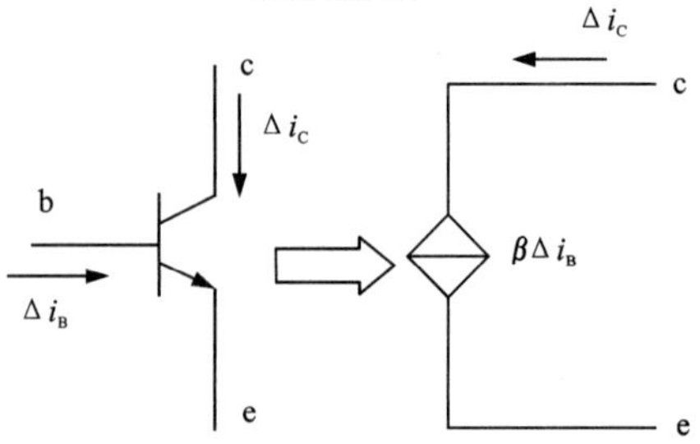 c b e Δi_C Δi_B $\beta\Delta i_B$
饱和状态	发射结正偏、集电结正偏	硅管 ≥0.7 V 锗管 ≥0.3 V	$\Delta i_C\neq\beta\Delta i_B$——不受控(无电流放大作用)，$i_C$ 随 u_{CE} 急剧增大	$u_{CE}<u_{BE}$	闭合开关 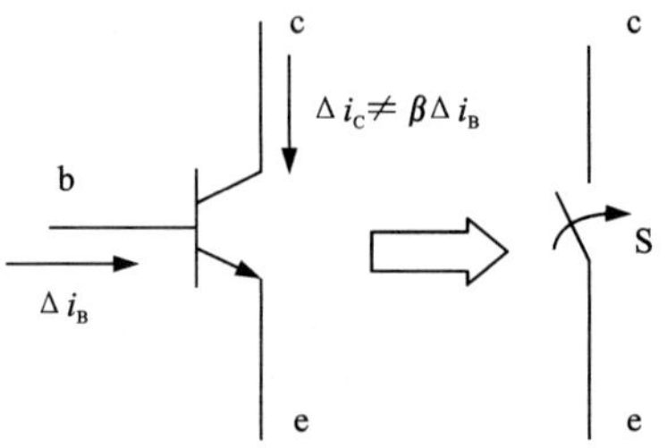 c b e $\Delta i_C\neq\beta\Delta i_B$ Δi_B S
截止状态	发射结反偏、集电结反偏	$\leqslant U_{on}$	$i_C=0$ $i_B\approx0$	$u_{CE}\approx u_{CC}$	断开开关 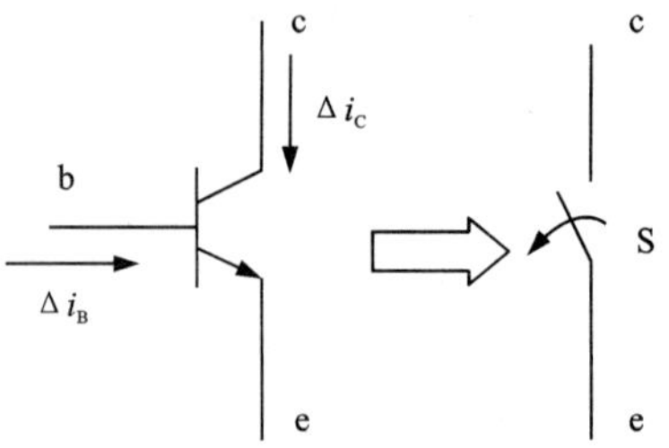 c b e Δi_C Δi_B S

四、三极管的型号和主要参数

1. 三极管型号命名

三极管的种类很多，其型号的命名方法各个国家也不尽相同，一般由五部分组成。部分三极管的命名方法见表 2–3。

表 2–3　部分三极管的命名方法

型号＼产地	一	二	三	四	五
	电极数目	材料和极性	类型	器件序号	规格号
中国	3：三极管	A：PNP 型锗材料 B：NPN 型锗材料 C：PNP 型硅材料 D：NPN 型硅材料	X：低频小功率管 G：高频小功率管 D：低频大功率管 A：高频大功率管	反映参数的差别	反映承受反向击穿电压的程度，如规格号 A、B、C、…，其中 A 承受的最低，B 次之…
日本	2：三极管(2 个 PN 结)	S(日本电子工业协会注册产品)	A：PNP 高频 B：PNP 低频 C：NPN 高频 D：NPN 低频	登记序号	对原型号的改进
美国	2：三极管(2 个 PN 结)	N(美国电子工业协会注册标志)	登记序号		

产地							
韩国	9011	9012	9013	9014	9015	9016	9018
	NPN	PNP	NPN	NPN	PNP	NPN	NPN
	高频放大	低频功率管	低频功率管	低噪放大	低噪放大	超高频	超高频

例如：国产 3DA87 含义：NPN 型硅材料高频大功率三极管；

日本 2SC1815 含义：NPN 高频三极管

2. 三极管的主要参数

(1) 电流放大系数

电流放大系数是反映三极管电流放大能力的参数。

共发射极直流电流放大系数 $\bar{\beta}$。三极管共发射极接法时，当 U_{CE} 为一定值时，集电极直流电流 I_C 和基极直流电流 I_B 的比值为 $\bar{\beta}$。

共发射极交流电流放大系数 β。三极管共发射极接法时，当 U_{CE} 为一定值时，集电极交流电流变化量 ΔI_C 和基极电流变化量 ΔI_B 的比值为 β。

同一个三极管，在相同的工作条件下，$\bar{\beta}\approx\beta$。选用管子时，β 值应恰当；β 值太大，管子工作稳定性差；β 值太小，放大电路的放大倍数又不够。

(2) 极间反向饱和电流 I_{CBO} 和 I_{CEO}

极间反向饱和电流是反映三极管稳定性的参数。

集-基极间反向饱和电流 I_{CBO}。I_{CBO} 是发射极开路时，集电极和基极之间的反向饱和电流。

集-射极间反向饱和电流 I_{CEO}。I_{CEO} 是基极开路时，集电极和发射极之间的反向饱和电流。

$$I_{CEO}=(1+\beta)I_{CBO} \tag{2-4}$$

同型号的管子反向电流越小，工作时性能越稳定。

(3)极限参数

三极管的极限参数是指三极管正常工作时所能达到的最大的电流、电压和功率等参数，它们关系到三极管的安全使用。

集电极最大允许电流 I_{CM}。一般规定，三极管电流放大系数 β 下降到额定值的 2/3 时的集电极电流称为集电极最大允许电流。实际使用时，必须使 $I_C<I_{CM}$，否则 β 将明显下降。

集电极最大允许耗散功率 P_{CM}。P_{CM} 表示集电结允许损耗功率的最大值。在应用中，必须使三极管的 $I_C U_{CE} \leqslant P_{CM}$，否则会使三极管性能变坏或烧毁。

从有关器件手册中查到的大功率三极管的 P_{CM} 值，通常是带规定散热器时的数值，因此，使用时一定要保证管壳与散热器紧密接触，以便散热。

集-射极间反向击穿电压 $U_{(BR)CEO}$。$U_{(BR)CEO}$ 是基极开路时($I_B=0$)，允许加在集、射极之间的最大反向电压。若集电结反偏电压超过该值，将导致反向电流剧增，从而使三极管被损坏。

五、三极管的选用与检测方法

1. 三极管的选用常识

(1)根据电路需要，应使其特征频率高于电路工作频率的 3~10 倍，但不能太高，否则将引起高频振荡。

(2)三极管的 β 值应选择适中，一般选 30~200 为宜。β 值太低，电路的放大能力差；β 值过高又可能使管子工作不稳定，造成电路的噪声增大。

(3)反向击穿电压 $U_{(BR)CEO}$ 应大于电源电压。在常温下，集电极耗散功率 P_{CM} 应选择适中。如选小了会因管子过热而烧毁；选大了又会造成浪费。

(4)三极管的代换。新换三极管的极限参数应等于或大于原三极管；性能好的三极管可代替性能差的，穿透电流小的可代换穿透电流大的；在耗散功率允许的情况下，可用高频管代替低频管。

2. 三极管的检测方法

(1)机械万用表检测

①管型与基极的判别。万用表置电阻挡，量程选 $R\times1$ k 档(或 $R\times100$)，将万用表任一表笔先接触某一个电极(假定的公共极)，另一表笔分别接触其他两个电极，当两次测得的电阻均很小(或均很大)，则前者所接电极就是基极，如两次测得的阻值一大一小，相差很多，则前者假定的基极有错，应更换其他电极重测。

例如，黑表笔任接一极，红表笔分别依次接另外两极。若两次测量中指针均偏转很大(说明管子的 PN 结已通，电阻较小)，则黑表笔接的电极为 b 极，同时该管为 NPN 型；反之，将表笔对调(红表笔任接一极)，重复以上操作，则也可确定管子的b极，其管型为PNP型，如图2-10所示。

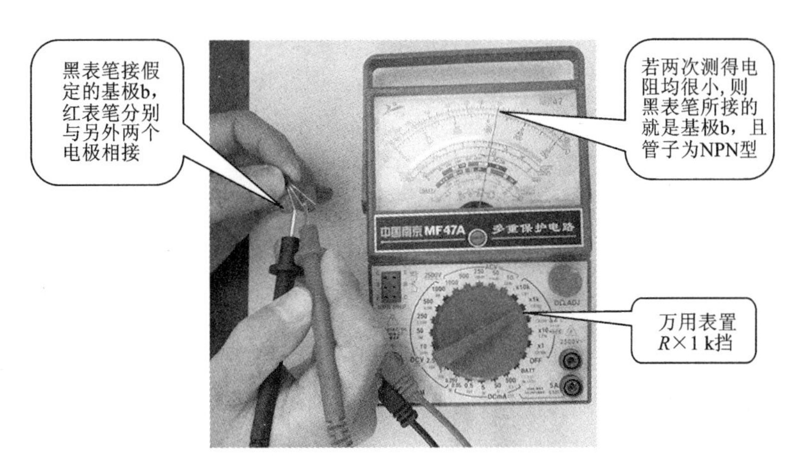

图2-10　判别三极管类型与基极

根据上述方法，可以找出公共极，该公共极就是基极b，若公共极是阳极，该管属NPN型管，反之则是PNP型管。

②发射极与集电极的判别。对于NPN型的管子，先假设一极为c极，将黑表笔(对应表内电池的正极)接c，红表笔(对应表内电池的负极)接e，用手捏住基极和集电极，观察指针的偏转情况，然后两表笔交换，重测一次，则偏转大的一次黑笔所接为集电极，另一极为发射极，如图2-11所示。

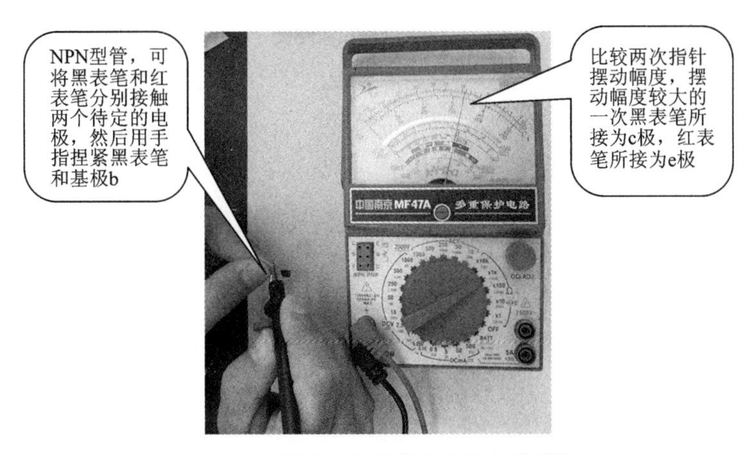

图2-11　判别三极管的集电极与发射极

对于PNP型的管子，将红表笔接假设的c极，其他与NPN型的管子测试相似。

(2)数字万用表检测

用测试二极管的专用挡，分别测量、判断两个PN结的好坏即可；也可将三极管插入专门测量三极管的插孔，并转至h_{FE}挡，测量β值或判断管型及引脚。

例如：任意假设一脚为基极，红表笔接假设基极，黑表笔分别接另外两脚，能测得示值为零点几时，则假设基极正确，且此三极管为 NPN 管，反之，黑表笔接基极导通，则是 PNP 管。

注意：数字万用表红表笔是(表内电源)正极；黑表笔是(表内电源)负极。与机械万用表相反。

2.2.2 技能实训

三极管的识读与检测

1. 识读

准备不同型号三极管 10 只，识别外壳上文字，完成表 2-4。

表 2-4 三极管识读记录表

序号	文字内容	含义	序号	文字内容	含义
1			6		
2			7		
3			8		
4			9		
5			10		

2. 查阅参数

根据上述 10 个三极管的型号，借助于有关器件手册或其他资料，查阅其极性、材料和主要参数，并将结果填入表 2-5 中。

表 2-5 三极管查阅、检测记录表

型号	类型		主要参数				检测结果
	材料	极性	β	I_{CM}	P_{CM}	$U_{(BR)CEO}$	

续表2-5

型号	类型		主要参数				检测结果
	材料	极性	β	I_{CM}	P_{CM}	$U_{(BR)CEO}$	
1分钟内识读三极管数(只)					注：10只满分，错一只扣5分		
1分钟内测量三极管数(只)					注：10只满分，错一只扣5分		

3. 质量检测

用万用表估测三极管(极性、材料、β)，并将结果填入表2-5中。

4. 技能大比拼

(1)随机抽出各类正常三极管若干，给定1分钟进行识读，看谁识读得多且正确率高，将结果记入表2-5中。

(2)将正常三极管与有质量问题的三极管进行混合，随机抽出若干，给定1分钟进行质量检测，看谁测得多且正确率高，将结果记入表2-5中。

2.2.3 三极管放大器

任务导引

放大器广泛应用于各种电子设备中，如音响、视听设备、精密测量仪器、自动控制系统等。那么放大器是如何将微弱的电信号(电流、电压)进行有限的放大来得到所需要的信号呢?

一、固定偏置共发射极放大器

1. 电路组成

图2-12(a)所示是以三极管为核心的共射基本放大电路，输入信号u_i从三极管的基极和发射极之间输入，放大后的输出信号u_o从三极管的集电极和发射极之间输出。发射极是输入、输出回路的公共端，故称该电路为共射基本放大电路。

为了省去电源V_{BB}，共射放大电路习惯上画成图2-12(b)所示的形式，图中电源电压V_{CC}也以常见的电位形式标出。

2. 元器件的作用

图2-12所示的输入端连接需放大的信号源，输入端电压为u_i，输出端接负载电阻R_L，电源V_{CC}给电路提供能量，同时也为三极管提供合适的直流偏置电压。电路中各元器件的作用见表2-6。

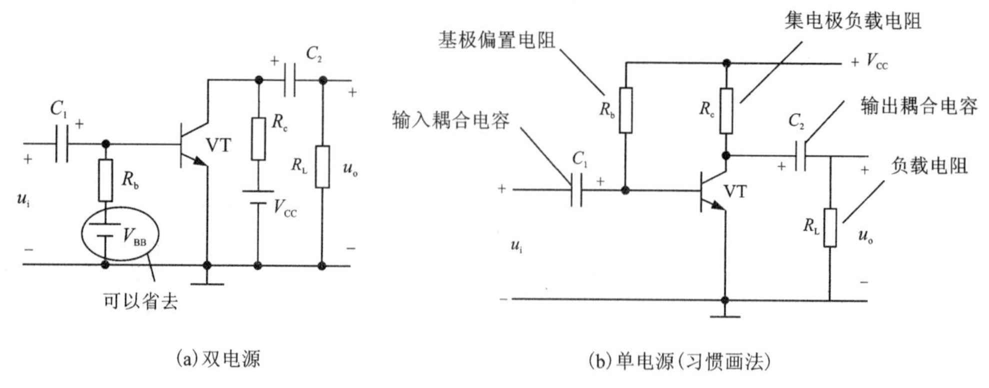

(a)双电源

(b)单电源(习惯画法)

图 2-12　共发射极放大器

表 2-6　共发射极放大器主要元器件名称和作用

符号	元器件名称	元器件作用
VT	三极管	实现电流放大
R_b	基极偏置电阻	提供偏置电压
R_c	集电极负载电阻	提供集电极电流通路； 将放大的集电极电流的变化转换为集电极电压的变化
C_1	输入耦合电容	使信号源的交流信号畅通地传送到放大电路输入端； 隔离放大电路与信号源之间静态，互不影响
C_2	输出耦合电容	把放大后的交流信号畅通地传送给负载； 隔离放大电路与后级电路之间静态，互不影响

3.放大器静态分析

(1)放大器中电压、电流符号使用规定

在没有输入信号时，放大电路中三极管各极电压、电流都为直流。当有信号输入时，输入的交流信号是在直流的基础上变化的。所以，电路中的电压、电流都是由直流成分和交流成分叠加而成的。换言之，放大电路中每个瞬间的电压、电流都可以分解为直流分量和交流分量两部分。为了清楚地表示瞬时值、直流分量和交流分量，我们作如下规定。

①用大写字母带大写下标(俗称“大大”)表示直流分量。如 I_B、U_C 分别表示基极直流流、集电极直流电压。

②用小写字母带小写下标(俗称“小小”)表示交流分量。如 i_b、u_c 分别表示基极交流电流和集电极交流电压。

③用小写字母带大写下标(俗称“小大”)表示直流分量与交流分量的叠加，即总量。i_B 表示 $i_B=I_B+i_b$，即基极电流总量。

④用大写字母加小写下标(俗称“大小”)表示交流分量的有效值。如 U_i、U_o 分别表示输入、输出交流信号电压有效值。

(2)静态工作点

①静态：是指放大器无交流信号输入时电路的工作状态。

②静态工作点：放大电路在静态时三极管各极电压和电流值称为静态工作点，用Q表示，静态分析主要是确定放大器的 U_{BEQ}、I_{BQ}、I_{CQ} 和 U_{CEQ}。U_{BEQ} 是一个常量，硅管约0.7 V，锗管约0.3 V。

③直流通路

直流通路是放大器在 $u_i=0$，仅 V_{CC} 作用下直流电流所流过的路径。画直流通路时，将输入信号短路，电容器视为开路，电感视为短路，其他不变，如图2-13所示。

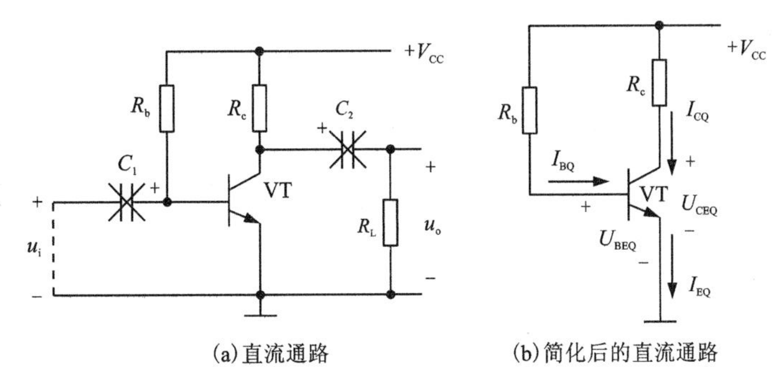

图2-13 共发射极放大器直流通路

直流通路主要用于分析放大器的静态工作点。由图2-13可知，固定偏置电流流经路径有如下两条。

第一条通路是：V_{CC}→R_b→VT的基极→VT的发射极→地。

第二条通路是：V_{CC}→R_c→VT的集电极→VT的发射极→地。

④静态工作点的计算

由基尔霍夫第二定律回路电压定律可知，第一条通路(三极管基极回路)：

$$V_{CC}=I_{BQ}R_b+U_{BEQ}$$

得

$$I_{BQ}=\frac{V_{CC}-U_{BEQ}}{R_b} \tag{2-5}$$

$$I_{CQ}=\beta I_{BQ} \tag{2-6}$$

第二条通路(三极管集电极回路)：

$$V_{CC}=I_{CQ}R_c+U_{CEQ}$$

得

$$U_{CEQ}=V_{CC}-I_{CQ}R_c \tag{2-7}$$

【例2.1】如图2-13所示电路，已知 $R_b=300\ \text{k}\Omega$，$R_c=2\ \text{k}\Omega$，$V_{CC}=12\ \text{V}$，三极管为3DG6，$\beta=50$，求电路静态工作点。

解：因3DG6是硅管，故 $U_{BEQ}=0.7\ \text{V}$

$$I_{BQ}=\frac{V_{CC}-U_{BEQ}}{R_b}=\frac{12-0.7}{300}\ \mu\text{A}\approx 38\ \mu\text{A}$$

$$I_{CQ}=\beta I_{BQ}=50\times38\times10^{-3}\ \text{mA}=1.9\ \text{mA}$$
$$U_{CEQ}=V_{CC}-I_{CQ}R_c=(12-2\times1.9)\ \text{V}=8.2\ \text{V}$$

做中学、做中教

运用仿真软件对放大电路三极管静态工作点电压和电流参数进行检测。

打开 NI Multisim 14.0 仿真软件，参考图 2-13 所示电路进行连接，按照例 2.1 中各器件参数，调入器件并连接电路(三极管用 2N222A 代替)。运行仿真软件，此时测得的三极管各静态工作点如图 2-14 所示，证明了理论估算与实际数据基本接近。

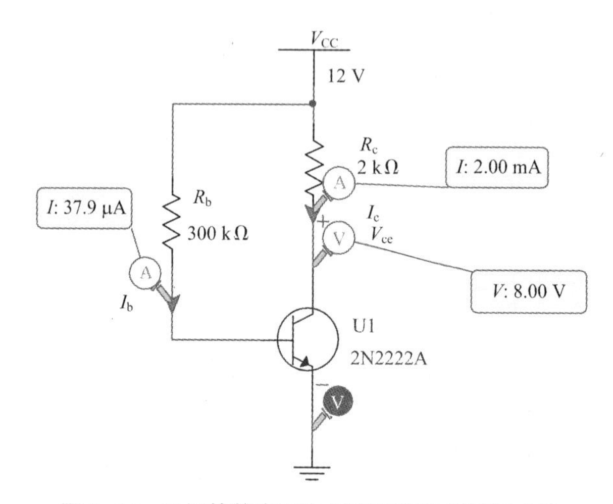

图 2-14　三极管静态时电压和电流仿真测量电路

4. 放大器动态分析

(1)放大器性能指标

任何一个放大器都可以看成一个如图 2-15 所示的二端口网络，左边是输入端，电路在内阻为 R_S 的信号源作用下，产生输入电流 i_i；右边为输出端，输出电压为 u_o，输出电流为 i_o，R_L 为负载电阻。

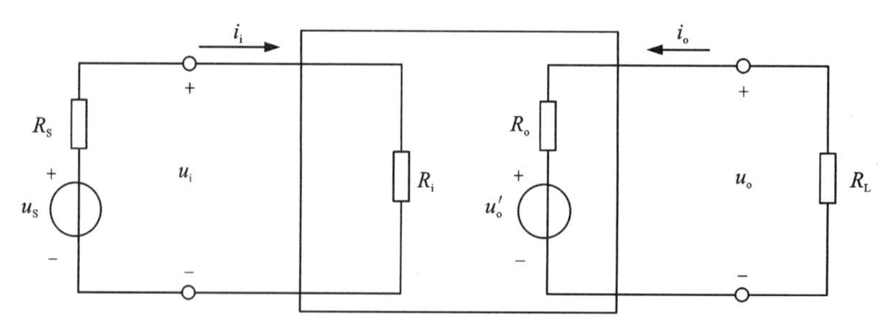

图 2-15　放大电路的方框图

①放大倍数

放大倍数 A：是直接衡量放大器放大能力的重要指标，是输出量与输入量之比。

电压放大倍数 A_u：是放大器输出电压有效值与输入电压有效值之比，定义为

$$A_u = \frac{U_o}{U_i} \tag{2-8}$$

电流放大倍数 A_i：是放大器输出电流有效值与输入电流有效值之比，定义为

$$A_i = \frac{I_o}{I_i} \tag{2-9}$$

功率放大倍数 A_p：是放大器输出功率有效值与输入功率有效值之比，定义为

$$A_p = \frac{P_o}{P_i} \tag{2-10}$$

②输入电阻

输入电阻 R_i 是从放大器输入端看进去的等效电阻，对信号源来说，就是负载。放大器从信号源索取电流的大小反映了放大器对信号源的影响程度，R_i 定义为输入电压有效值与输入电流有效值之比，即

$$R_i = \frac{U_i}{I_i} \tag{2-11}$$

从图 2-15 中可以看出，R_i 越大，U_i 越接近 U_s，信号电压损失越小。

③输出电阻

输出电阻 R_o 是从放大电路输出端（不包括外接负载电阻 R_L）看进去的等效内阻，如图 2-15 所示。U_o'为空载时输出电压的有效值，U_o 为带负载后输出电压的有效值，由此可得

$$U_o = \frac{R_L}{R_L + R_o} U_o'$$

$$R_o = \left(\frac{U_o'}{U_o} - 1\right) R_L \tag{2-12}$$

R_o 越小，负载电阻变化时，U_o 的变化越小，则放大电路的带负载能力也就越强。

(2) 交流通路

交流通路即放大器的交流等效电路，是放大器交流电流所流过的路径。画交流通路时，将容量较大的电容视为短路，电源视为短路，其余不变，如图 2-16 所示。它主要用于分析和估算放大器的交流动态量。

在三极管放大器的交流通路中，三极管的基极和发射极之间存在一个等效电阻，称为三极管的输入电阻 r_{be}。在低频小信号时，r_{be} 通常用下式近似计算（其中 I_{EQ} 的单位为 mA）

$$r_{be} = 300\ \Omega + (1+\beta)\frac{26\ \text{mV}}{I_{EQ}} \tag{2-13}$$

式中：I_{EQ} 为静态发射极电流，因 $I_{EQ} \approx I_{CQ}$，所以可用 I_{CQ} 代替。一般地，r_{be} 的值在几百欧姆至几千欧姆之间。

(3) 电压放大倍数、输入电阻和输出电阻的计算

①电压放大倍数

根据放大倍数的定义，从电路的交流通路可得

$$U_i = I_i(R_b // r_{be}) \approx I_b r_{be}$$

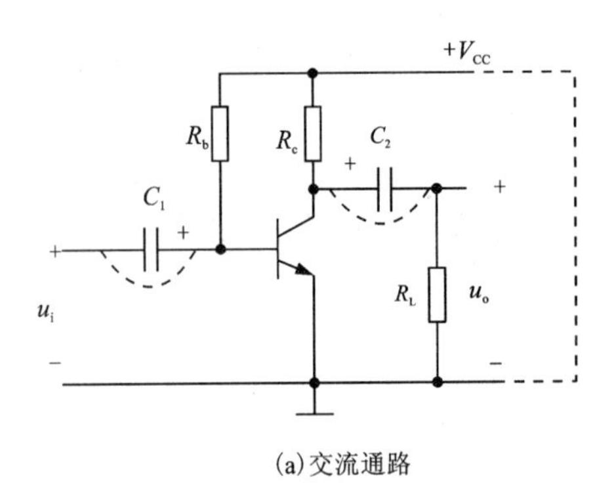

(a)交流通路

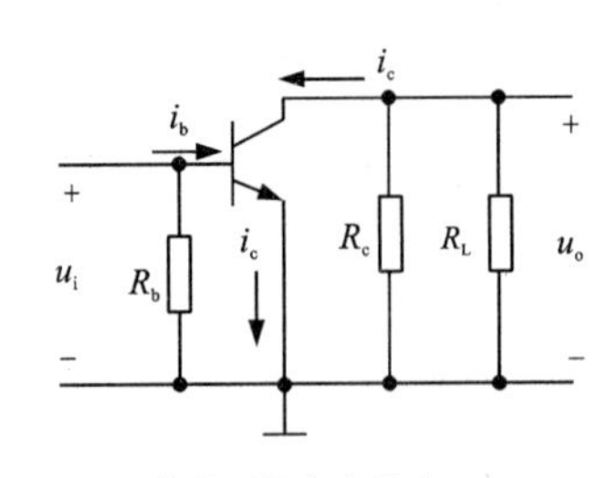

(b)简化后的交流通路

图 2-16　共发射极放大器交流通路

$$U_o=-I_c(R_c/\!/R_L)=-I_cR_L'$$

式中：$R_L'=R_c/\!/R_L$

故电压放大倍数

$$A_u=\frac{U_o}{U_i}=-\frac{I_cR_L'}{I_br_{be}}=-\beta\frac{I_bR_L'}{I_br_{be}}$$

$$A_u=-\beta\frac{R_L'}{r_{be}} \tag{2-14}$$

②输入电阻

输入电阻 R_i 是从放大器输入端看进去的等效电阻，如图 2-16 所示。因为 $U_i=I_i(R_b/\!/r_{be})$

$$R_i=\frac{U_i}{I_i}=R_b/\!/r_{be} \tag{2-15}$$

③输出电阻

输出电阻 R_o 是从放大电路输出端(不包括外接负载电阻 R_L)看进去的等效内阻，如图 2-16 所示。可以看出

$$R_o=R_c \tag{2-16}$$

【例 2.2】如图 2-16(a)所示电路，已知 $R_b=300\ k\Omega$，$R_c=2\ k\Omega$，$R_L=2\ k\Omega$，$V_{CC}=12\ V$，三极管为 3DG6，$\beta=50$，试求：

①在 R_L 断开和接入两种情况下，电路的电压放大倍数 A_u、A_{uL}。

②放大器输入电阻。

③放大器输出电阻。

解：①求 r_{be}

$r_{be}=300\ \Omega+(1+\beta)\dfrac{26\ mV}{I_{EQ}}=\left[300+(1+50)\times\dfrac{26}{1.9}\right]\ k\Omega\approx1\ k\Omega$（注：$I_{EQ}$ 直接用例 2.1 计算结果）

②电压放大倍数

$$A_u=-\beta\frac{R_c}{r_{be}}=-100$$

$$A_{uL}=-\beta\frac{R'_L}{r_{be}}=-50$$

③输入电阻

$$R_i=R_b//r_{be}\approx r_{be}=1\ \text{k}\Omega$$

④输出电阻

$$R_o=R_c=2\ \text{k}\Omega$$

做中学、做中教

运用仿真软件对放大电路放大倍数进行检测。

打开 NI Multisim 14.0 仿真软件，参考图 2-16 所示电路进行连接，按照例 2.2 中各器件参数，调入相应器件并连接好电路(三极管用 2N222A 代替)，如图 2-17 所示，给放大器输入交流信号，运行仿真软件，用示波器测量输入与输出信号的波形，观察输入与输出信号波形的相位关系，读出输入与输出波形大小，计算电压放大倍数，看是否接近估算值。

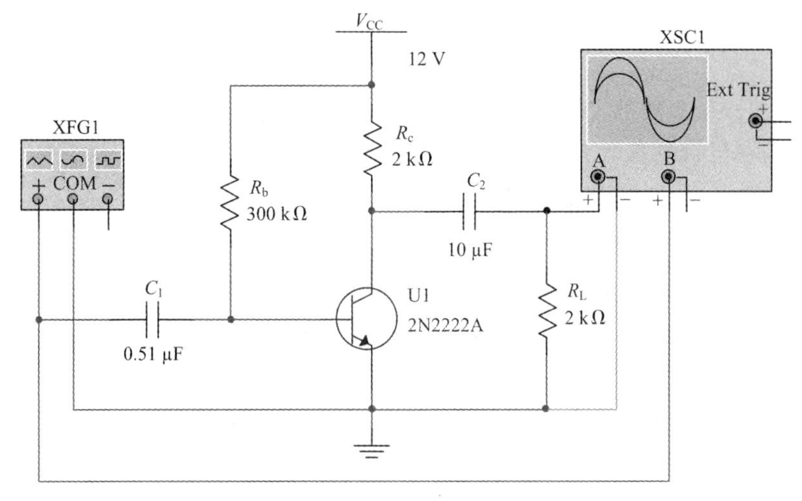

图 2-17　放大器交流分析仿真电路图

二、分压式偏置共发射极放大器

三极管参数受温度影响会导致放大器的静态工作点发生漂移，为了减小温度对放大器的影响，可以选用参数受温度影响小的三极管，但更多的是选用具有稳定工作点的放大器——分压式偏置放大器。

1. 电路组成

图 2-18 所示为分压式偏置放大电路。图中 R_{b1}、R_{b2} 分别为上、下偏置电阻，V_{CC} 通过 R_{b1} 和 R_{b2} 分压后，为三极管 VT 提供基极偏置电压。R_e 为发射极电阻，起稳定静态工作点的作用。C_e 称为射极旁路电容，由于 C_e 容量较大，对交流信号来讲相当于短路，从而减小了电阻 R_e 对交流信号放大能力的影响。

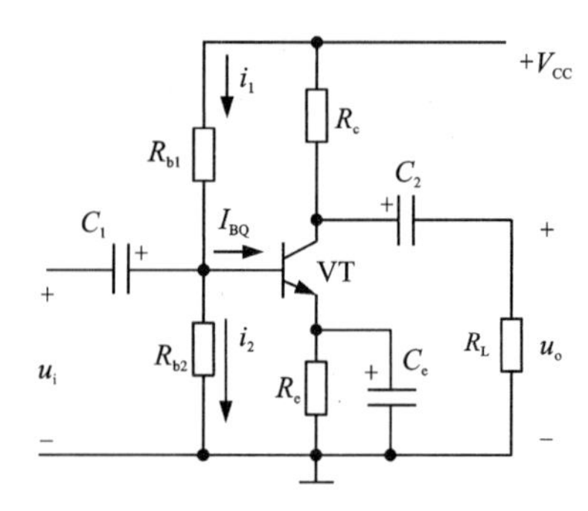

图 2-18　分压式偏置放大电路

2. 工作原理

为了稳定静态工作点，通常情况下，电路参数的选取应满足

$$I_1 \gg I_{BQ}$$

因此，$I_2 \approx I_1$，U_{BQ} 为

$$U_{BQ} \approx \frac{R_{b2}}{R_{b1}+R_{b2}} V_{CC} \tag{2-17}$$

分压式偏置放大电路的基极电压由 R_{b1}、R_{b2} 分压决定，其数值的大小仅由 R_{b1}、R_{b2} 和 V_{CC} 决定，而与三极管的参数无关。

当温度升高，分压式偏置放大电路稳定工作点的过程可表示为：

$$T(\text{温度})\uparrow(\text{或}\beta\uparrow)\rightarrow I_{CQ}\uparrow\rightarrow I_{EQ}\uparrow\rightarrow U_{EQ}\uparrow\rightarrow U_{BEQ}\downarrow\rightarrow I_{BQ}\downarrow\rightarrow I_{CQ}\downarrow$$

3. 静态工作点、电压放大倍数、输入电阻和输出电阻的计算

【例 2.3】如图 2-18 所示电路，已知 $R_{b1}=20\ \text{k}\Omega$，$R_{b2}=10\ \text{k}\Omega$，$R_c=2\ \text{k}\Omega$，$R_e=2\ \text{k}\Omega$，$R_L=2\ \text{k}\Omega$，$V_{CC}=12\ \text{V}$，三极管 $U_{BEQ}=0.7\ \text{V}$，$\beta=50$，求电路静态工作点、电压放大倍数、输入电阻和输出电阻。

解：

①静态工作点

$$U_{BQ} \approx \frac{R_{b2}}{R_{b1}+R_{b2}} V_{CC} = 12\times\frac{10}{20+10}\ \text{V} = 4\ \text{V}$$

$$U_{EQ} = U_{BQ} - U_{BEQ} = 4\ \text{V} - 0.7\ \text{V} = 3.3\ \text{V}$$

$$I_{CQ} \approx I_{EQ} = \frac{U_{EQ}}{R_e} = \frac{3.3\ \text{V}}{2\ \text{k}\Omega} = 1.65\ \text{mA}$$

$$I_{BQ} = \frac{I_{CQ}}{\beta} = \frac{1.65}{50}\ \text{mA} = 0.033\ \text{mA} = 33\ \mu\text{A}$$

$$U_{CEQ} = V_{CC} - I_{CQ}(R_c+R_e) = 12\ \text{V} - 1.65\times(2+2)\ \text{V} = 5.4\ \text{V}$$

②求 r_{be}

$$r_{be} = 300\ \Omega + (1+\beta)\frac{26\ \text{mV}}{I_{EQ}} = \left[300+(1+50)\times\frac{26}{1.65}\right]\ \text{k}\Omega \approx 1.1\ \text{k}\Omega$$

③电压放大倍数

$$A_u=-\beta\frac{R_c//R_L}{r_{be}}=-45.45$$

④输入电阻

$$R_i=R_{b1}//R_{b2}//r_{be}\approx 0.94\ \text{k}\Omega$$

⑤输出电阻

$$R_o=R_c=2\ \text{k}\Omega$$

三、共集电极放大器

共集电极放大器如图 2-19 所示。由图可知，输入信号 u_i 从基极和集电极之间输入，放大后的信号电压从发射极和集电极之间输出。这样集电极成为输入和输出信号的公共端，称为共集电极放大器，又称射极输出器。

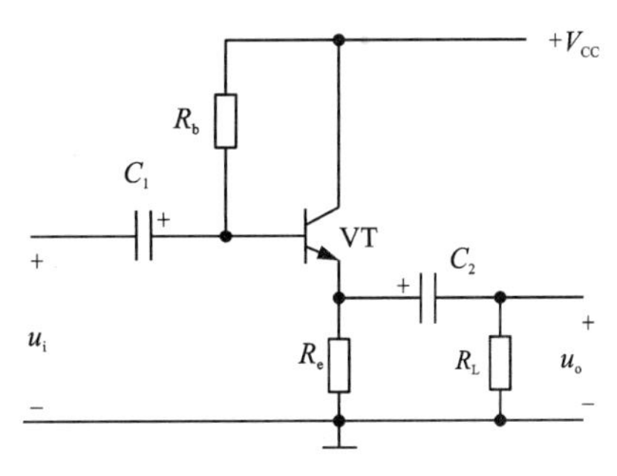

图 2-19　共集电极放大电路

共集电极放大器是电流放大器，主要特点是：电压放大倍数略小于 1，输出电压与输入电压同相，输入电阻高，输出电阻低。

利用输入电阻高和输出电阻低的特点，射极输出器广泛用于阻抗变换电路。例如用作多级放大电路的输入级时，由于输入电阻大，故对信号源影响小；用作输出级时，由于输出电阻小，故带负载能力强；当射极输出器用作中间级时，可以隔离前后级的影响，所以又称缓冲级。

四、共基极放大器

共基放大器如图 2-20 所示。其中 R_c 为集电极电阻，R_{b1}、R_{b2} 为基极分压偏置电阻，C_b 保证基极对地交流短路。从电路的交流通路可以看出，输入信号 u_i 从发射极和基极之间输入，放大后的信号从集电极和基极之间输出。基极是输入和输出回路的公共端，因此称为共基极放大电路。

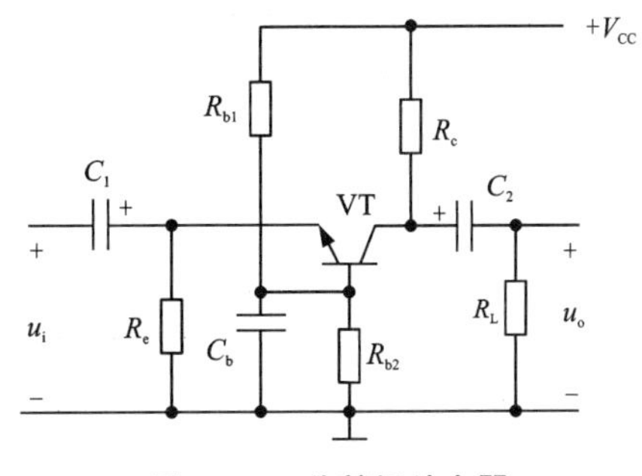

图 2-20　共基极放大器

共基极放大电路没有电流放大作用，但是由于共基极放大电路的频率特性好，因此多用于高频和宽频带电路及高频振荡电路中。

2.2.4　技能训练

单管低频放大器的安装与调试

1. 任务目标

(1)学会搭建单级共射放大器；

(2)熟悉常用电子仪器设备和模拟电路装置的使用；

(3)学会放大器静态工作点的调试方法；

(4)掌握放大器电压放大倍数的测试方法。

2. 实施步骤

清点元器件→元器件检测→按图 2-21 所示搭建单级共射放大器→通电前准备→通电调试→测试数据记录→数据分析。

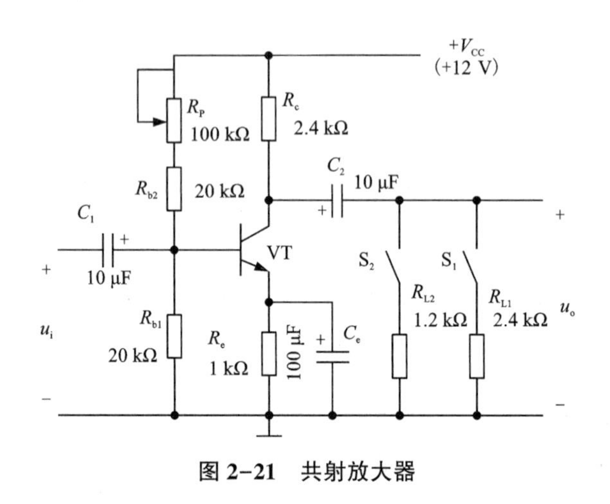

图 2-21 共射放大器

3. 调试与记录

(1)调试静态工作点

接通电源前，先将 R_P 调至最大，函数信号发生器输出旋钮旋至零。

①接通+12 V 电源，调节 R_P 使 $I_C=2$ mA。

②用万用表测量 U_B、U_E、U_C 和 $R_{B2}(R_{b2}+R_P)$ 的值，将测量数据填入表 2-7 中。

表 2-7 静态工作点测量记录表($I_C=2$ mA)

测量值				计算值		
U_B/V	U_E/V	U_C/V	R_{B2}/ kΩ	U_{BE}/V	U_{CE}/V	I_C/mA

(2)测量电压放大倍数

①在上述放大器的输入端加入频率为 1 kHz 的正弦信号 u_i，调节函数信号发生器输出旋钮使放大器输入信号 $U_i=10$ mV。

②用示波器观察放大器输出电压 u_o 的波形。

③在波形不失真的条件下，用交流毫伏表测量以下三种情况下的 U_o 值，并将测量结果填入表 2-8 中。

表 2-8 电压放大倍数测量记录表（$U_i=10$ mV，$f=1$ kHz）

R_C/kΩ	R_L/kΩ	U_o	A_u	$R_C=2.4$ kΩ，$R_L=2.4$ kΩ 时 u_i 和 u_o 的波形
2.4	∞			
1.2	∞			
2.4	2.4			

（3）观察静态工作点对电压放大倍数的影响（$R_C=2.4$ kΩ，$R_L=\infty$，$U_i=20$ mV）

①调节 R_P，并用示波器观察 u_o 的波形。

②在保持输出不失真的情况下，测量不同工作点的电压放大倍数 A_u，并将测量结果填入表 2-9 中。

表 2-9 不同工作点的 A_u 的测量值

测量项目	测量条件：$R_C=2.4$ kΩ，$R_L=\infty$，$U_i=20$ mV				
	第一次	第二次	第三次	第四次	第五次
I_C/mA			2.0		
U_o/V					
A_u					

注意： 测量 I_C 时，必须将函数信号发生器输出旋钮置于零。

（4）观察静态工作点对输出波形失真的影响（$R_C=2.4$ kΩ，$R_L=2.4$ kΩ）

①使 $U_i=0$，调节 R_P 使 $I_C=2$ mA，测量 U_{CE} 的值。

②接入输入信号 u_i，并逐步加大输入信号 u_i，使输出信号 u_o 足够大且不失真。然后保持输入信号不变，改变 R_P，以增大和减小 I_C，使输出波形失真。

③测量失真情况下的 I_C、U_{CE}，将测量结果填入表 2-10 中，绘制不同情况下 u_o 的失真波形。

表 2-10 静态工作点对输出波形的影响

测试记录				分析判断	
I_C/mA		U_{CE}/V	u_o 波形	失真	三极管工作状态
I_C 减小					
$I_C=2$	2				
I_C 增大					

2.2.5 集成运算放大器

● 任务导引

集成运算放大器是模拟集成电路中发展最早、应用最广的集成电路，最初用于模拟计算机中各种模拟信号的运算(如比例、求和、求差、积分和微分、乘法等)，故被称为集成运算放大器，简称集成运放。那么集成运算放大器基本结构和特性是怎样的？又有哪些典型的应用呢？

一、放大器中的负反馈

电子技术中的反馈是指将放大器输出量(电压或电流)的一部分或全部，按一定方式反送回到输入端，并与输入信号叠加的过程。

1. 反馈放大器的组成

反馈放大器的一般形式如图 2-22 所示。图中基本放大电路 A 和反馈电路 F 构成一个闭环系统，通常称这种放大器为闭环放大器，而未引入反馈的放大器为开环放大器。

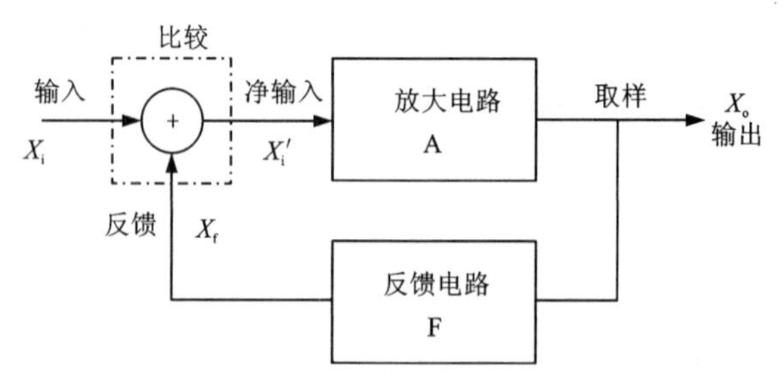

图 2-22 反馈放大器的一般形式

在图 2-22 所示的反馈过程中，输出量 $X_o(u_O、i_O)$ 经过反馈网络处理后得到的反馈信号 $X_f(u_F、i_F)$ 在比较环节与输入信号 $X_i(u_I、i_I)$ 叠加，叠加后的净输入信号 $X_i'(u_I'、i_I')$ 送入放大器的输入端。由此可得：

反馈系数

$$F=\frac{X_f}{X_o} \tag{2-18}$$

开环放大倍数

$$A=\frac{X_o}{X_i'} \tag{2-19}$$

闭环放大倍数

$$A_f=\frac{X_o}{X_i} \tag{2-20}$$

2. 反馈类型

(1) 直流反馈和交流反馈

根据反馈量是直流量还是交流量，可将反馈分为直流反馈和交流反馈。

若将直流量反馈到输入端，称为直流反馈。直流反馈多用于稳定静态工作点。

若将交流量反馈到输入端，称为交流反馈。交流反馈多用于改善放大器的动态性能。

(2) 正反馈和负反馈

根据反馈的效果可以区分反馈的极性。

当输入量不变时，引入反馈后使净输入量增加的反馈称为正反馈。正反馈多用于振荡电路和脉冲电路。

当输入量不变时，引入反馈后使净输入量减小的反馈称为负反馈。负反馈多用于改善放大器的性能。

显然，在负反馈放大器中，$X_i'=X_i-X_f$，故负反馈放大器的放大倍数(即闭环放大倍数)为

$$A_f=\frac{X_o}{X_i}=\frac{A}{1+AF}$$

其中 $1+AF$ 称为反馈深度，若反馈深度 $1+AF\gg 1$，称为深度负反馈，则

$$A_f=\frac{A}{1+AF}\approx\frac{A}{AF}=\frac{1}{F} \tag{2-21}$$

负反馈放大器以减小放大器的放大倍数为代价，获得电路增益的稳定性，减小非线性失真，扩展频带宽度，改变放大器的输入、输出电阻，从而改善放大器的性能。因此，负反馈在放大器中得到了广泛的应用。

3. 负反馈放大器的四种组态

放大器引入交流负反馈后，根据反馈网络与放大器输出端连接方式的不同，可分为电压和电流反馈，当反馈量取自输出电压时称为电压反馈，取自输出电流时称为电流反馈；根据反馈网络与放大器输入端连接方式的不同，可分为串联和并联反馈，当反馈量与输入量以电压方式相叠加时称为串联反馈，以电流方式相叠加时称为并联反馈。

这样，交流负反馈放大器有四种组态，即电压串联、电压并联、电流串联、电流并联。不同组态的负反馈对放大器输入、输出电阻的影响也不一样。

当电路引入电压反馈时，可以减小输出电阻，稳定输出电压；当电路引入电流反馈时，可以增大输出电阻，稳定输出电流。如果电路引入串联反馈，可以提高输入电阻；当电路引入并联反馈时，可以减小输入电阻。

二、集成运放的图形符号、组成和主要参数

1. 图形符号

集成运放的图形符号如图 2-23 所示，其中图(a)为国标符号，图(b)为曾用符号。图中“▷”表示运算放大器，“∞”表示开环增益极高。从图中可以看出，集成运放有两个输入端，同相输入端用“+”或“v_P”来表示，反相输入端用“-”或“v_N”来表示，一个输出端用 v_O 来表示。

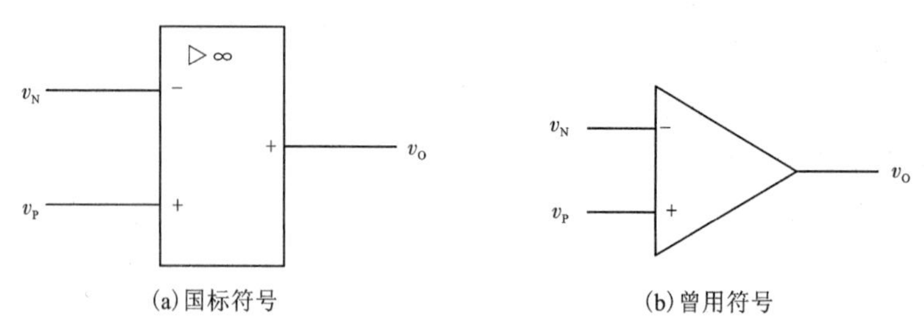

图 2-23　集成运放的图形符号

2. 集成运放的组成框图

集成运放的组成框图如图 2-24 所示，它由四部分组成，即输入级、中间级、输出级以及偏置电路。

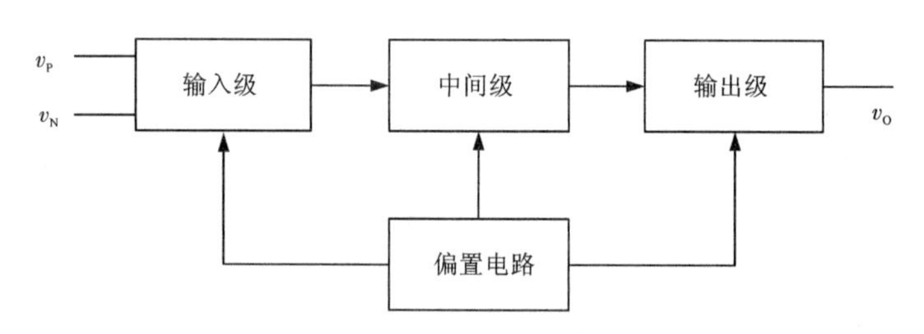

图 2-24　集成运放的组成框图

（1）输入级

温度变化时，工作点发生变动，使放大电路在无输入信号的情况下，输出电压也发生缓慢的不规则的波动，这种现象称为零点漂移。集成运放是采用高增益多级直接耦合的放大电路，而在直接耦合的放大电路中，前级放大电路产生的零点漂移会被逐级放大，在末级输出端形成大的漂移电压，严重时甚至淹没输入信号电压，使放大电路无法正常工作。

因此解决零点漂移是集成运放的首要任务，为此集成运放的输入级大都采用差分放大电路。

（2）中间级

中间级的作用是提供高的放大倍数，通常由一或两级有源负载放大电路构成。

（3）输出级

集成运放的输出级一般由互补对称电路或准互补对称电路构成，以提高集成运放的输出功率和带负载能力。

（4）偏置电路

为各级提供稳定的静态工作电流，确保静态工作点的稳定。

3. 集成运放的主要参数

①开环差模增益 A_{od}

指集成运放本身(无外加反馈回路)的差模增益，即 $A_{od}=\frac{v_O}{v_P-v_N}$，它体现了集成运放的电压放大能力，一般在 $10^4\sim10^7$ 之间。A_{od} 越大，电路越稳定，运算精度也越高。

②开环共模增益 A_{oc}

指集成运放本身的共模增益，它反映集成运放抗温漂、抗共模干扰的能力，优质集成运放的 A_{oc} 应接近于零。

③共模抑制比 K_{CMR}

用来综合衡量集成运放的放大能力和抗温漂、抗共模干扰的能力，一般应大于 80 dB。

④差模输入电阻 R_{id}

指差模信号作用下集成运放的输入电阻。

三、集成运放的理想特性

1. 理想运放的概念

在分析集成运放的各种实用电路时，为了简化分析，通常将集成运放的性能指标理想化，即将集成运放看成理想运放。当集成运放参数具有以下特征时，称为理想运放。

(1)开环差模放大倍数趋于无穷大。

(2)两输入端之间的输入电阻趋于无穷大。具有这样的输入阻抗，集成运放就不消耗信号源的能量。

(3)输出电阻为零。这时，集成运放就可以接任何负载。

(4)共模抑制比趋于无穷大(即零点漂移为零)。

(5)通频带趋于无穷大。它可以放大几乎所有的输入信号。

当然，实际上并不存在理想运放，但自从第一个集成运放诞生以来，至今已经历四代，目前实际集成运放的性能已越来越接近理想运放。

2. 理想运放的特点

虽然集成运放引入各种不同的反馈，就可以构成各种具有不同功能的实用电路，但其工作区域却只有两个，即线性区和非线性区。

(1)当集成运放工作在线性放大状态时(负反馈)，由于 $A_{od}>0$，则输出电压

$$v_O=A_{od}(v_P-v_N)$$

理想运放电压与电流示意图如图 2-25(a)所示，工作在线性放大状态的理想运放具有两个重要特点：

①虚短

两输入端电位相等，即 $v_P=v_N$。

对于理想运放，由于 $A_{od}\to\infty$，而输出电压 v_O 为有限值，则有差模输入电压

$$u_{Id}=v_P-v_N=\frac{v_O}{A_{od}}=0 \text{ 或 } v_P=v_N \tag{2-22}$$

相当于两输入端短路，但又不是真正的短路，如图 2-25(b)所示，故称为“虚短”。

②虚断

净输入电流等于零，即 $i_I=0$。

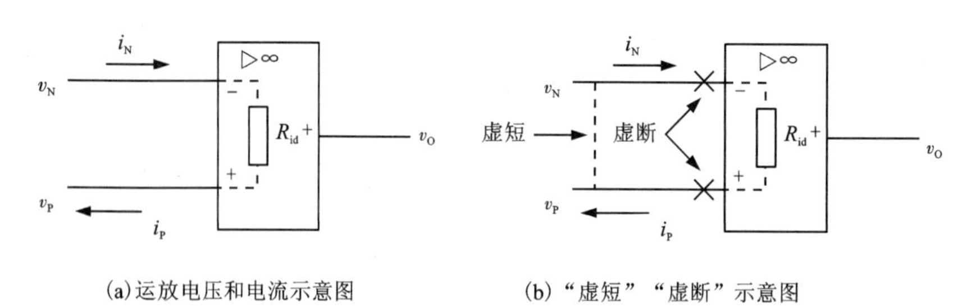

(a)运放电压和电流示意图　　(b)"虚短""虚断"示意图

图 2-25　理想运放

理想运放的差模输入电阻 $R_{id}\to\infty$，流经理想运放两输入端的电流

$$i_P=i_N=i_I=\frac{v_P-v_N}{R_{id}}=0 \tag{2-23}$$

相当于两输入端断开，但又不是真正的断开，如图 2-25(b)所示，故称为"虚断"。

(2)当集成运放工作在非线性状态时(开环或正反馈)，由于 $A_{od}\to\infty$，则在开环或正反馈情况下，运放输出电压将趋于正或负的无穷大(实际为电路输出的最大值或最小值)。具有下面两个重要特点：

①虚断。输入电流等于零，即 $i_N=i_P=0$。

②同相输入端电压大于反相输入端电压，输出为正的最大值；即

$$v_P>v_N,\ v_O=U_{OM} \tag{2-24}$$

反相输入端电压大于同相输入端电压，输出为负的最大值；即

$$v_N>v_P,\ v_O=-U_{OM} \tag{2-25}$$

四、集成运放的线性运用

当集成运放引入深度负反馈，在线性工作条件下，根据两个输入端的不同连接，集成运放有反相、同相和差分输入三种输入方式，并利用反馈网络就能够实现比例、加减、积分和微分等各种数学运算，即输出电压反映输入电压某种运算的结果。

1. 反相比例运算放大器

(1)电路结构

电路如图 2-26 所示，反相输入放大电路是将输入信号 v_I 加到集成运放的反相输入端；输出电压通过反馈电阻 R_f 反馈到反相输入端；R_1 为输入端电阻；R_2 为平衡电阻或补偿电阻，用于消除偏置电流带来的误差，一般取 $R_2=R_1/\!/R_f$。

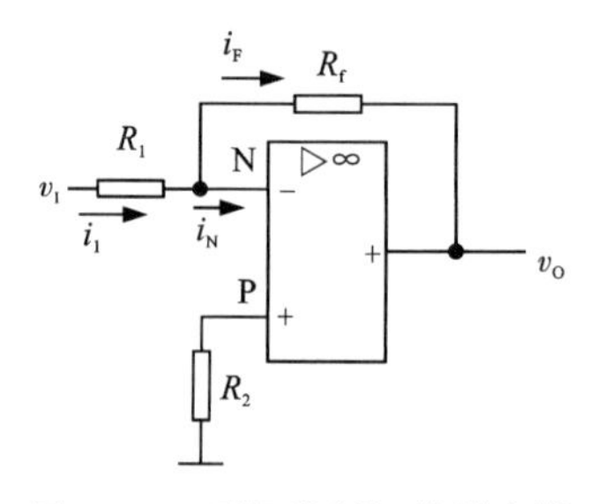

图 2-26　反相比例运算放大器

利用理想运放虚断($i_I=0$)的概念，流过 R_2 的电流为零，则 $v_P=0$，再利用虚短 $v_P=v_N$ 的概念，所以

$$v_P=v_N=0 \tag{2-26}$$

式(2-26)表明，集成运放两个输入端的电位均为零，相当于接地。但实际上它们并没有接地，故称之为"虚地"。虚地是虚短的特例，是集成运放工作在线性区的反相输入放大

电路的重要特征。

(2) 电压放大倍数

根据理想运放的 $i_I=0$ 和 $v_P=v_N$，有

$$i_1=i_F,\ i_1=\frac{v_I}{R_1}\text{和}\ i_F=-\frac{v_O}{R_f}$$

则输出电压为

$$v_O=-\frac{R_f}{R_1}v_I \tag{2-27}$$

由式(2-27)可见，式中的负号表示输出电压与输入电压相位相反，且两者之间存在着一定的比例关系，比例系数为 R_f/R_1，所以图 2-26 所示电路称为反相比例运算电路。

反相放大器的电压放大倍数为

$$A_u=\frac{v_O}{v_I}=-\frac{R_f}{R_1} \tag{2-28}$$

从式(2-28)可看出，反相放大器的电压放大倍数只由运放的外界条件决定，但千万不能认为运放不起作用了，事实上集成运放的外界条件之所以能起这么大的作用，恰恰是运放的性能在发挥作用。

做中学、做中教

打开 NI Multisim 14.0 仿真软件，按图 2-27 所示电路调入对应器件并连接电路，运行仿真软件，改变电位器 R_3 的百分比，将电压表(V_1)和电压表(V_2)测得的结果填入表 2-11 中。

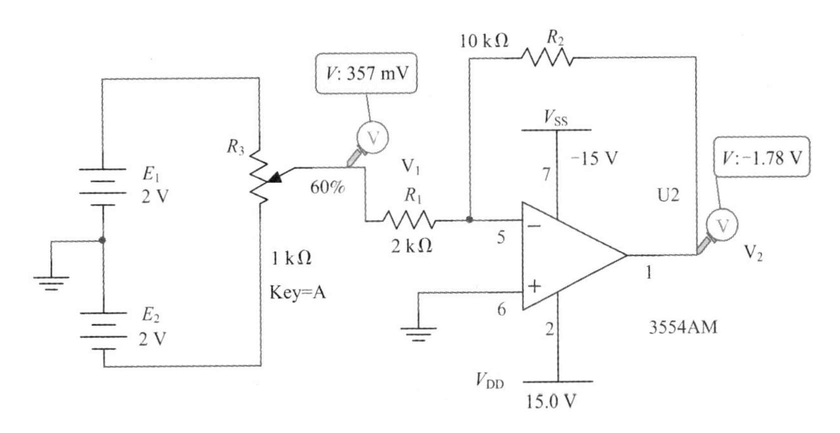

图 2-27 反相比例运算放大器仿真电路

表 2-11 反相比例运算放大器仿真实验记录表

R_3 百分比	10%	20%	30%	40%	50%	60%	70%	80%	90%	100%
电压表(V_1)										
电压表(V_2)										

仿真实验表明：由表 2-11 中的数据计算后得到的结果与用式(2-27)计算的结果一致。

(3)拓展应用——加法运算电路

图 2-28 所示是有两个输入端的反相求和电路。输入电压 v_{I1}、v_{I2} 分别通过 R_1 和 R_2 同时接到反相输入端，反馈电阻 R_f 将输出电压引回到反相输入端。为了保证两输入端平衡，$R=R_1//R_2//R_f$。

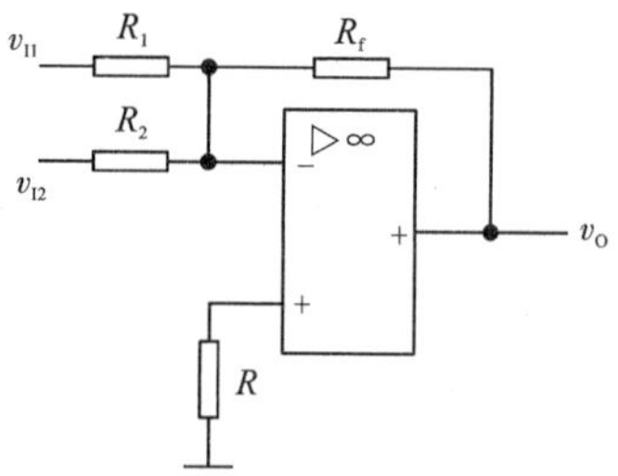

图 2-28　反相求和电路

利用线性叠加定理，当 v_{I1} 单独作用时，$v_{I2}=0$，由于两输入端虚地，流过 R_2 的电流为零，这时，电路为反相输入放大电路，由式(2-27)可知

$$v_{O1}=-\frac{R_f}{R_1}v_{I1}$$

同样，当 v_{I2} 单独作用时

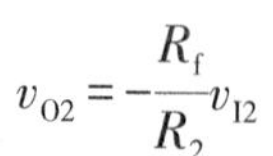

$$v_{O2}=-\frac{R_f}{R_2}v_{I2}$$

由此可得，v_{I1}、v_{I2} 共同作用下电路的输出电压为

$$v_O=v_{O1}+v_{O2}=-\frac{R_f}{R_1}v_{I1}-\frac{R_f}{R_2}v_{I2}$$

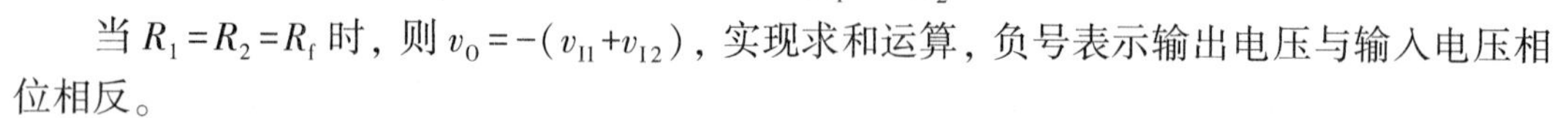

当 $R_1=R_2=R_f$ 时，则 $v_O=-(v_{I1}+v_{I2})$，实现求和运算，负号表示输出电压与输入电压相位相反。

2. 同相比例运算放大器

(1)电路结构

同相比例运算放大器的输入信号 v_I 是通过 R_2 加到集成运放的同相输入端，如图 2-29 所示。输出电压通过反馈电阻 R_f 反馈到反相输入端；$R_2=R_1//R_f$。

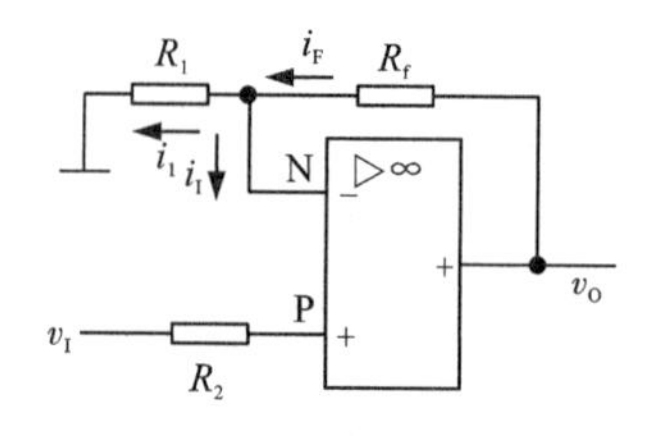

图 2-29　同相比例运算放大器

(2)电压放大倍数

利用理想运放虚断($i_I=0$)的概念，流过 R_2 的电流为零，则 $v_P=v_I$，又利用虚短($v_P=v_N$)的概念，那么，同相输入放大电路中

$$v_P=v_N=v_I \tag{2-29}$$

由于 $i_I=0$，则 $i_1=i_F$，即

$$\frac{v_N-0}{R_1}=\frac{v_O-v_N}{R_f}$$

$$v_O=\left(1+\frac{R_f}{R_1}\right)v_N=\left(1+\frac{R_f}{R_1}\right)v_P \tag{2-30}$$

将式(2-29)代入式(2-30)，得输出电压为

$$v_O=\left(1+\frac{R_f}{R_1}\right)v_I \tag{2-31}$$

由式(2-31)可见，输出电压与输入电压相位相同，且两者之间存在着一定的比例关

系，比例系数为$(1+R_f/R_1)$，所以图2-29所示电路为同相输入放大电路。

同相输入比例运算放大器的电压放大倍数

$$A_u=\frac{v_O}{v_I}=1+\frac{R_f}{R_1} \tag{2-32}$$

做中学、做中教

打开NI Multisim 14.0仿真软件，按图2-30所示电路调入对应器件并连接电路，运行仿真软件，改变电位器R_3的百分比，将电压表(V_1)和电压表(V_2)测得的结果填入表2-12中。

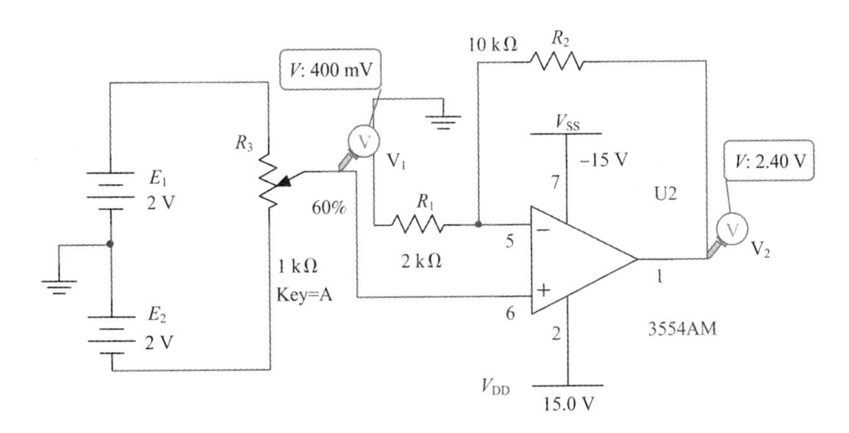

图2-30 同相比例运算放大器仿真电路

表2-12 同相比例运算放大器仿真实验记录表

R_3百分比	10%	20%	30%	40%	50%	60%	70%	80%	90%	100%
电压表(V_1)										
电压表(V_2)										

仿真实验表明：由表2-12中的数据计算后得到的结果与用式(2-31)计算的结果一致。

(3)拓展应用——电压跟随器

若将图2-29所示电路中R_1开路，得到如图2-31所示的实际电路。由于$R_1=\infty$，由式(2-31)、式(2-32)可知，$v_O=v_I$，$A_u=1$，因此称该电路为电压跟随器。因为该电路具有高的输入阻抗和低的输出阻抗，故应用极为广泛，常作为阻抗变换器或缓冲器。

3. 差动输入放大器

电路如图2-32所示，差动输入放大器有两个输入v_{I1}和v_{I2}，v_{I1}通过R_1加到集成运放的反相输入端，v_{I2}通过R_2和R_3分压加到集成运放的同相输入端。输出电压通过R_f反馈到反相输入端，且$R_2//R_3=R_1//R_f$。

利用线性叠加定理可以得到差分放大电路的输出和输入之间的关系。

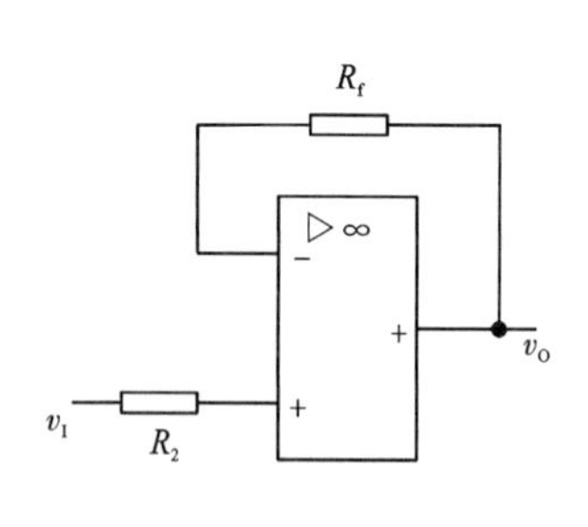

图 2-31 电压跟随器

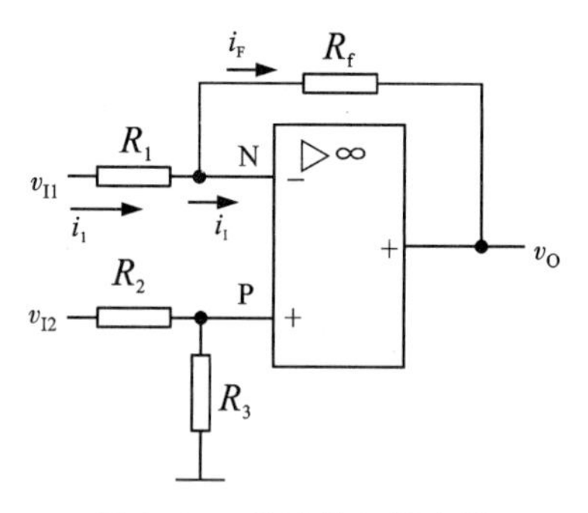

图 2-32 差动输入放大器

当 v_{I1} 单独作用时，$v_{I2}=0$，电路为反相输入方式，输出电压为

$$v_{O1}=-\frac{R_f}{R_1}v_{I1} \tag{2-33}$$

当 v_{I2} 单独作用时，$v_{I1}=0$，电路为同相输入方式，根据理想运放虚断的概念，$i_1=0$，则

$$v_P=\frac{R_3}{R_2+R_3}v_{I2} \tag{2-34}$$

将式(2-34)代入式(2-30)，则可得输出电压为

$$v_{O2}=\left(1+\frac{R_f}{R_1}\right)\frac{R_3}{R_2+R_3}v_{I2}$$

那么，v_{I1}、v_{I2} 共同作用时，输出电压为

$$v_O=v_{O1}+v_{O2}=-\frac{R_f}{R_1}v_{I1}+\left(1+\frac{R_f}{R_1}\right)\frac{R_3}{R_2+R_3}v_{I2} \tag{2-35}$$

如果在电路应用中，选择 $R_1=R_2$，$R_3=R_f$，则式(2-35)可简化为

$$v_O=\frac{R_f}{R_1}(v_{I2}-v_{I1}) \tag{2-36}$$

当图中 $R_1=R_2=R_3=R_f$ 时，输出电压 $v_O=v_{I2}-v_{I1}$。

做中学、做中教

打开 NI Multisim 14.0 仿真软件，按图 2-33 所示电路调入对应器件并连接电路，运行仿真软件，在电位器 R_3 的百分比固定情况下随机调节电位器 R_4 的百分比，将电压表(V_1)、电压表(V_2)和电压表(V_3)测得的结果填入表 2-13。

表 2-13 差动输入放大器仿真实验记录表

R_3 百分比	10%	20%	30%	40%	50%	60%	70%	80%	90%	100%
R_4 百分比										
电压表(V_1)										
电压表(V_2)										
电压表(V_3)										

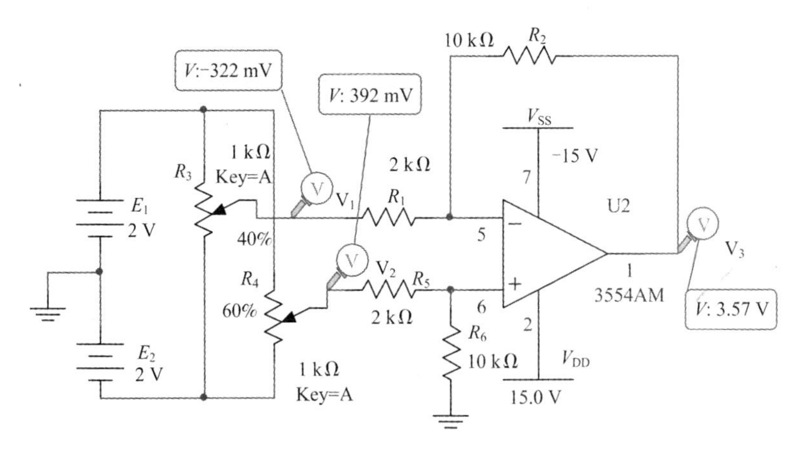

图 2-33 差动输入放大器仿真电路

五、集成运放的非线性运用

集成运放的非线性运用主要有单门限电压比较器和双门限电压比较器两种。

1. 单门限电压比较器

集成运放构成的单门限电压比较器按基准电压的不同可分为零电压比较器和任意电压比较器。

(1)零电压比较器

图 2-34(a)所示为反相零电压比较器。同相输入端接地，反相输入端为信号输入端。当反相输入端电压大于 0 时，有 $v_N>v_P$，输出电压为负的最大值，即 $v_O=-U_{OM}$；当反相输入端电压小于 0 时，有 $v_P>v_N$，输出电压为正的最大值，即 $v_O=U_{OM}$。其电压传输特性如图 2-34(b)所示。

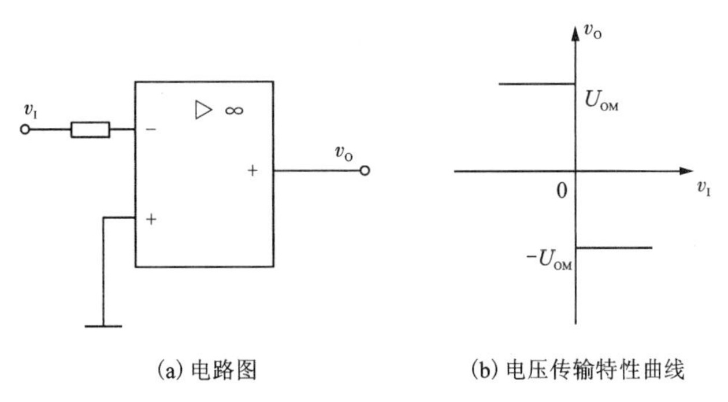

图 2-34 反相零电压比较器

图 2-35(a)所示为同相零电压比较器。反相输入端接地，同相输入端为信号输入端。当同相输入端电压大于 0 时，有 $v_P>v_N$，输出电压为正的最大值，即 $v_O=U_{OM}$；当同相输入端电压小于 0 时，有 $v_N>v_P$，输出电压为负的最大值，即 $v_O=-U_{OM}$。其电压传输特性如图 2-35(b)所示。

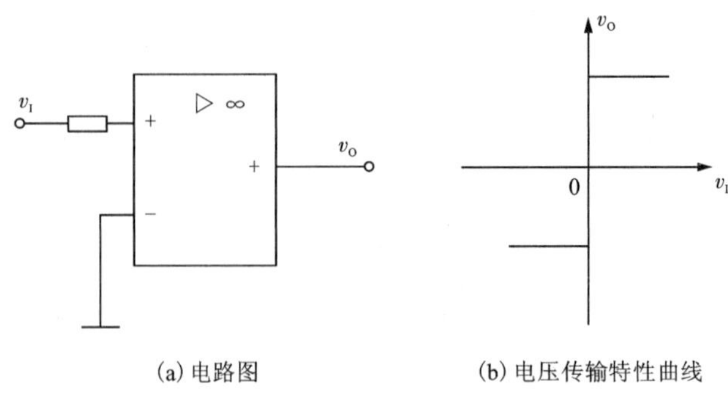

(a) 电路图　　(b) 电压传输特性曲线

图 2-35　同相零电压比较器

(2)任意电压比较器。

图 2-36(a)所示为反相任意电压比较器(任意电压以-6 V 为例)。同相输入端接-6 V，反相输入端为信号输入端。当反相输入端电压大于-6 V 时，有 $v_N>v_P$，输出电压为负的最大值，即 $v_O=-U_{OM}$；当反相输入端电压小于-6 V 时，有 $v_P>v_N$，输出电压为正的最大值，即 $v_O=U_{OM}$。其电压传输特性如图 2-36(b)所示。

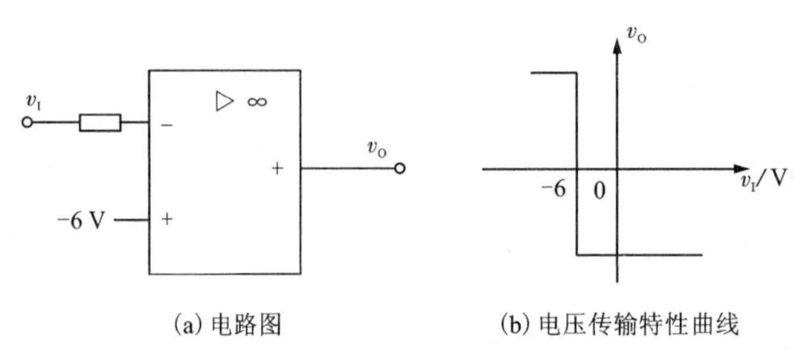

(a) 电路图　　(b) 电压传输特性曲线

图 2-36　反相任意电压比较器

图 2-37(a)所示为同相任意电压比较器(任意电压以+6 V 为例)。反相输入端接+6 V，同相输入端为信号输入端。当同相输入端电压大于+6 V 时，有 $v_P>v_N$，输出电压为正的最大值，即 $v_O=U_{OM}$；当同相输入端电压小于+6 V 时，有 $v_N>v_P$，输出电压为负的最大值，即 $v_O=-U_{OM}$。其电压传输特性如图 2-37(b)所示。

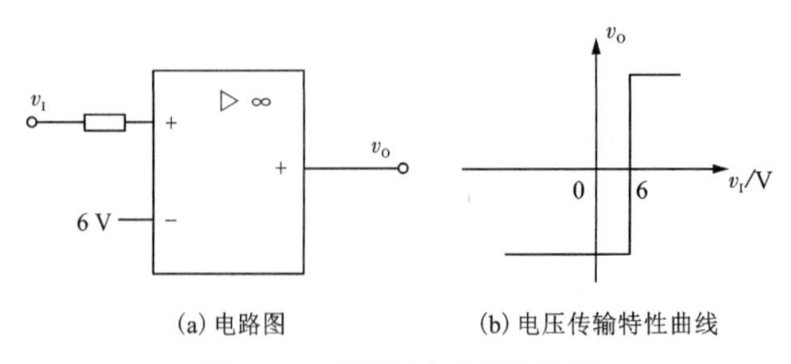

(a) 电路图　　(b) 电压传输特性曲线

图 2-37　同相任意电压比较器

2. 双门限电压比较器(迟滞电压比较器、施密特触发器)

(1)概念

双门限电压比较器是一个具有迟滞回环传输特性的比较器。又可理解为加正反馈的单门限比较器。在反相输入单门限电压比较器的基础上引入正反馈网络，就组成了具有双门限值的反相输入迟滞比较器。

(2)电路组成

反相双门限电压比较器如图 2-38(a)所示，R_2 为正反馈电阻。

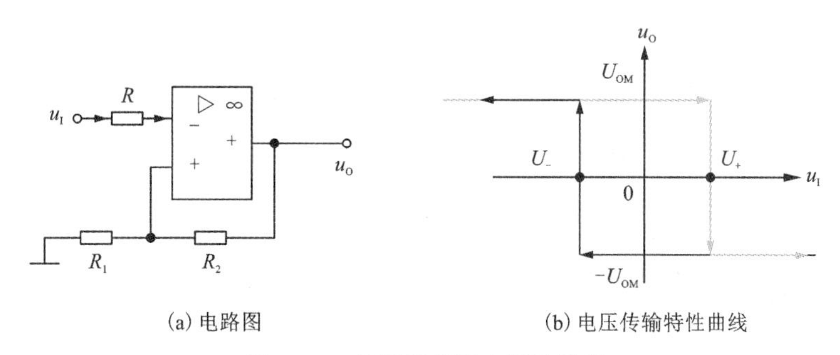

(a) 电路图　　(b) 电压传输特性曲线

图 2-38　反相双门限电压比较器

(3)电压传输特性

门限电压的计算，分输出为正的最大值和负的最大值进行计算，具体如下

门限 1 的计算公式

$$U_P^+=\frac{+U_{OM}}{R_1+R_2}R_1 \tag{2-37}$$

门限 2 的计算公式

$$U_P^-=\frac{-U_{OM}}{R_1+R_2}R_1 \tag{2-38}$$

电压传输特性如图 2-38(b)所示。

做中学、做中教

打开 NI Multisim 14.0 仿真软件，按图 2-39 所示电路调入对应器件并连接电路，运行仿真软件，调节电位器 R_3 的百分比，将电压表(V_1)、电压表(V_2)和电压表(V_3)测得的结果填入表 2-14 中。

表 2-14　双门限电压比较器仿真实验记录表

R_3 百分比	10%	20%	30%	40%	50%	60%	70%	80%	90%	100%
电压表(V_1)										
电压表(V_2)										
电压表(V_3)										

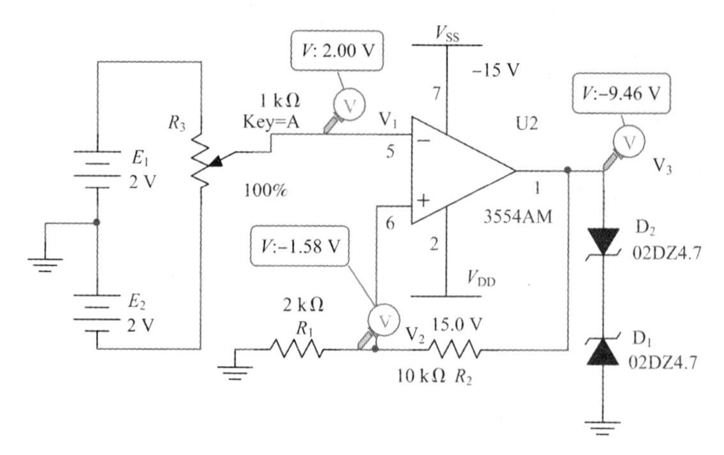

图 2-39　双门限电压比较器仿真电路

2.2.6　技能训练

运算放大器的安装与调试

1. 任务目标

(1)会根据原理图 2-40 绘制电路装接图和布线图;

(2)能说明电路中各元器件的作用，并能检测元器件;

(3)了解运算放大器的安全使用知识;

(4)会搭建、调试和检修运算放大电路。

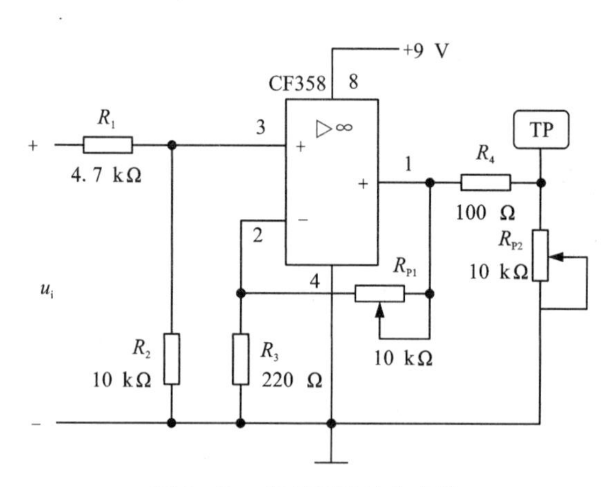

图 2-40　集成运算放大电路

2. 器材与工具

(1)通用印制电路板、直流稳压电源、万用表、示波器和毫伏表。

(2)常用插装和焊接工具。

(3)元器件套件。

3. 实施步骤

绘制安装布线图→清点元器件→元器件检测→插装和焊接→通电前检查→通电测量→数据记录。

4. 调试与测量

安装正确无误后，才可以接通电源。测量时，先连线后接电源(或开电源开关)；拆线、改线或检修时一定要先关电源；电源线不能接错，否则将可能损坏元器件。

(1)电路连接

按图 2-41 所示连接电路。把函数信号发生器置于正弦波输出，输出探头接至电阻 R_1，作为运算放大器的输入电压 u_i，示波器接至测试点 TP 点。

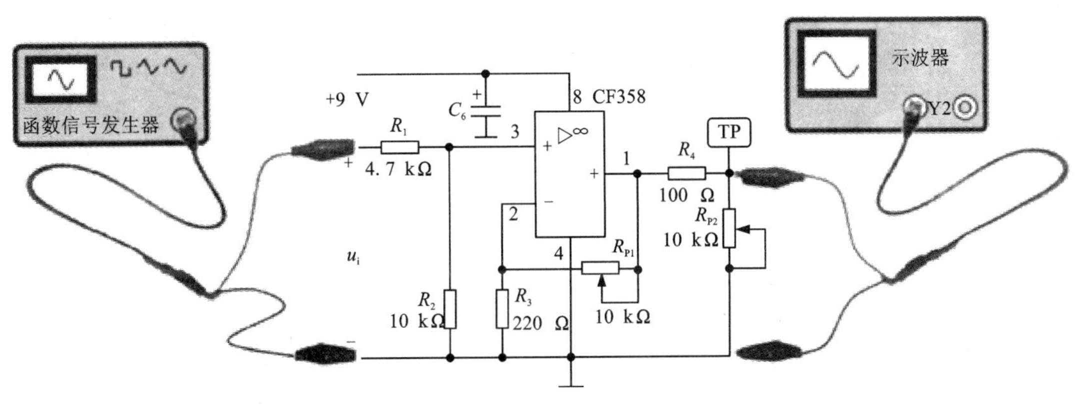

图 2-41　运算放大器测量示意图

(2)信号输入

输入 1 kHz、20 mV 的正弦波信号。

(3)参数测量

接上 9 V 直流电压，用示波器观察 TP 端波形。调节电位器 R_{P1}，使输出波形为最大不失真，并测出幅度，用万用表测量 CF358 芯片各引脚的电压，将测量结果填入表 2-15 中。

表 2-15　运算放大器的测试

测试项目	CF358 引脚号				
电压	1	2	3	4	8
波形	TP 端输出				

2.2.7 低频功率放大器

任务导引

前面学习的三极管基本放大器处于小信号状态，输出功率较小。而实际电子设备中，放大器的最后一级要带动一定的负载，在输出大幅度信号电压的同时，还必须输出大幅度电流，即向负载提供足够的功率，为此要用到功率放大器。那么，功率放大器有哪些类型？分别又是怎样实现功率放大的呢？

以最小的失真、最高的效率向负载提供尽可能大的输出功率的放大器，称为功率放大器，简称功放。功放电路中的主要器件——三极管又简称功放管。由于功率放大器是工作在大信号情况下，信号动态范围大，三极管往往工作在线性应用的极限状态，因此，功放电路从电路的组成和分析方法，到电路元器件的选择，都与小信号电压放大电路有着明显的区别和不同的要求。

一、OCL 电路

双电源互补对称功率放大器，又称无输出电容功率放大器，简称 OCL 电路。

1. 电路构成

OCL 基本电路结构如图 2-42 所示。图中 VT_1、VT_2 是一对特性对称的 PNP 型三极管和 NPN 型三极管。从交流通路可以看出，两管的基极相连后作为输入端，发射极连在一起作为信号的输出端，集电极则是输入、输出的公共端，所以，两只三极管均连接为射极输出器形式。输出端与负载采用直接耦合方式。

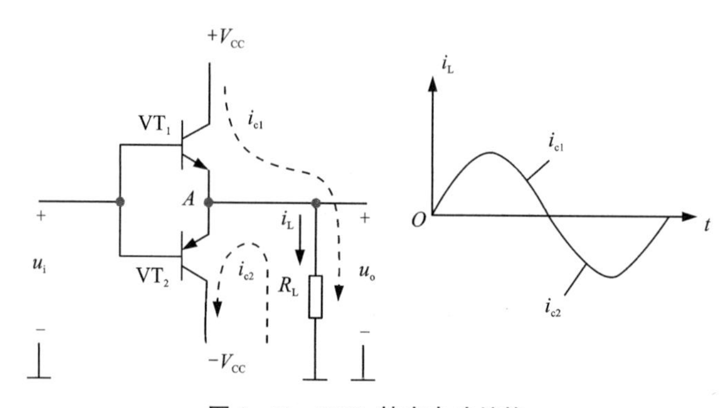

图 2-42 OCL 基本电路结构

2. 工作原理

(1)静态分析

$u_i=0$ 时，由于电路结构对称，无偏置电压，$I_B=0$，A 点的静态电位 $U_A=0$，流过 R_L 的静态电流为零。因此，该电路的输出不接输出电容。

(2)动态分析

设输入信号 u_i 为正弦信号。在 u_i 的正半周内，VT_1 导通，VT_2 截止，VT_1 的集电极电流 i_{c1} 流经方向如图 2-42 所示，由 $+V_{CC}$→VT_1→自上而下流过负载电阻 R_L→接地端。在 u_i 的负半周内，VT_2 导通，VT_1 截止，VT_2 的集电极电流 i_{c2} 流经方向如图 2-42 所示，由接地端→自下而上流过负载电阻 R_L→VT_2→$-V_{CC}$。由于 VT_1 和 VT_2 管型相反，特性对称，在 u_i 的整个周期内，VT_1、VT_2 交替工作，互相补充，向负载 R_L 提供了完整的输出信号。故该电路称为互补对称功率放大电路。

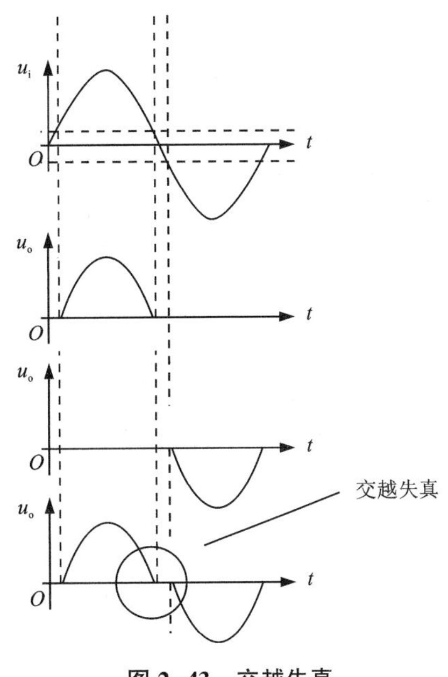

图 2-43 交越失真

3. 交越失真

在如图 2-42 所示的 OCL 基本电路中，当输入电压小于三极管的开启电压时，VT_1、VT_2 均截止，从而出现如图 2-43 所示的交越失真现象。一旦音频功率放大器出现交越失真，会使声音质量明显下降。为了避免交越失真，在实际使用的 OCL 电路中，必须设置合适的静态工作点，使电路在静态时处于微导通状态。

做中学、做中教

打开 NI Multisim 14.0 仿真软件，按图 2-44 所示调入对应器件并连接电路，输入信号频率为 1 kHz。分开关 S_1 闭合和断开两种情况进行仿真，用示波器检测输入、输出波形，将测得的结果填入表 2-16 中。

表 2-16 OCL 功率放大器仿真实验记录表

开关 S_1	输入波形	输出波形	结论
闭合			
断开			

4. 输出功率计算

OCL 功率放大器放大时输出功率按如下公式进行计算：

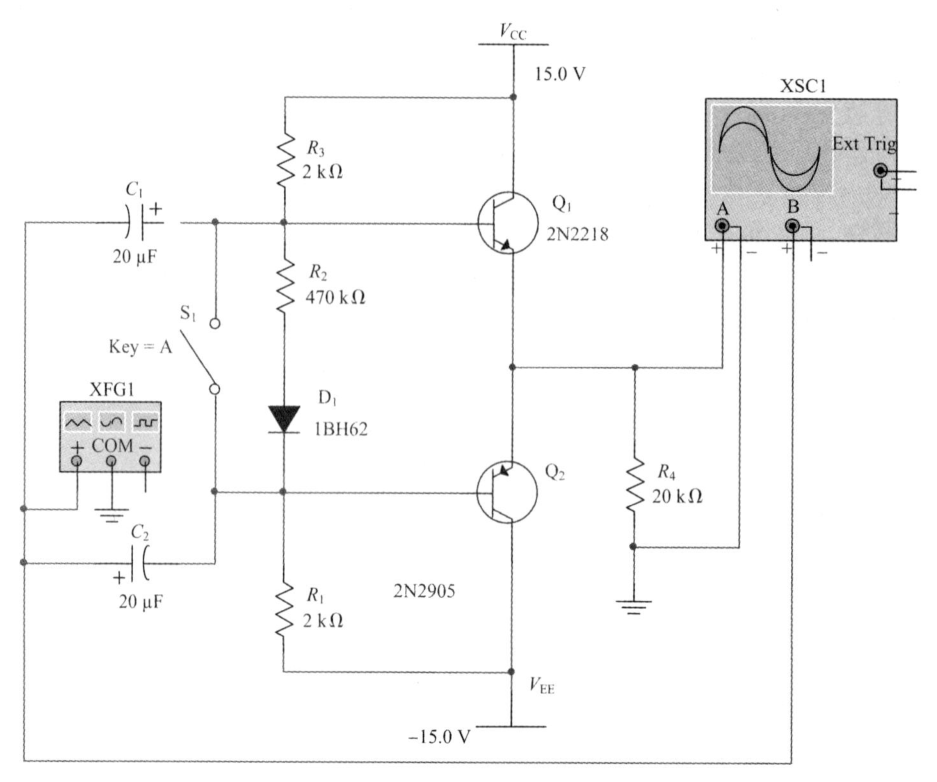

图 2-44　OCL 功率放大器仿真电路

$$P_O = \frac{V_{CC}^2}{2R_L} \tag{2-39}$$

5. 电路优缺点

由于 OCL 电路静态时两管的发射极是零电位，所以负载可直接接到发射极而不必采用输出耦合电容，故称无输出电容的互补功放电路。该电路采用直接耦合方式，具有低频响应好、输出功率大、电路便于集成等优点，广泛应用于一些高级音响设备中。但 OCL 电路需要两个独立的电源，使用起来会有些不方便。

二、OTL 电路

单电源互补对称功率放大电路，又称无输出变压器功率放大电路，简称 OTL 电路。

1. 电路构成

图 2-45 所示电路为 OTL 电路原理图。与 OCL 电路不同的是，电路由双电源改为单电源供电，输出端经大电容 C_L 与负载 R_L 耦合。

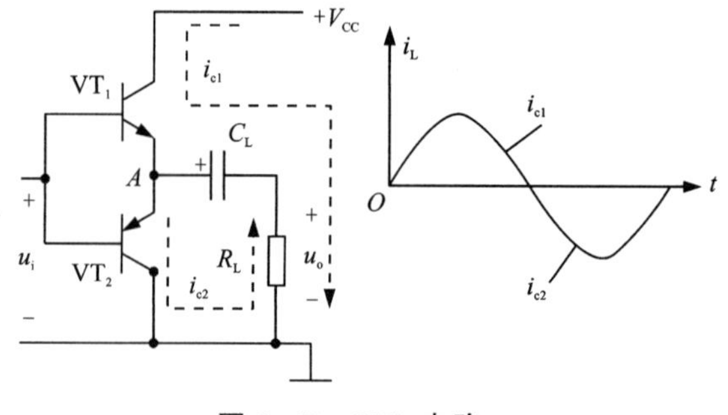

图 2-45　OTL 电路

2. 工作原理

(1)静态分析

$u_i=0$ 时，$I_B=0$，由于两管特性对称，A 点的静态电位 $U_A=\frac{1}{2}V_{CC}$，则 C_L 上充有左正右负的静态电压，$U_{CL}=\frac{1}{2}V_{CC}$。由于 C_L 容量很大，所以相当于一个电压为$\frac{1}{2}V_{CC}$ 的直流电源。此外，在输出端耦合电容 C_L 的隔直作用下，流过 R_L 的静态电流为零。

(2)动态分析

在 u_i 的正、负半周期，电路与 OCL 电路相似，VT_1、VT_2 交替工作，互相补充，通过 C_L 的耦合，向负载 R_L 提供完整的输出信号。

做中学、做中教

打开 NI Multisim 14.0 仿真软件，按图 2-46 所示电路调入对应器件并连接电路，输入信号频率为 1 kHz。分开关 S_1 闭合和断开两种情况进行仿真，用示波器检测输入、输出波形，将测得的结果填入表 2-17 中。

注：中点电压可通过调节 R_6 来实现。

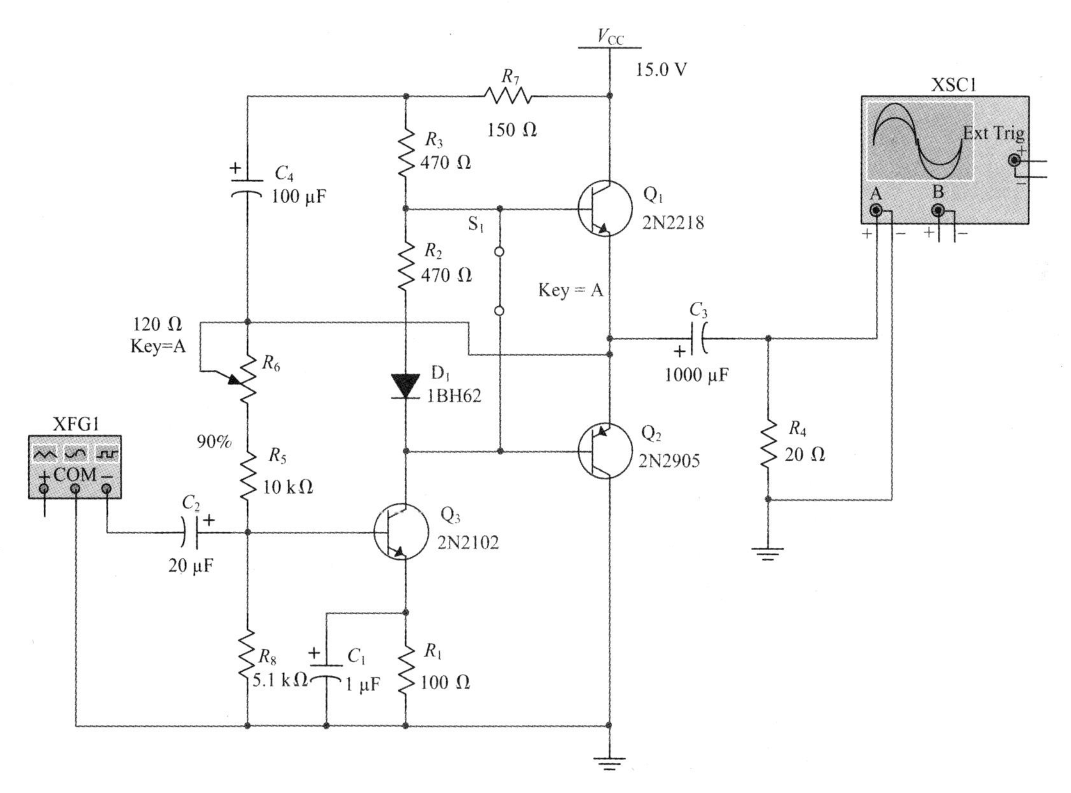

图 2-46　OTL 功率放大器仿真电路

表 2-17　OTL 功率放大器仿真实验记录表

开关 S_1	输入波形	输出波形	结论
闭合			
断开			

3. 输出功率计算

OTL 功率放大器放大时输出功率按如下公式进行计算：

$$P_{\mathrm{O}}=\frac{V_{\mathrm{CC}}^{2}}{8R_{\mathrm{L}}} \tag{2-40}$$

4. 电路优缺点

OTL 电路采用单电源供电，输出通过大容量的耦合电容与负载连接，称为无输出变压器的互补功放电路。与 OCL 电路相比，该电路少用一个电源，故结构简单、使用方便。但 OTL 电路输出采用大电容耦合，所以其频率响应较差，不利于电路的集成化。

三、集成功率放大器

集成功率放大器以其输出功率大、外围连接元器件少、使用方便等优点，使用越来越广泛。目前，OTL 电路、OCL 电路均有各种不同输出功率和不同输出电压的多种型号的集成电路。

1. TDA2822 集成功放

TDA2822 集成功放由荷兰飞利浦公司生产，是小功率双通道功率放大电路，内含两个独立的功放模块。图 2-47(a)所示为 TDA2822 双列直插式(DIP-8PIN)封装的实物，引脚排列如图 2-47(b)所示，引脚功能见表 2-18。

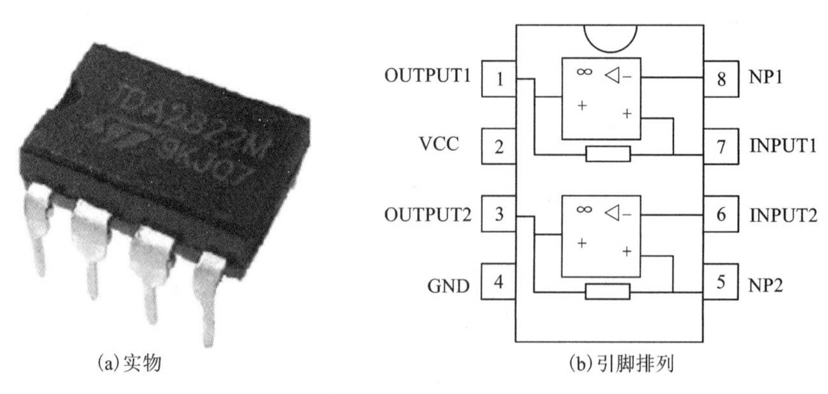

(a)实物　　(b)引脚排列

图 2-47　TDA2822M 实物及引脚排列

表 2-18 TDA2822 集成功放引脚功能

引脚	功能	引脚	功能
1	功放电路 1 信号输出端	5	功放电路 2 负反馈端
2	电源电压输入端	6	功放电路 2 信号输入端
3	功放电路 2 信号输出端	7	功放电路 1 信号输入端
4	接地端	8	功放电路 1 负反馈端

它具有使用电源范围宽(3~15 V)、静态电流小、交叉失真小等特点，可组成双声道BTL 电路，适用于便携式、微小型收录机及计算机音响中作功率放大。

2. 8002 集成功放

8002 是两个 OTL 电路桥式连接为 BTL 工作方式的音频功放。最大输出功率为 3 W，最小输出功率为 1.5 W，工作电压为 2~5.5 V。节省了传统功放的自举电路及消振电路，特有的关断功能(高电平有效)可节省功耗，延长电池使用时间。因此非常适合于电池或 USB 供电的功率放大器。图 2-48 所示为 SOP-8 封装实物及引脚排列，引脚功能见表 2-19，图 2-49 为典型应用电路。

(a)实物 (b)引脚排列

图 2-48 8002 实物及引脚排列

表 2-19 8002 集成功放引脚功能

引脚	名称	功能	引脚	名称	功能
1	SHUTDOWN	关断端口端	5	OUT1	功放输出端 1
2	BYPASS	基准电压端	6	VCC	电源电压输入端
3	+IN	同相输入端	7	GND	接地端
4	-IN	反相输入端	8	OUT2	功放输出端 1

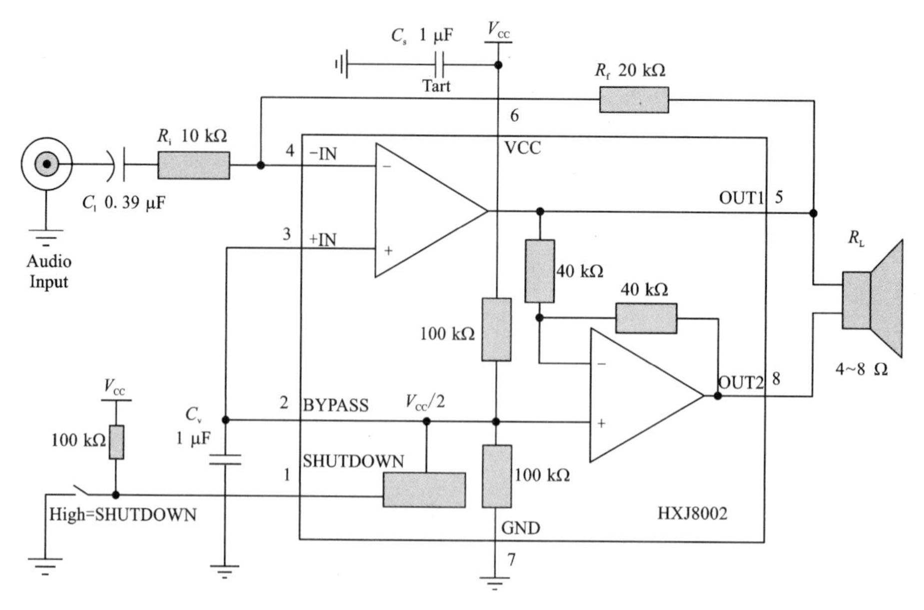

图 2-49　8002 典型应用电路

2.2.8　技能实训

OTL 功率放大器的安装与调试

1. 任务目标

(1)会根据图 2-50 所示电路原理图绘制电路安装布线图；

(2)会在通用印制电路板上搭接 OTL 功率放大电路；

(3)能说明电路中各元器件的作用，并能检测元器件；

(4)能用万用表对电路进行电压和电流的测量；

(5)能用示波器观察 OTL 功率放大器的输入、输出电压波形。测定其输入、输出电压间的量值关系；

(6)通过 S_1 的闭合与断开观察有交越失真和无交越失真的波形特点；

(7)提高电子产品装接、检测能力。

2. 实施步骤

(1)装调流程

绘制安装布线图→清点元器件→元器件检测→插装和焊接→通电前检查→通电测量→数据记录。

(2)装调步骤

根据绘制的电路安装布线图进行安装，按先小件、后大件顺序安装即可。

3. 调试与记录

(1)中点电压的调试

将实验电路板接通电源，用万用表监测中点电压，调节 R_6 大小，使中点电压为电源电压的一半，即 7.5 V。

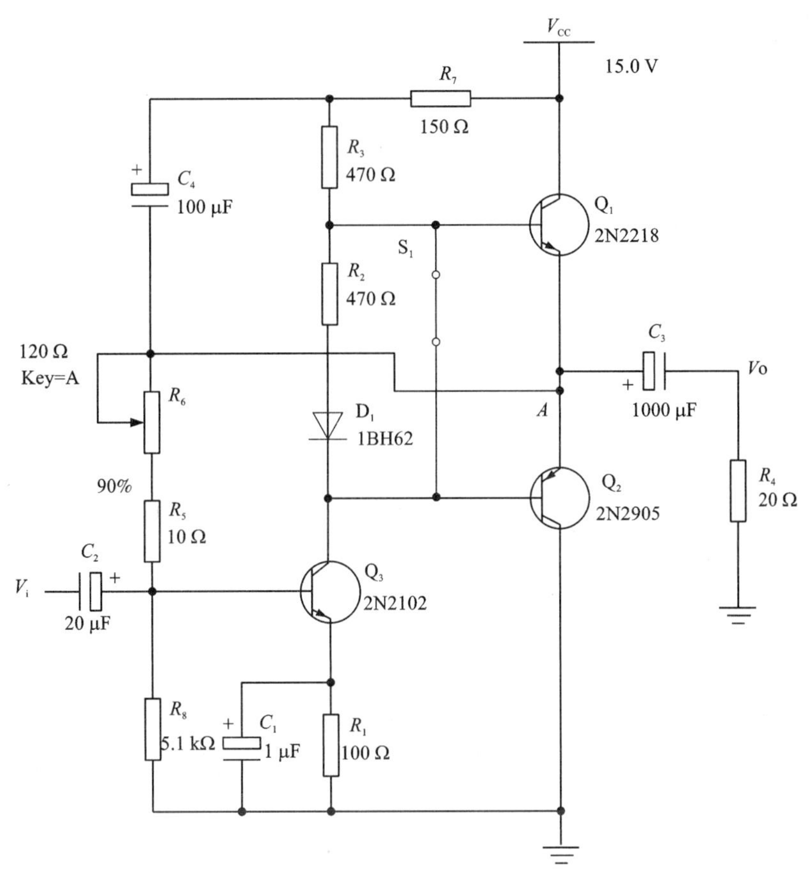

图 2-50　OTL 功率放大器电路原理图

(2)观察输入、输出电压波形

闭合开关 S_1。在输入端接入低频信号发生器，并输入 1 kHz 的正弦信号；用示波器监测输出信号，适当调节输入信号电压大小，使示波器所示正弦波拉满屏幕，将测量结果填入表 2-20 中，并与图 2-46 仿真实验结果进行对照。

断开开关 S_1。在输入端接入低频信号发生器，并输入 1 kHz 的正弦信号；用示波器监测输出信号，适当调节输入信号电压大小，使示波器所示正弦波拉满屏幕，将测量结果填入表 2-20 中，并与图 2-46 仿真实验结果进行对照。

表 2-20　OTL 功率放大器实验记录表

开关 S_1	输入波形	输出波形	结论
闭合			
断开			

2.3 任务实现

2.3.1 认识电路组成

图 2-51 为迷你小功放电路原理图。R_1、R_2、R_{P1}、C_1、C_2、C_3、C_4、IC_1 构成功率放大器，R_1 为负反馈电阻，R_{P1} 为音量控制电位器，C_1、C_2 为电源滤波电容，R_2 与 C_3 实现阻容

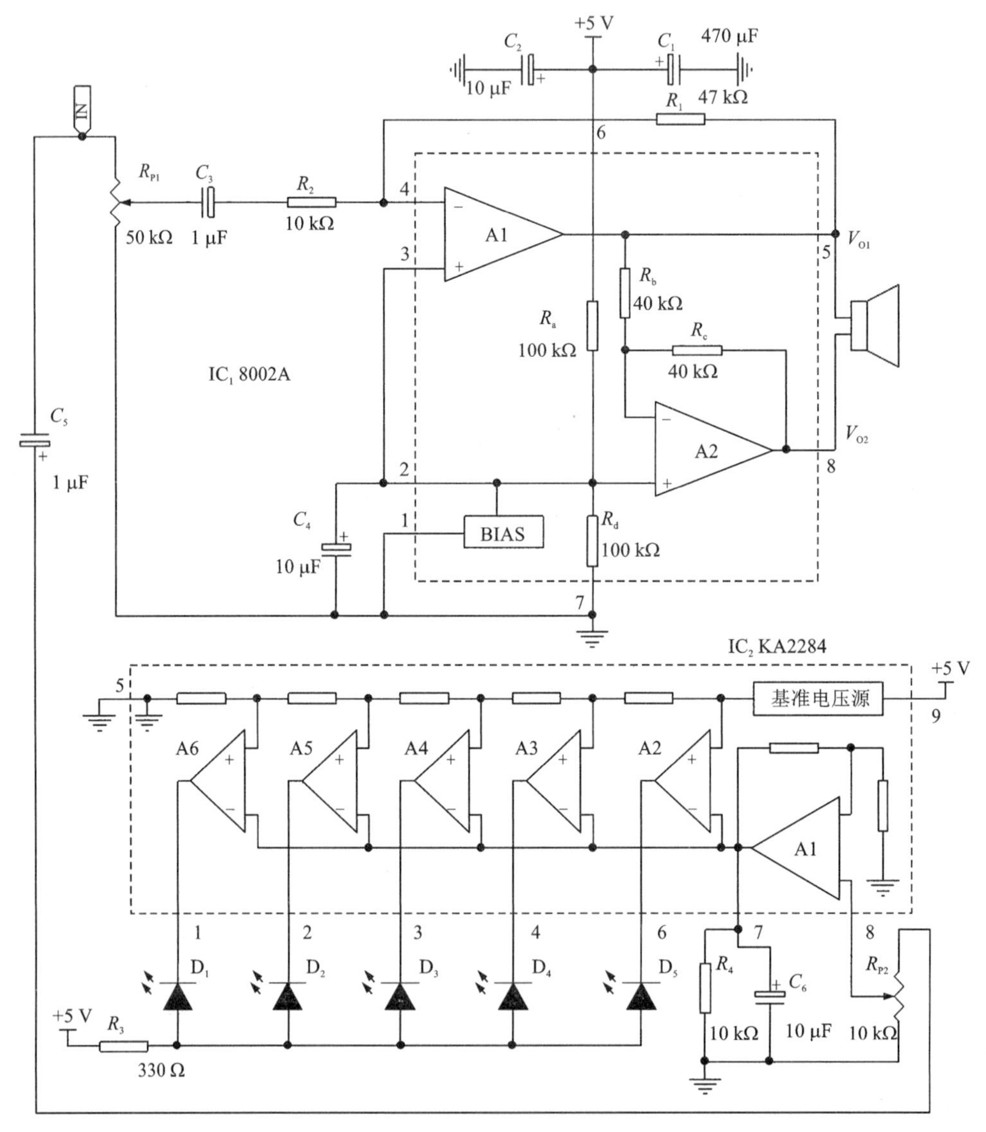

图 2-51　迷你小功放电路原理图

耦合，C_4 为旁路电容；R_3、R_4、R_{P2}、C_6、D_1、D_2、D_3、D_4、D_5、IC_2 构成音乐电平指示电路，R_3 为限流电阻，D_1、D_2、D_3、D_4、D_5 为电平显示发光二极管，R_{P2} 为电平显示灵敏度调节电位器。图 2-52 为迷你小功放电路实物图。

图 2-52　迷你小功放电路实物图

2.3.2　认识电路工作过程

1. 功率放大

音频信号经 R_{P1}、C_3、R_2 送到功放集成电路 IC_1 的第 4 脚；根据运算放大器知识，V_{01} 与 R_{P1} 中心抽头信号电压关系是：$V_{01}=-(R_1/R_2)V_i$（设中心抽头信号为 V_i），因 $R_1=47\ \text{k}\Omega$、$R_2=10\ \text{k}\Omega$，代入后得 $V_{01}=-4.7\ V_i$；根据运算放大器知识，V_{01} 经 A2 放大后输出的 V_{02} 与 V_{01} 反相；因此，V_{01} 与 V_{02} 之间输出电压为 V_i 的 9.4 倍，实现了放大。由上面计算可知，改变 R_1、R_2 的大小可改变输出功率，一般调节 R_1。

2. 音乐电平显示

音频信号通过 C_5、R_{P2} 送到 IC_2 的输入端第 8 脚，经 IC_2 内 A1 放大后同时送到 IC_2 内的 A2、A3、A4、A5、A6 五个比较器的反相输入端，与五个同相输入端进行大小比较，因五个同相输入端电压为五个不同梯度，故在不同幅度的音频信号作用下 IC_2 的第 1、2、3、4、6 脚输出电压不同，控制 D_1、D_2、D_3、D_4、D_5 发光，实现音乐电平动态显示。R_{P2} 为电平显示灵敏度调节电位器，调节它可以改变 LED 的灵敏度。

2.3.3 电路仿真

1. 功率放大器仿真

(1)绘制仿真电路

打开 NI Multisim 14.0 仿真软件，按图 2-53 所示电路调入元器件，用运算放大器 LM358AM 代替图 2-51 中的 8002A 内两个运算放大器，输入端接入幅度 20 mV、频率为 1 kHz 正弦交流信号。

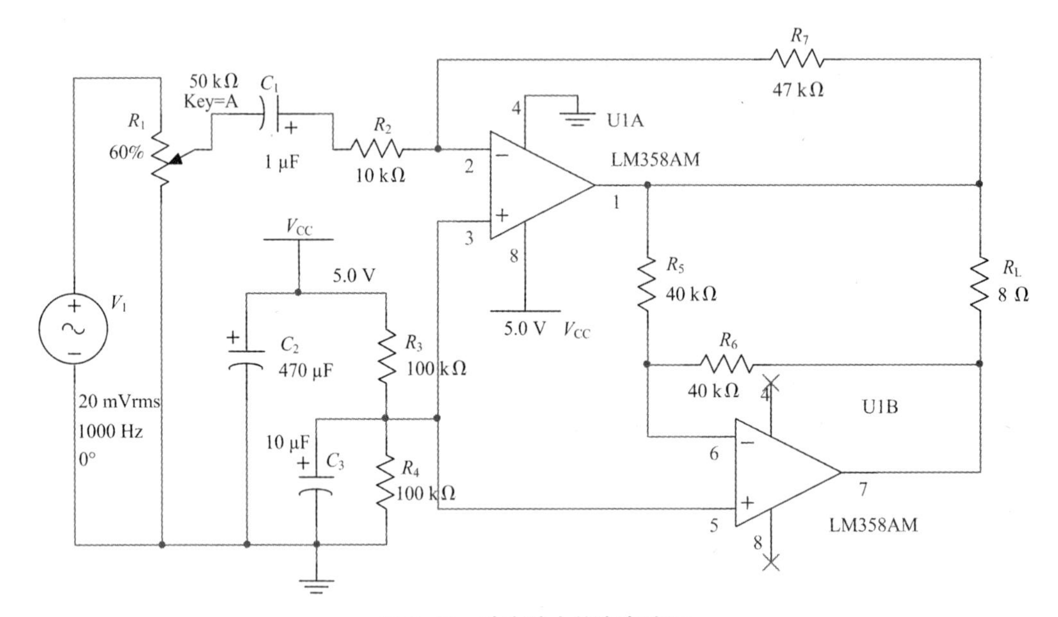

图 2-53 功率放大仿真电路图

(2)参数测量

使用仿真软件中的示波器完成表 2-21 中各点波形测量，将测量结果填入表中。

表 2-21 功率放大器仿真主要波形测量表

输入波形(电位器中心抽头)	LM358AM 输出波形		
	第 1 脚	第 7 脚	负载(R_L)两端

2. 电平显示器仿真

(1)绘制仿真电路

打开 NI Multisim 14.0 仿真软件，按图 2-54 所示电路调入元器件，用运算放大器 LM324AD 代替图 2-51 中的 KA2284。输入端接入直流信号 V_I。

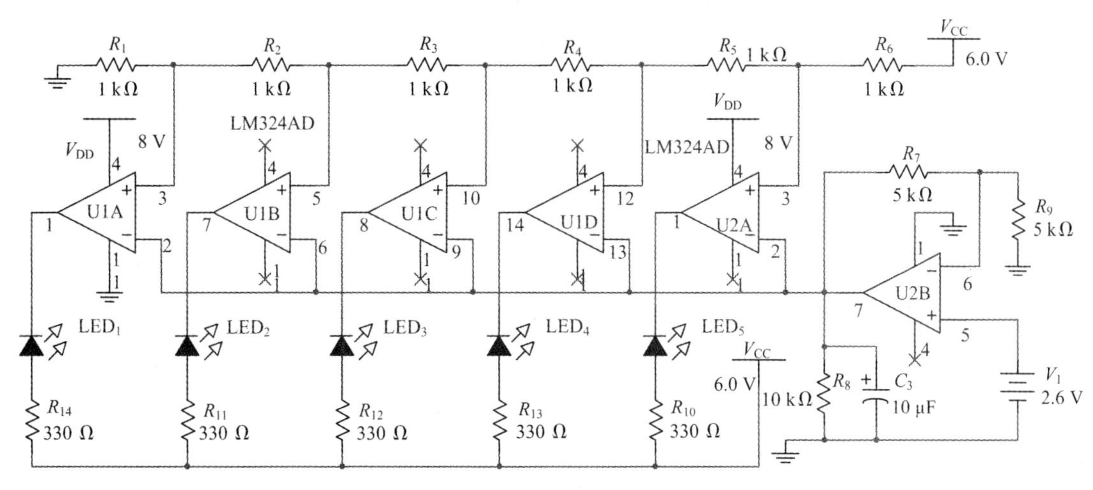

图 2-54　电平显示器仿真电路图

(2)参数测量

运行仿真软件，输入端信号按表 2-22 中的要求输入，观察各发光二极管的发光情况，将测量结果填入表 2-22 中。

表 2-22　电平显示器仿真情况记录表

V_I 幅度	LED_1	LED_2	LED_3	LED_4	LED_5
0.3 V					
0.6 V					
1.2 V					
1.8 V					
2.2 V					
2.8 V					

2.3.4　元器件的识别与检测

1. 元器件的选用

$R_1 \sim R_4$ 选用 1/4W 金属膜电阻器或碳膜电阻器；R_{P1}、R_{P2} 选用碳膜电位器；C_1 选用

470 μF/16 V 电解电容器；C_2、C_6 选用 10 μF/25 V 电解电容器；C_3、C_4、C_5 选用 1 μF/16 V 电解电容器；D_1 ~ D_5 选用 ϕ5 mm 发光二极管；IC_1 选用 8002A 功放集成电路；IC_2 选用 KA2284 电平显示驱动集成电路；扬声器选用 4 Ω 外磁式。元器件选用清单见表 2-23。

表 2-23　迷你小功放元器件清单

序号	类型	标号	参数	数量	质量检测	备注
1	电阻器	R_1	47 kΩ	1		
2	电阻器	R_2、R_4	10 kΩ	2		
3	电阻器	R_3	330 Ω	1		
4	电位器	R_{P1}	50 kΩ	1		
5	电位器	R_{P2}	10 kΩ	1		
6	电容器	C_1	470 μF/16 V	1		
7	电容器	C_2、C_4、C_6	10 μF/25 V	2		
8	电容器	C_3、C_5	1 μF/16 V	3		
9	发光二极管	D_1 ~ D_5	ϕ5 mm	5		
10	扬声器		4 Ω	1		
11	集成电路	IC_1	8002A	1		加引脚图
12	集成电路	IC_2	KA2284	1		加引脚图

2. 特殊元器件的外形

特殊元器件的外形如图 2-55 所示。

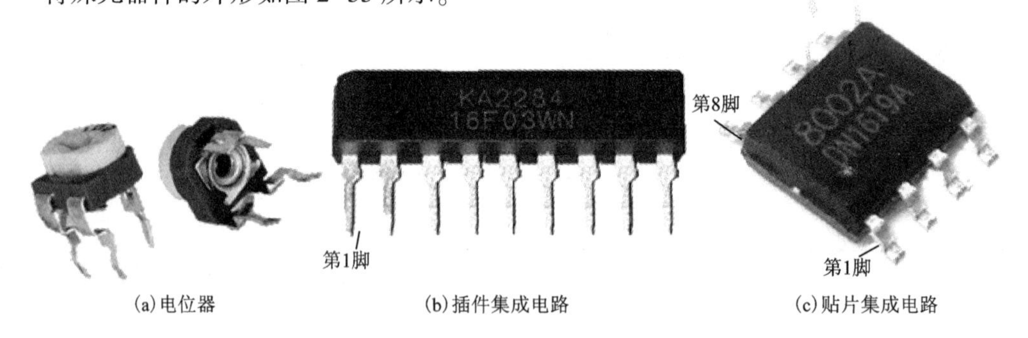

(a) 电位器　(b) 插件集成电路　(c) 贴片集成电路

图 2-55　特殊元器件外形图

3. 元器件的检测

(1) 电位器的检测

检测电位器时，首先要转动旋转轴或滑动把柄，看看旋转轴转动或把柄滑动是否平滑，开关是否灵活，开关通、断时，“喀哒”声是否清脆，并听一听电位器内部接触点和电阻体摩擦的声音，如有“沙沙”声，说明质量不好。

接着用万用表测量，如图 2-56 所示。在调整好万用表的电阻挡后，用表笔分别连接电位器的 1、3 引出端，就可以读出该电位器的标称阻值，如图 2-56(a)所示。然后将万用表两表笔分别连接 1、2 端或 2、3 端，如图 2-56(b)所示。缓慢地转动旋转轴或滑动把柄，观察表盘指针或液晶屏是否在连续、均匀地变化。如果发现有断续或跳动现象，说明该电位器存在着接触不良和阻值变化不匀问题。将电位器的转轴或把柄按逆时针方向旋至接近“关”的位置，这时电阻值越小越好。将检测结果填入表 2-23 中。

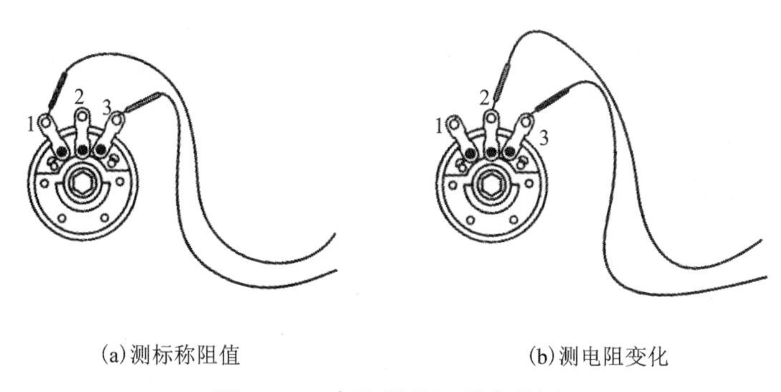

(a)测标称阻值　　(b)测电阻变化

图 2-56　电位器的万用表检测

(2)扬声器的检测

机械万用表：置于 $R\times1$ 挡，检测扬声器的阻值时，正常的扬声器就会发出“咯咯”的声音，并在表头上显示出直流电阻值；若无“咯咯”响声且电阻值为无穷大，则表明扬声器开路损坏。

数字万用表：选用蜂鸣挡或者电阻挡。用蜂鸣挡一般可以听到喇叭有轻微“咯咯”声；用电阻挡，两支表笔分别接喇叭的两根引线，测出的电阻值一般为几欧到十几欧，等于零说明喇叭的线圈内部短路；无穷大说明喇叭断线了。将检测情况填入表 2-23 中。

(3)其他元器件检测参照项目 1 方法进行检测。将检测情况填入表 2-23 中。

2.3.5　电路安装

1. 识读电路板

根据电路板实物，参考电路原理图清理电路，查看电路板是否有短路或开路地方，熟悉各器件在电路板中的位置。迷你小功放电路元器件布局如图 2-57 所示。

2. 安装原则

按先小件后大件的顺序安装，即按电阻器、电容器、电位器、集成电路、发光二极管的顺序安装焊接。

3. 贴片集成电路焊接方法

(1)用锡丝在 PCB 板上集成电路位置某角的一个引脚焊盘焊上一团锡。

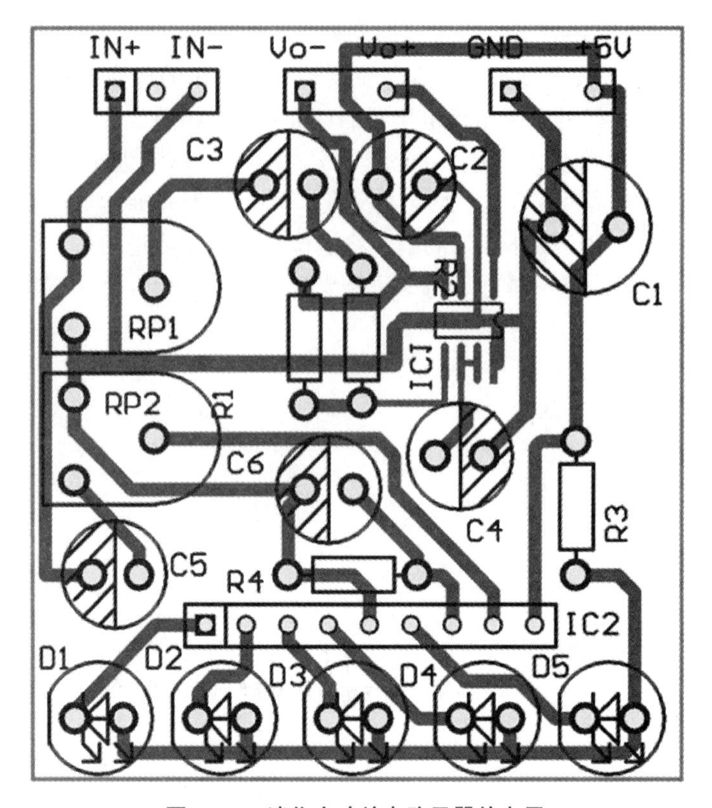

图 2-57　迷你小功放电路元器件布局

(2)用镊子夹起集成电路靠近那团锡，用烙铁烫熔那团锡并将集成电路各引脚与各焊盘对齐对准，烙铁离开，锡凝固，集成电路就预先固定下来了。

(3)没固定的另一排引脚开始焊，锡丝跟进烙铁头，烙铁一边带着锡左右轻靠集成引脚一边由上往下滑，并顺势将锡团引离走过的引脚。到最后一两脚时烙铁头多留的焊锡要甩掉再回头去吸掉末脚多余的锡，此时锡丝也要跟进有利于吸锡。以此方法焊完一排引脚后再去焊另外一排引脚。

4. 元器件安装

贴片集成电路按照贴片集成电路焊接方法进行安装，其余元器件参照项目 1 的安装方法进行安装即可。

2.3.6　电路调试与检测

1. 电路调试

(1)安装结束，检查焊点质量(重点检查是否有错焊、漏焊、虚假焊、短路)，检查元器件安装是否正确(重点检查电解电容、二极管极性，集成电路方向)，方可通电。

(2)通电观察电路是否有异常现象(声响、冒烟)，如有应立即停止通电，查明原因。

(3)通电后，输入音频信号，调节 R_{P1}，扬声器音量将随 R_{P1} 调节而发生变化。调节 R_{P2} 电平显示灵敏度也将发生变化。

2. 电路检测

通电情况下，按表 2-24 输入要求操作，用万用表检测集成电路各引脚电压，将测得结果填入表中。

表 2-24　迷你小功放关键点电压检测值

条件	IC_1							
	1	2	3	4	5	6	7	8
有信号输入								
无信号输入								
条件	IC_2							
	1	2	3	4	5	6	7	8
有信号输入								
无信号输入								

输入端接入幅度为 20 mV、频率为 1 kHz 的正弦交流信号，用示波器完成表 2-25 中各点波形的测量，将测量结果填入表中。

表 2-25　迷你小功放关键点波形测量表

输入波形（电位器中心抽头）	8002A 输出波形		
	第 1 脚	第 7 脚	喇叭两端

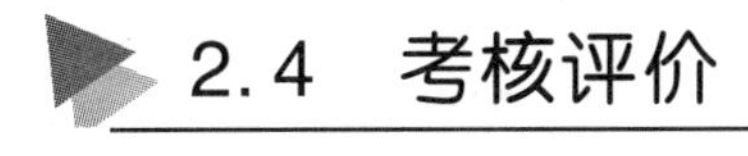

2.4　考核评价

迷你小功放的制作评价标准见表 2-26。

表 2-26　迷你小功放的制作评价标准

考核项目	评分点	分值	评分标准	得分
迷你小功放的制作	电路识图	5	能正确理解电路的工作原理，否则视情况扣 1~5 分	
	电路仿真	20	能使用仿真软件画出正确的仿真电路，计 12 分，有器件或连线错误，每处扣 2 分；能完成各项仿真测试，计 8 分，否则视情况扣 1~8 分	
	元器件成形、插装与排列	10	元器件成形不符合要求，每处扣 1 分；插装位置、极性错误，每处扣 2 分；元器件排列参差不齐，标记方向混乱，布局不合理，扣 3~10 分	
	元件质量判定	15	正确识别元件，每错一处扣 1 分，扣完为止	
	焊接质量	20	有搭锡、假焊、虚焊、漏焊、焊盘脱落、桥接等现象，每处扣 2 分；出现毛刺、焊料过多、焊料过少、焊接点不光滑、引线过长等现象，每处扣 2 分	
	电路调试	15	正确使用仪器仪表，写出数据测试和分析报告，记满分；不能正确使用仪表测量每次扣 3 分，数据测试错误每次扣 2 分，分析报告不完整或错误视情况扣 1~5 分，扣完为止	
	电路检修	15	通电工作正常，记满分；如有故障能进行排除，也记满分，不能排除，视情况扣 3~15 分	
小计		100		
职业素养与操作规范考核	学习态度	20	不参与团队讨论，不完成团队布置的任务，抄袭作业或作品，发现一次扣 2 分，扣完为止	
	学习纪律	20	每缺课一次扣 5 分；每迟到一次扣 2 分；上课玩手机、玩游戏、睡觉，发现一次扣 2 分，扣完为止	
	团队精神	20	不服从团队的安排，与团队成员间发生与学习无关的争吵，发现团队成员做得不好或不到位或不会的地方不指出、不帮助，团队或团队成员弄虚作假，每发现一次扣 5 分，扣完为止	
	操作规范	20	操作过程不符合安全操作规程，仪器设备的使用不符合相关操作规程，工具摆放不规范，物料、器件摆放不规范，工作台位台面不清洁、不按规定要求摆放物品，任务完成后不整理、清理工作台，任务完成后不按要求清扫场地内卫生，发现一项扣 2 分，扣完为止。如出现触电、火灾、人身伤害、设备损坏等安全事故，此项计 0 分	
	行为举止	20	着装不符合规定要求，随地乱吐、乱涂、乱扔垃圾（食品袋、废纸、纸巾、饮料瓶）等，语言不文明，讲脏话，每项扣 1~5 分，扣完为止	
小计		100		

说明：1. 本项目的项目考核、职业素养与操作规范考核按 10% 比例折算计入总分；

2. 根据全学期训练项目对应的理论知识在期末进行理论考核，本项目占理论考核试卷的 20%，期末理论考核成绩按 10% 折算计入总分。

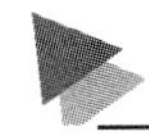

2.5 拓展提高

小蜜蜂扩音机的制作

小蜜蜂扩音机电路原理图如图 2-58 所示。请根据电路原理图及所学知识，分析电路工作原理，查阅相关资料，自行采购相应器件进行组装和调试，项目完成后，撰写制作心得体会。

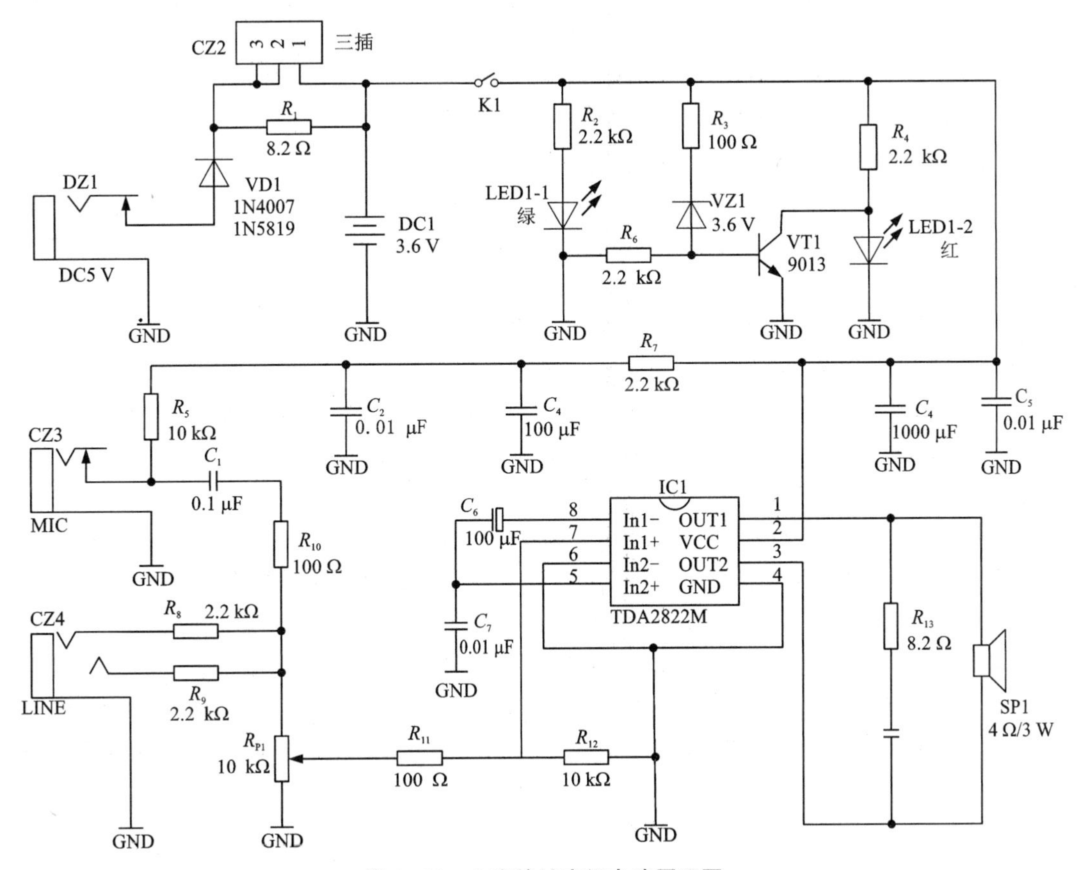

图 2-58　小蜜蜂扩音机电路原理图

2.6 同步练习

一、填空题

1. 已知一只三极管在 $U_{CE}=10\ V$ 时，测得当 I_B 从 0.04 mA 变为 0.08 mA，I_C 从 2 mA 变为 4 mA，这个三极管的交流电流放大系数 β 为______。

2. 有一个在放大电路上正常工作的三极管，已测得三个电极对地的直流电位分别为：$U_x=3.9\ V$，$U_y=9.8\ V$，$U_z=3.2\ V$，从上述数据中可判断三个电极，x 为____极，y 为____极，z 为____极，该三极管为____型三极管，所用的材料是____半导体材料。

3. 三极管的三个极限参数是________、________和__________。

4. 放大电路中以________为核心元件，它必须工作于______区。

5. 既能放大电压也能放大电流的是__________组态放大电路；可以放大电压，但不能放大电流的是________组态放大电路；只能放大电流，但不能放大电压的是________组态放大电路。

6. 三极管共射接法时，用____电流微小变化控制______电流较大变化，从而实现____放大作用。但输出变化能量是由______转化而来。

7. 集成运放由________、________、__________、__________四个基本部分组成。

8. 为了使集成运放工作在线性工作区，必须在集成运放外部引入____反馈，令其工作在闭环状态。

9. 集成运放第一级采用差分放大电路主要是为了减小______；中间级采用____负载放大电路，以提高电压放大倍数；末级采用______电路，以提高带负载能力。

10. 集成运放工作在非线性状态时(开环或正反馈)，若同相输入端电压大于反相输入端电压，输出为__________；反相输入端电压大于同相输入端电压，输出为__________。

11. 集成运放的非线性运用主要有________电压比较器和________电压比较器两种。

12. 有两种互补对称功放电路，它们是______和______电路；互补对称功放电路两只功放管必须一只是______型，另一只是______型。

二、选择题

1. 三极管工作在饱和区域时，(　　)。

A. 发射结正向偏置，集电结反向偏置　　B. 发射结正向偏置，集电结正向偏置

C. 发射结反向偏置，集电结反向偏置　　D. 发射结反向偏置，集电结正向偏置

2. 在三极管的输出特性曲线簇中，每条曲线与(　　)对应。

A. I_E　　B. U_{BE}　　C. I_B　　D. U_{CE}

3. 共基极放大电路中三极管的三个电极的电流关系是(　　)。

A. $I_E=I_C+I_B$　　B. $I_C=I_E+I_B$　　C. $I_B=I_C-I_E$　　D. $I_B=I_C+I_E$

4. 测得工作在放大状态的某三极管两个电极的电流如图 2-59 所示，那么：

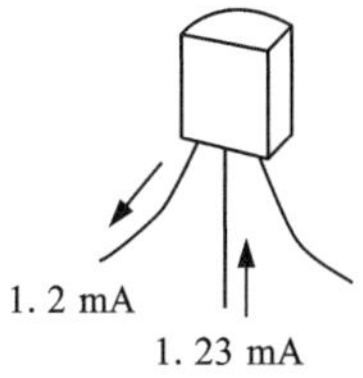

(1)第三个电极的电流大小、方向和三极管引脚自左至右的顺序分别为(　　)。

A. 0.03 mA，流进三极管；c、e、b

B. 0.03 mA，流出三极管；c、e、b

C. 0.03 mA，流进三极管；e、c、b

D. 0.03 mA，流出三极管；e、c、b

1.2 mA

1.23 mA

图 2-59

(2)管子导电类型和 $\bar{\beta}$ 值为(　　)。

A. NPN 型管；$\bar{\beta}=41$　　B. PNP 型管；$\bar{\beta}=40$

C. PNP 型管；$\bar{\beta}=41$　　D. NPN 型管；$\bar{\beta}=40$

5. 三极管工作在(　　)，呈高阻状态，各电极之间近似看作开路；工作在(　　)，呈低阻状态，各电极之间近似看作短路。

A. 截止区　　B. 过损耗区　　C. 放大区　　D. 饱和区

6. 测得电路中三极管各电极相对于地的电位如图 2-60 所示，从而可判断出该三极管工作在(　　)。

A. 饱和状态　　B. 放大状态

C. 倒置状态　　D. 截止状态

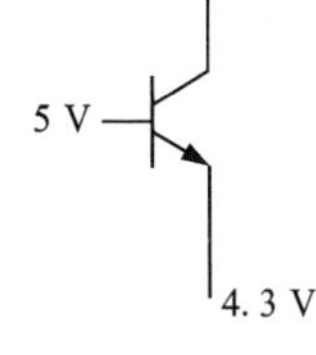

图 2-60

7. 某三极管工作在放大状态，其引脚电位如图 2-61 所示，则该管是(　　)。

A. PNP 型硅管　　B. NPN 型硅管

C. PNP 型锗管　　D. NPN 型锗管

8. 放大电路的三种组态都具有(　　)。

A. 电流放大作用　　B. 电压放大作用

C. 功率放大作用　　D. 储存能量作用

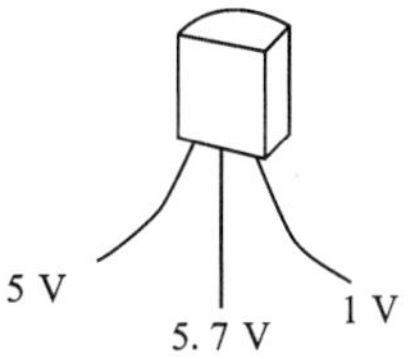

5 V　5.7 V　1 V

图 2-61

9. 射极输出器的输入电阻大，这说明该电路(　　)。

A. 带负载能力强　　B. 带负载能力差

C. 不能带动负载　　D. 能减轻前级放大电路或信号源的负荷

10. 测得放大电路的开路输出电压为 6 V，接入 2 kΩ 负载电阻后，其输出电压降为 4 V，则此放大电路的输出电阻(　　)。

A. $R_o=1$ kΩ　　B. $R_o=2$ kΩ　　C. $R_o=4$ kΩ　　D. $R_o=6$ kΩ

11. 分压式偏置电路利用(　　)的负反馈作用来稳定工作点。

A. 电容　　B. 基极电阻　　C. 集电极电阻　　D. 发射极电阻

12. 关于射极输出器的叙述，错误的是(　　)。

A. 电压放大倍数略小于1，电压跟随特性好

B. 输入阻抗低，输出阻抗高

C. 具有电流放大能力和功率放大能力

D. 一般不采用分压式偏置，是为了提高输入阻抗

13. 反馈放大电路的含义是(　　)。

A. 输出与输入之间有信号通路

B. 电路中存在使输入信号削弱的反向传输通路

C. 除放大电路以外还有信号通路

D. 电路中存在反向传输的信号通路

14. 集成运放的输入级一般采用(　　)电路。

A. 差分放大　　B. 共集电极放大　　C. 共射放大　　D. 功率放大

15. 在 OCL 电路中，引起交越失真的原因是(　　)。

A. 输入信号大　　B. 三极管 β 过大

C. 电源电压太高　　D. 三极管输入特性的非线性

三、分析题

1. 查阅半导体器件手册，填写表 2-27 中内容。

表 2-27　半导体参数填写表

型号	类型	材料	I_{CM}	P_{CM}	$U_{(BR)CEO}$
2N2148					
2SA1268					
2SC1953					
3DG100A					
9012					

2. 一只三极管的基极电流 $I_B = 80$ mA，集电极电流 $I_C = 1.5$ mA，能否从这两个数据来确定管子的电流放大系数，为什么？

3. 三极管如图 2-62 所示，已测得 $I_1 = 1.5$ mA，$I_2 = 0.03$ mA，$I_3 = 1.53$ mA，则该三极管的三个引脚分别为：

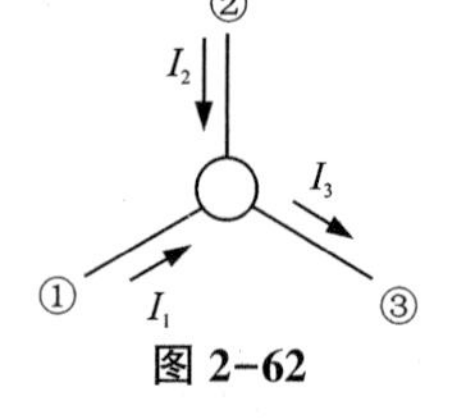

图 2-62

第①脚为____极；

第②脚为____极；

第③脚为____极。

4. 测得电路中几只三极管的各电极对地电位如图 2-63 所示。试判断它们的工作状态。

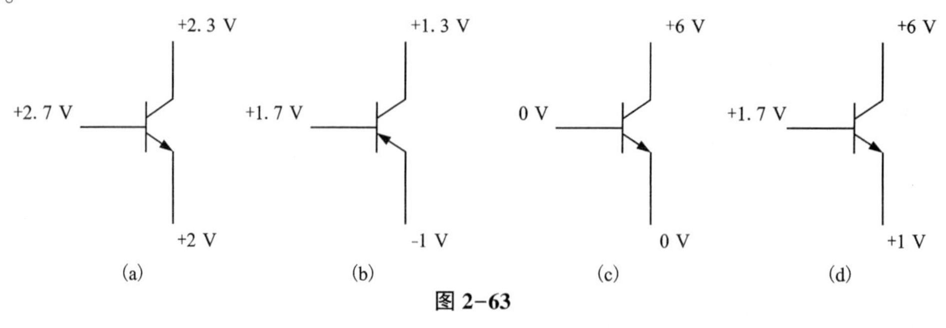

图 2-63

5. 测得工作在放大状态的某三极管的两个电极的电流如图 2-64 所示。

(1)求另一个电极电流，并在图中标出实际电流方向。

(2)判断并标出 e、b、c 电极。

(3)估算 β 值。

2.2 mA　2.3 mA

图 2-64

6. 有两只三极管在放大电路中，看不出它们的型号和标记，但测得放大电路中两只三极管的三个电极对地电位。试判断它们是硅管还是锗管、是 PNP 型还是 NPN 型，并确定 e、b、c 极。

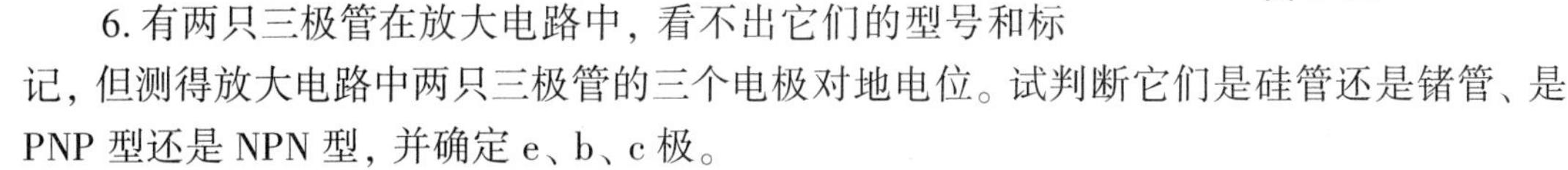

(1) $U_1=-1.5$ V____极，$U_2=-4$ V____极，$U_3=-4.7$ V____极，____管，____型。

(2) $U_1=2$ V____极，$U_2=5.8$ V____极，$U_3=6.2$ V____极，____管，____型。

7. 有一只三极管，当基极电流 I_B 由 2 mA 增加到 5 mA 时，集电极电流 I_C 由 100 mA 增加到 250 mA。

(1)求 $I_B=2$ mA 和 5 mA 时发射极电流的大小。

(2)求 I_B 从 2 mA 变化到 5 mA 时，基极电流、集电极电流、发射极电流的增量 Δi_B、Δi_C 和 Δi_E。

(3)求 $I_B=2$ mA 和 5 mA 时的 β。

(4)求 $\bar{\beta}$。

8. 在图 2-65 所示电路中，已知 $V_{CC}=12$ V，$R_c=2$ kΩ，$\beta=50$，$U_{CE}=4$ V，求 R_b。

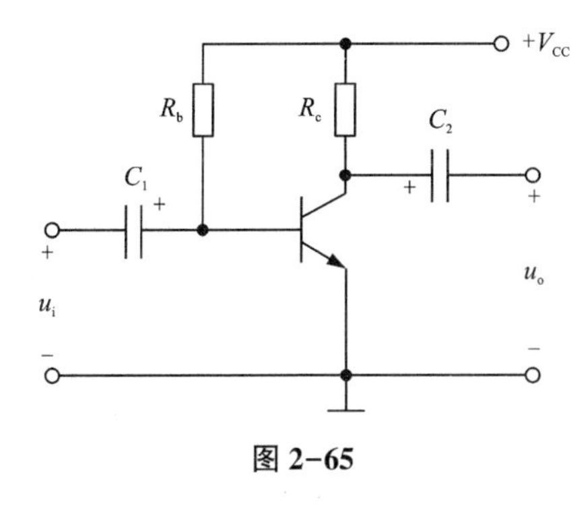

图 2-65

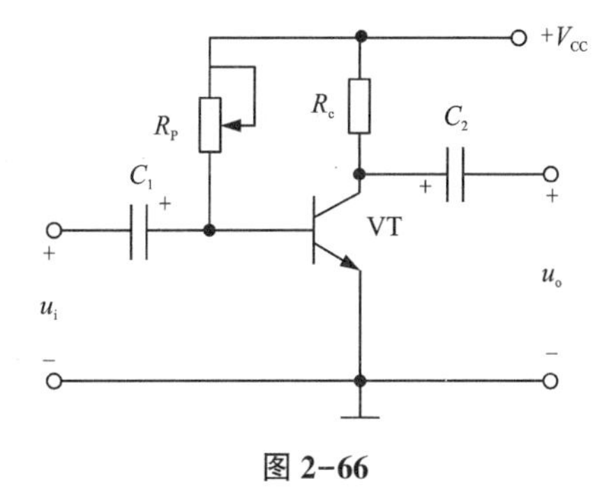

图 2-66

9. 放大电路如图 2-66 所示，VT 为 NPN 型锗管：

(1)设 $V_{CC}=12$ V，$R_c=3$ kΩ，$\beta=70$，欲将 I_C 调至 1.5 mA，R_P 应取多大？

(2)电路参数同上，如将 U_{CE} 调至 3.3 V，R_P 应取多大？

10. 在图 2-67 所示电路中，已知 $V_{CC}=12$ V，$R_{b1}=20$ kΩ，$R_{b2}=10$ kΩ，$R_c=3$ kΩ，$R_e=2$ kΩ，$R_L=3$ kΩ，$\beta=50$。(1)试估算静态工作点；(2)求电压放大倍数；(3)求输入电阻和输出电阻。

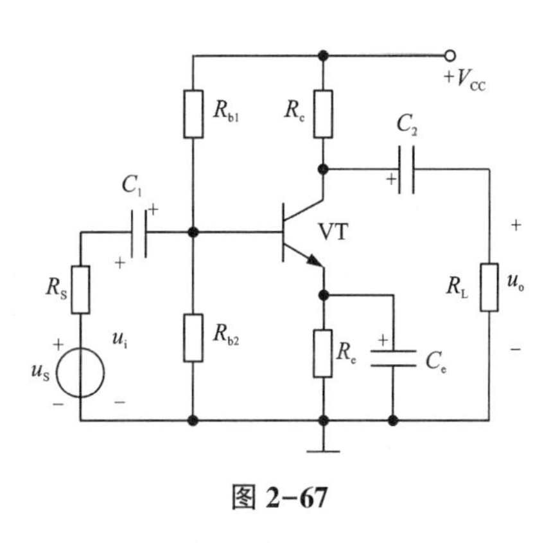

图 2-67

11. 图 2-68 所示电路为集成运放的一些基本应用电路，集成运放的最大输出电压为±12 V。

(1)指出各运放组成何种基本应用电路。

(2)当 $u_{I1}=1$ V，$u_{I2}=2$ V 时，写出各电路输出电压 u_O 的表达式，并计算 u_O 的值。

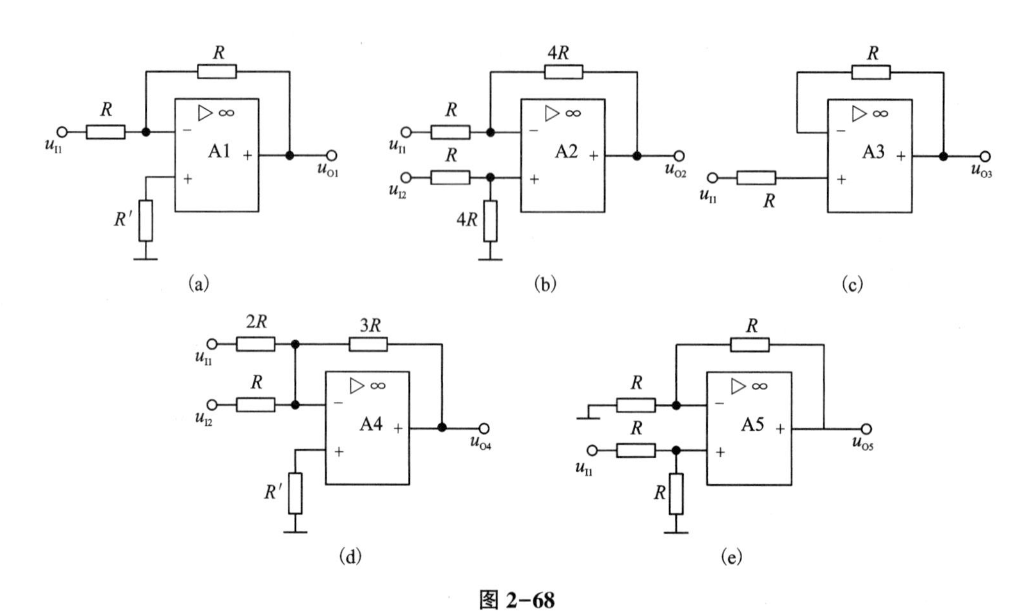

图 2-68

12. 如图 2-69 所示电路：

(1)指出 A1、A2 分别构成何种基本电路。

(2)写出 u_O 与 u_{I1} 和 u_{I2} 的关系式。

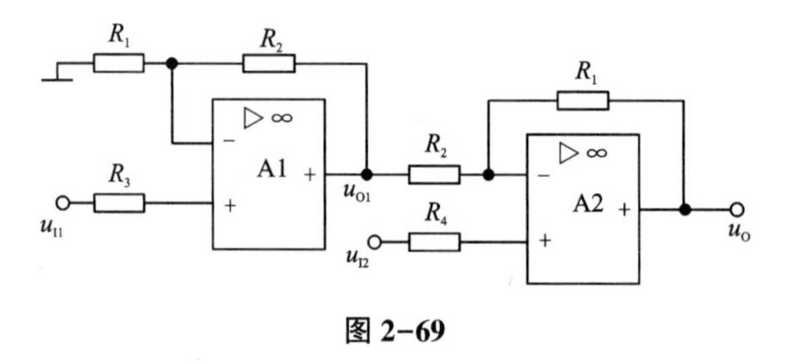

图 2-69

13. 在图 2-70 所示电路中，其电压放大倍数由开关 S 控制，试求 S 闭合时和 S 断开时的电压放大倍数。

14. 求图 2-71 所示电路中 u_O 和 u_I 之间的运算关系。

15. 如图 2-72 所示电路，已知 $R=R_1=10$ kΩ，$R_2=20$ kΩ，运算放大器最大输出 12 V，最小输出为 −12 V。试求电路的两个门限电压，并画出电路输入

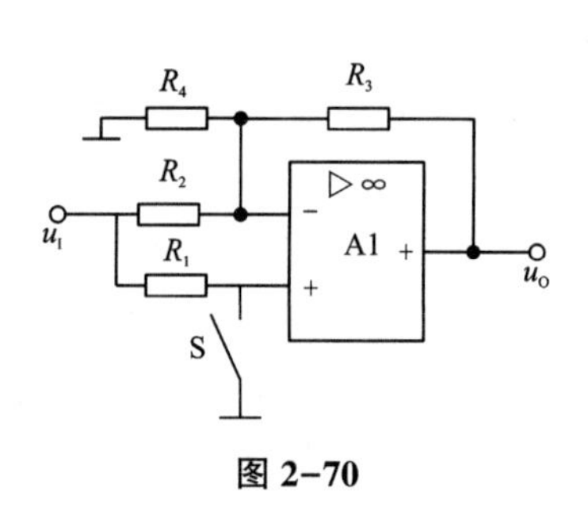

图 2-70

与输出之间的传输特性曲线。

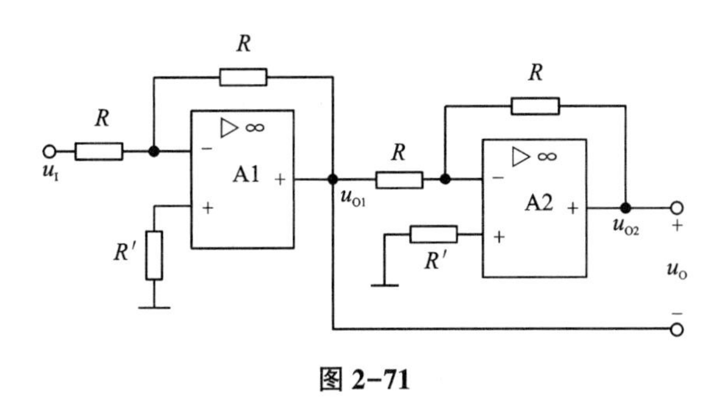

图 2-71

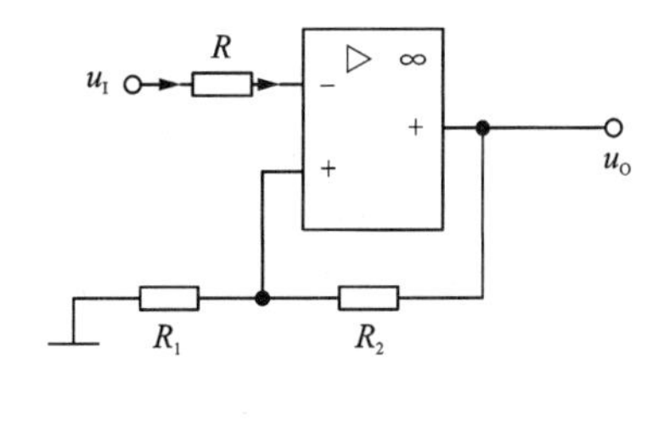

图 2-72

16. 电路如图 2-73 所示，$V_{CC}=12$ V，问：

(1) VD_1、VD_2 有何作用？

(2) 理想情况下，输出功率 P_{om} 是多少？

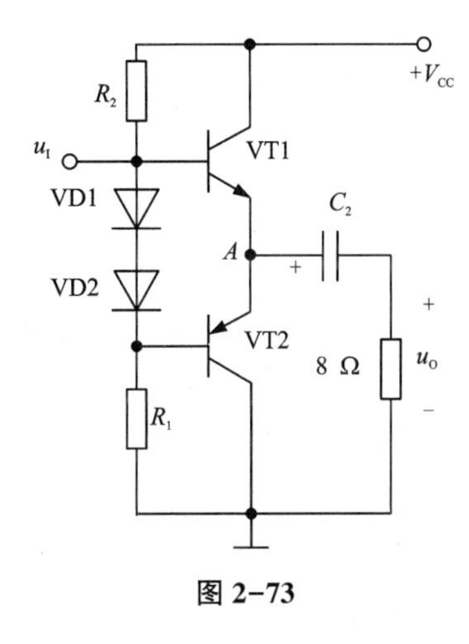

图 2-73

项目3

简易金属探测器的制作

3.1 项目描述

本项目介绍的简易金属探测器(图3-1)，是通过对金属物的探测来控制高频振荡器的工作状态，再由高频振荡器通过开关电路来控制蜂鸣器发声。当无金属物体接近金属探测器时，高频振荡器正常工作，检测开关电路关闭，指示灯不亮，蜂鸣器不发声；当有金属物体接近金属探测器时，高频振荡器停止工作，检测开关电路接通，指示灯发亮，蜂鸣器发出蜂鸣声。通过本项目的学习与实践，可以让读者获得如下知识和技能：

图3-1 简易金属探测器

1. 了解正弦波振荡器的自激振荡过程；
2. 理解正弦波振荡器的结构方框图；
3. 掌握 *LC* 振荡器类型及工作原理，掌握 *RC* 振荡器的工作原理；
4. 会对 *LC* 振荡器、*RC* 振荡器是否振荡进行判断；
5. 会估算 *LC* 振荡器、*RC* 振荡器的振荡频率；
6. 了解石英晶体的特点和石英晶体振荡器的类型；
7. 会使用 NI Multisim 14.0 仿真软件对电路进行仿真实验；
8. 具有一定的电子产品装接、检测和维修能力。

3.2 知识准备

要完成以上要求的简易金属探测器的制作，需要具备以下一些相关知识和技能，下面分别进行阐述。

3.2.1 振荡的基本知识

任务导引

在报告会或演唱会上，使用扩音机时，如果话筒与扬声器的位置较近或相互面对面，将导致扬声器发出尖锐的啸叫声，这是什么原因呢？

一、自激振荡的形成

在报告会或演唱会上，使用扩音机时，如果话筒与扬声器的位置较近或相互面对面，将导致扬声器发出尖锐的啸叫声。如果不马上处理，可能导致话筒或扬声器的损坏。从图3-2中可以看出，从扬声器发出的声音又反馈到话筒中，话筒将声音变换为电信号，经扩音机放大后再推动扬声器发声，形成了正反馈。这样周而复始，使放大后的信号幅度越来越大，形成了啸叫声，这种情况称为自激振荡。

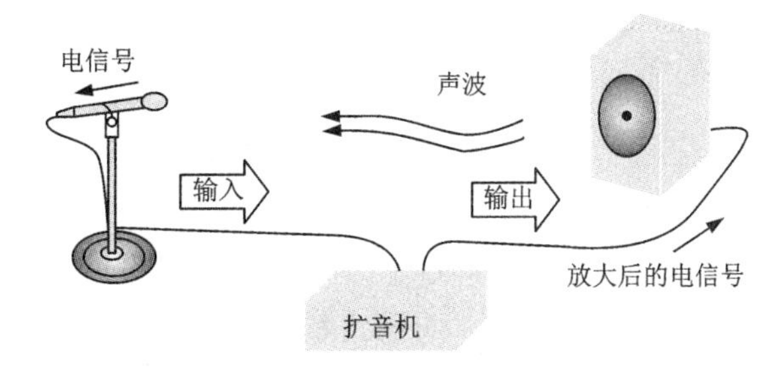

图 3-2　扩音系统中的自激振荡

放大器的自激振荡是不允许的，因为放大器振荡起来以后，振荡电压的幅度很大，真正的输入信号被“淹没”，从而使得放大器失去放大能力。但是，无线电通信、高频感应炉、半导体接近开关等又需要一种能产生一定幅度和一定频率的正弦波振荡电路。这种电路通常都是利用放大器自激振荡的原理制成的，所以自激振荡也有有利的一面，并且可以加以利用。

二、正弦波振荡器的组成

从电路结构上看，正弦波振荡器就是一个没有输入信号的正反馈放大器。如果一个放大器的输入端不接外加的信号，而有正弦波信号输出，这种电路就称为正弦波自激振荡器，简称正弦波振荡器，如图 3-3 所示。

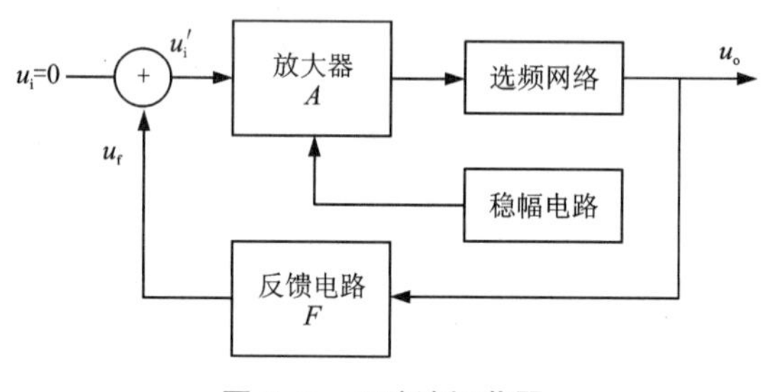

图 3-3　正弦波振荡器

正弦波振荡器由放大器、反馈电路、选频网络和稳幅电路等四大部分组成。

1. 放大器

具有放大信号的作用，并将直流电能转换成振荡的能量。

2. 反馈电路

将输出信号正反馈到放大器的输入端，作为输入信号，使电路产生自激振荡。

3. 选频网络

其功能是选择某一频率(f_0)的信号，使电路在这一频率下产生振荡。

4. 稳幅电路

用于稳定输出电压振幅，改善振荡波形。

三、自激振荡的建立与稳幅

在图 3-3 中，当输入信号 u_i 为零时，反馈量等于净输入量($u_f=u_i'$)。由于电路通电的瞬间，电路会产生微小的噪声或扰动信号，它含有各种不同频率的正弦波，如果电路只对其中频率为 f_0 的正弦波产生正反馈过程，则输出信号 $u_o\uparrow\to u_f\uparrow(u_i'\uparrow)\to u_o\uparrow\uparrow$，经选频后，电路把 $f\neq f_0$ 的信号输出量衰减为零，而仅放大输出 $f=f_0$ 的正弦波。于是 u_o 幅度越来越大。由于管子的非线性特性，当 u_o 的幅值增大到一定程度时，放大倍数将减小(稳幅)，因此，u_o 不会无限制增大，当 u_o 增大一定数值时，电路达到动态平衡。这时，输出量通过反馈网络产生反馈量作为放大器的输入量，而输入量又通过放大器维持着输出量，如此循环。

四、自激振荡产生的条件

自激振荡电路的任务就是要能够产生振荡并维持振荡持续不停，即反馈信号不仅要与原信号相位相同，而且幅度也要相等。

1. 相位平衡条件

由于电路中存在电抗元件，放大器和反馈电路都会使信号产生一定的相移，因此，要维持振荡，电路必须是正反馈，其条件是

$$\varphi=0$$

或
$$\varphi=\varphi_A+\varphi_F=2n\pi(n=0,1,2,3,\cdots) \tag{3-1}$$

式中：φ_A 为放大器的相移；φ_F 为反馈电路的相移；φ 为相位差。

相位平衡条件说明，反馈电压的相位与净输入电压的相位必须相同，即反馈回路必须是正反馈。

2. 振幅平衡条件

由放大器输出端反馈到放大器输入端的信号强度要足够大，即满足自激振荡的振幅平衡条件

$$AF\geqslant 1 \tag{3-2}$$

式中：$AF>1$ 为起振条件；$AF=1$ 为平衡条件。

在图3-3中，A 是放大器的放大倍数，F 是反馈电路的反馈系数，u_i'是放大器的净输入信号。

振幅平衡条件说明，要维持等幅振荡，反馈电压的大小必须等于净输入电压的大小，即 $u_f=u_i'$。

3.2.2 LC 振荡器

任务导引

从自激振荡的稳幅中可以看出，要维持振荡，只有对输出信号进行选频，然后通过正反馈送到输入端，且反馈信号不小于原输入信号才能实现。在电工技术中我们知道 *LC* 并联网络具有选频特性，那么，能否利用 *LC* 并联网络这一特性来制作正弦波振荡器呢？振荡器的振荡频率与 *L*、*C* 的参数又有怎样的关系呢？

LC 振荡器是一种高频振荡电路。常用的 *LC* 正弦波振荡器有变压器反馈式、电感三点式和电容三点式三种。

一、*LC* 并联网络的选频特性

LC 正弦波振荡器采用 *LC* 并联谐振网络做选频网络，如图3-4所示，其中 *R* 表示电感的等效损耗电阻。

电感、电容对不同频率的输入信号呈现不同的阻抗，在信号频率f较低时，电容的容抗很大，网络呈感性；信号频率f较高时，网络呈容性；只有当$f=f_0$时，网络才呈阻性，相移$\varphi=0$。可见LC并联网络具有选频特性。若忽略电阻R的影响，LC并联谐振网络的谐振频率为

$$f_0=\frac{1}{2\pi\sqrt{LC}} \tag{3-3}$$

式中：f_0为电路的振荡频率，单位为Hz；L为谐振网络的总电感，单位为H；C为谐振网络的总电容，单位为F。

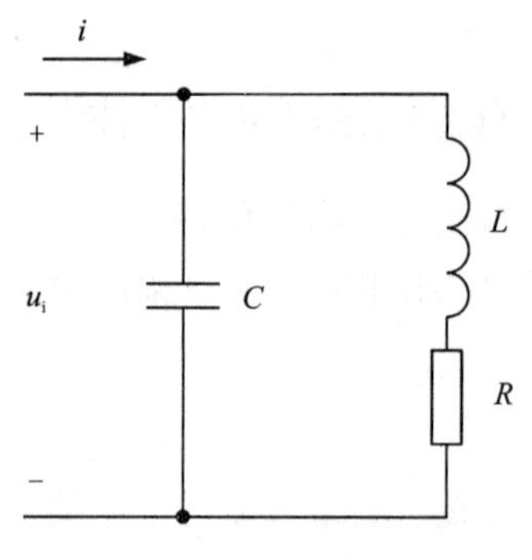

图 3-4　LC 并联谐振电路

二、变压器反馈式振荡器

1. 电路组成

图3-5(a)所示为变压器反馈式振荡器原理图，图3-5(b)所示为其简化的交流通路。R_{b1}、R_{b2}和R_e为偏置电阻，为电路提供稳定的静态工作点；L_1和C组成了选频网络；L_2为反馈绕组，将振荡信号的一部分反馈到输入端；L_3为信号输出绕组；C_b为耦合电容；C_e为旁路电容，它使三极管发射极高频接地。

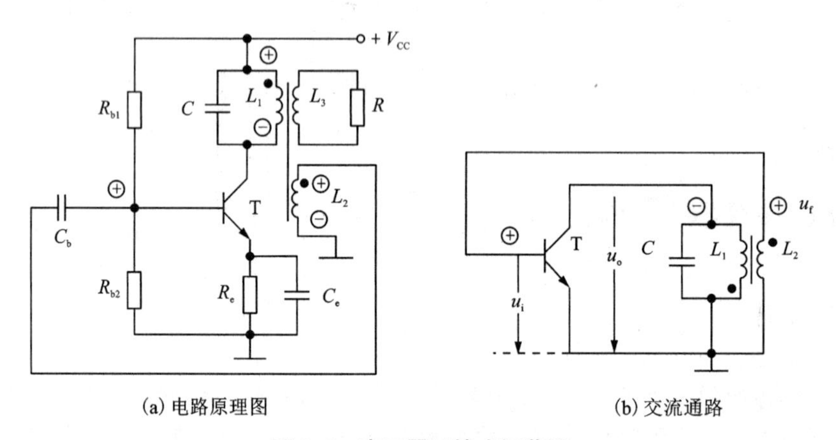

(a) 电路原理图　　(b) 交流通路

图 3-5　变压器反馈式振荡器

做中学、做中教

打开NI Multisim 14.0仿真软件，按图3-6所示电路调入对应器件并连接好电路，用示波器测量输出波形，用频率计测量输出频率，并拨动开关进行对比。

2. 振荡原理

采用瞬时极性法判断。从三极管基极引入一个u_i，其瞬时极性为"+"，如图3-5(b)所示，则集电极输出信号瞬时极性为"−"，电感L_1上"−"下"+"，通过互感按同名端关系，电

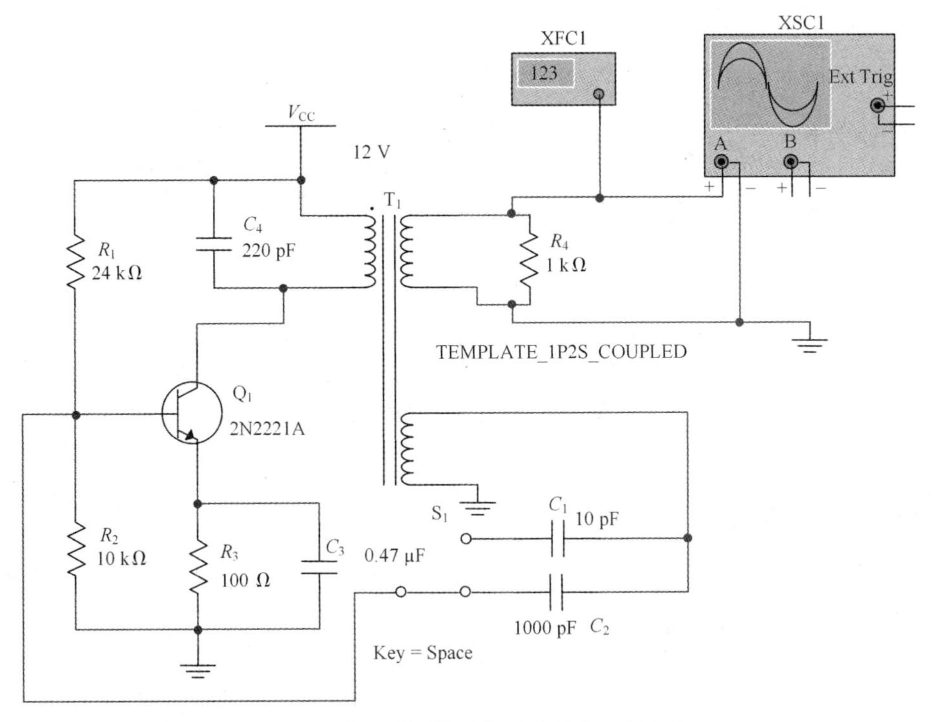

图 3-6 变压器反馈式振荡器仿真实验电路

感 L_2 上"+"下"-"，反馈到基极的 u_f 的瞬时极性为"+"，即正反馈，因此，电路满足相位平衡条件。改变绕组 L_1 的匝数，可以调节反馈量的强度，使电路满足振幅平衡条件，就能振荡，产生一定频率的正弦信号。

3. 振荡频率

电路的振荡频率等于 LC 并联电路的谐振频率，即

$$f_0 \approx \frac{1}{2\pi\sqrt{L_1 C}} \tag{3-4}$$

4. 电路优缺点

变压器反馈式振荡器容易起振，振荡频率一般为几千赫至几兆赫。

三、电感三点式振荡器

1. 电路组成

图 3-7(a)所示为电感三点式振荡器原理图，图 3-7(b)所示为其简化的交流通路。R_{b1}、R_{b2} 和 R_e 为偏置电阻，为电路提供稳定的静态工作点；L_1、L_2 和 C 组成了选频网络，反馈电压取自 L_2 两端；C_b 为耦合电容，使基极通过 C_b 接到电感的 3 端；C_e 为旁路电容，它使三极管发射极高频接地，并通过电源接到电感的 2 端；集电极接电感的 1 端。由于电感的三个引出端分别与三极管的三个电极相连，所以称为电感三点式振荡器。

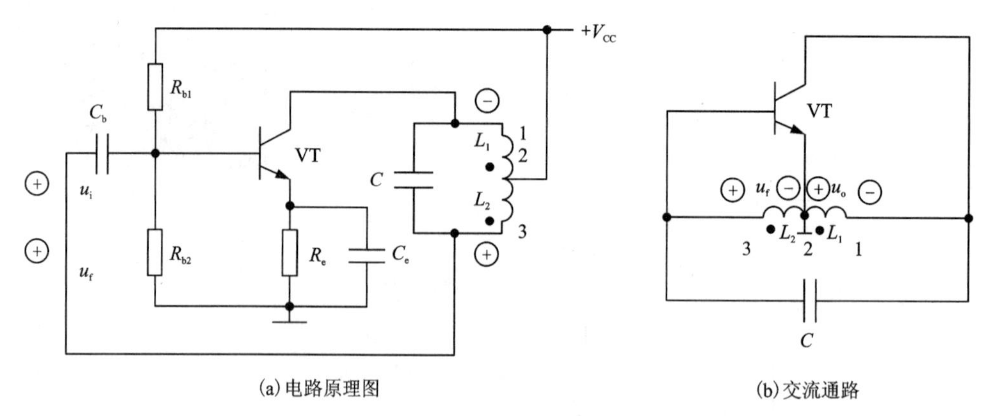

图 3-7　电感三点式振荡器

做中学、做中教

打开 NI Multisim 14.0 仿真软件，按图 3-8 所示电路调入对应器件并连接好电路，用示波器测量输出波形，用频率计测量输出频率。

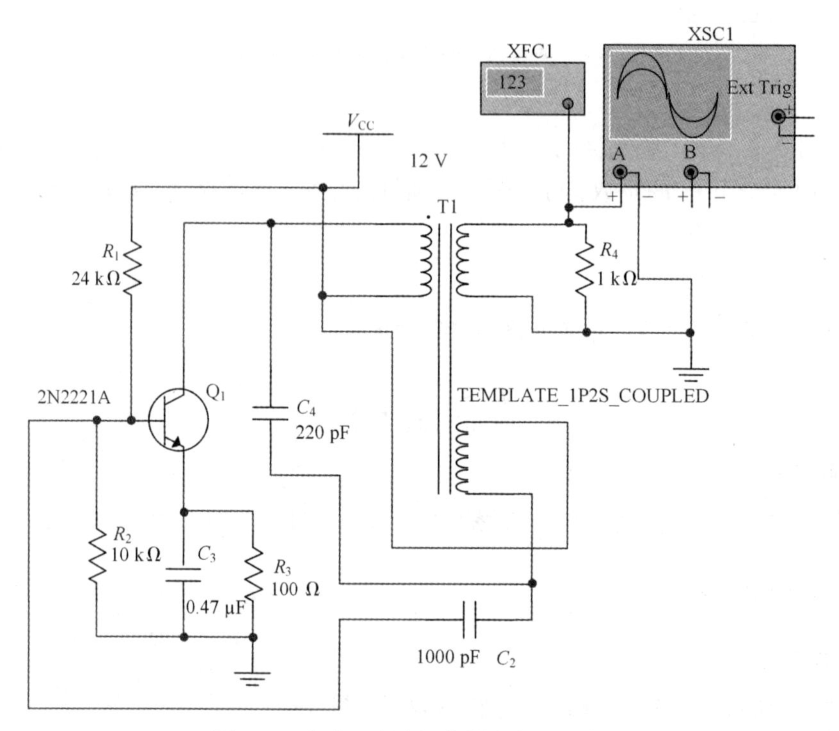

图 3-8　电感三点式振荡器仿真实验电路

2. 振荡原理

采用瞬时极性法判断。从三极管基极引入一个 u_i，其瞬时极性为“+”，如图 3-7(b)所示，则集电极输出信号瞬时极性为“-”，电感 L_2 的 3 端为“+”，反馈到基极的 u_f 的瞬时极性为“+”，即正反馈，因此，电路满足相位平衡条件。改变绕组的抽头，可以调节反馈量的强度，使电路满足振幅平衡条件，就能振荡，产生一定频率的正弦信号。

3. 振荡频率

电路的振荡频率等于 LC 并联电路的谐振频率，即

$$f_0 = \frac{1}{2\pi\sqrt{LC}} \tag{3-5}$$

式中：$L=L_1+L_2+2M$，其中 M 是 L_1 与 L_2 之间的互感系数。

4. 电路优缺点

电感三点式振荡电路结构简单，容易起振，改变绕组抽头的位置后可调节振荡电路的输出幅度。采用可变电容 C 可获得较宽的频率调节范围，工作频率一般可达几十千赫至几十兆赫。但其波形较差，频率稳定性也不高，通常用于对波形要求不高的设备中，如接收机的本机振荡器等。

四、电容三点式振荡器

1. 电路组成

图 3-9(a)所示为电容三点式振荡器原理图，图 3-9(b)所示为其简化的交流通路，采用分压式偏置的共射放大器。选频网络由电感 L 和电容 C_1、C_2 组成，选频网络中的 1 端通过输出耦合电容 C_c 接 VT 的集电极，2 端通过旁路电容 C_e 接 VT 的发射极，3 端通过耦合电容 C_b 接 VT 的基极。由于电容的三个端子分别与三极管 VT 的三个电极相连，故称电容三点式振荡电路。反馈信号 u_f 取自电容 C_2 两端，送到三极管 VT 的输入端基极。

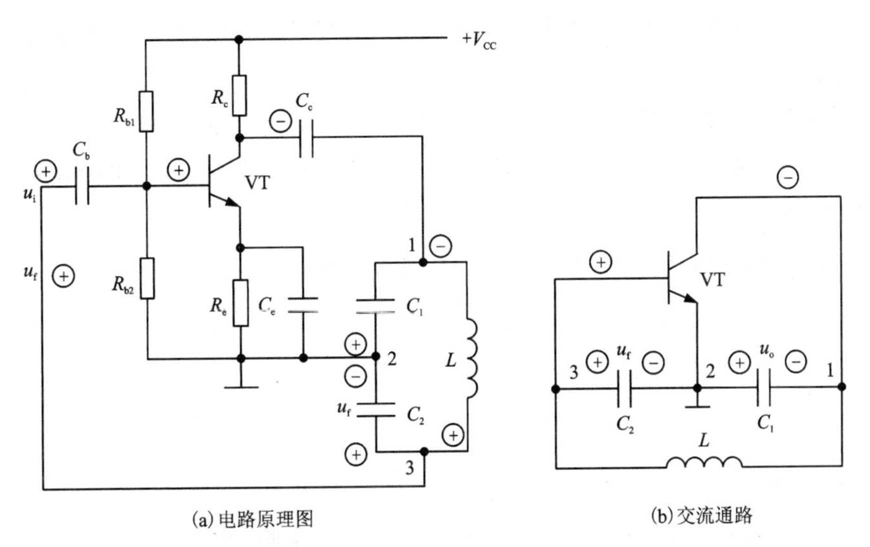

图 3-9 电容三点式振荡器

做中学、做中教

打开 NI Multisim 14.0 仿真软件，按图 3-10 所示电路调入对应器件并连接好电路，运行仿真软件，用示波器测量输出波形，用频率计测量输出频率。

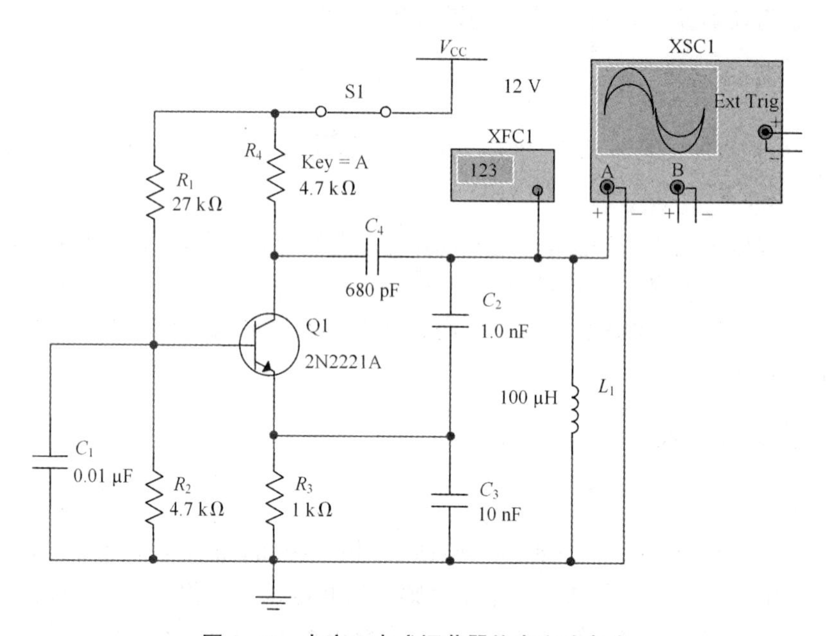

图 3-10　电容三点式振荡器仿真实验电路

2. 振荡原理

用瞬时极性法判断。从三极管基极引入一个 u_i，其瞬时极性为“+”，则集电极为“-”，LC 回路 1 端为“-”，C_1、C_2 连接点接地，LC 回路 3 端为“+”，C_2 的电压反馈到基极为“+”，各点瞬时极性变化如图 3-9(b)所示。可以看出，u_f 与 u_i 同相，即电路为正反馈，满足相位平衡条件。适当选择 C_1 和 C_2 的数值，就能满足幅度平衡条件，电路起振。

3. 振荡频率

振荡频率由 LC 回路谐振频率确定，电路的振荡频率为

$$f_0 = \frac{1}{2\pi\sqrt{LC}} \tag{3-6}$$

式中：$C=\dfrac{C_1C_2}{C_1+C_2}$。

4. 电路优缺点

电容三点式振荡电路结构简单，输出波形较好，振荡频率较高，可达 100 MHz 以上。调节 C_1 或 C_2 可以改变振荡频率，但同时会影响起振条件，因此，这种电路适用于产生固定频率的振荡。实际应用中改变频率的办法是在电感 L 两端并联一个可变电容，用来微调频率。

3.2.3 技能实训

变压器反馈式 *LC* 振荡器的调试

1. 任务目标

(1)会根据图 3-11 所示电路原理图绘制电路安装布线图；

(2)会在通用印制电路板上搭接变压器反馈式 *LC* 振荡器；

(3)说明电路中各元器件作用，并能检测元器件；

(4)能用万用表对电路进行电压测量，能用示波器对输出波形进行测量；

(5)提高电子产品装接、检测能力。

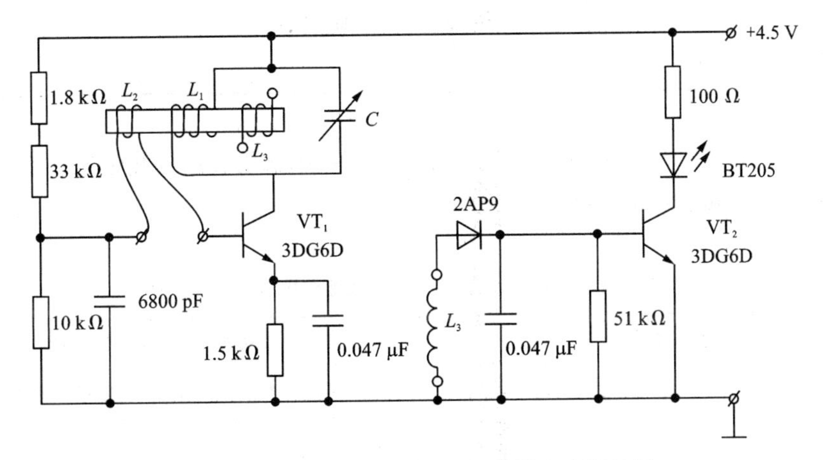

图 3-11　变压器反馈式 *LC* 振荡器电路原理图

2. 实施步骤

(1)装调流程

绘制安装布线图→清点元器件→元器件检测→插装和焊接→通电前检查→通电调试与测量→数据及波形记录。

(2)装调步骤

①安装振荡线圈以外的电路，振荡回路的电容 C 为空气介质的可变电容器，最大容量约为 360 pF。

②安装振荡线圈，L_1 为 50 匝，L_2 为 5 匝，L_3 为 20 匝，均绕在晶体管收音机用的磁性天线(磁棒)上。其中 L_2 为活动线圈，可从磁棒左端套入和取出，如套入的方向不同，就可实现正反馈或负反馈。

3. 调试与记录

检查元器件安装正确无误后，才可以接通电源。测量时，先连线后接电源(或断开电源开关)，拆线、改线或检修时一定要先关电源。

(1)分两种方向套入活动线圈 L_2，用万用表测量三极管各极直流电压，用示波器测量输出波形，将结果填入表 3-1 内。

表 3-1　变压器反馈式 *LC* 振荡器振荡参数记录表(1)

顺向套入活动线圈 L_2				反向套入活动线圈 L_2			
VT_1 各极电压			L_3 两端电压波形	VT_1 各极电压			L_3 两端电压波形
B	C	E		B	C	E	
VT_2 各极电压				VT_2 各极电压			
B	C	E		B	C	E	
电路振荡状态				电路振荡状态			

(2)在正常振荡的情况下，调节可变电容器 C，根据输出波形变化情况，计算输出频率的变化范围，将结果填入表 3-2 内。

表 3-2　变压器反馈式 *LC* 振荡器振荡范围参数记录表(2)

可变电容器 C 最大时		可变电容器 C 最小时	
L_3 两端电压波形	振荡频率的计算	L_3 两端电压波形	振荡频率的计算

(3)在正常振荡的情况下，将活动线圈 L_2 匝数减少到 2 匝，看电路能否正常振荡，并分析原因。

3.2.4　*RC* 振荡器

任务导引

LC 振荡器一般用来产生频率为几千赫到几百兆赫的振荡。如果要产生几百赫或更低频率的振荡时，则 L 和 C 的取值就相当大，而大电感、大电容的制作比较困难，而且也不经济。使用 *RC* 串并联网络来制作的 *RC* 振荡器能很好地解决这个问题。那么，*RC* 振荡器又是怎样工作的呢？它的振荡频率又由哪些参数决定呢？

一、RC 串并联网络的选频特性

将电阻 R_1 与电容 C_1 串联、电阻 R_2 与电容 C_2 并联所组成的网络称为 RC 串并联网络，如图 3-12(a)所示。一般为了调节方便，通常选取 $R_1=R_2=R$，$C_1=C_2=C$。从图 3-12(b)可以发现，给 RC 串并联网络输入幅度相同但频率不同的信号，输出信号的幅度也不相同。

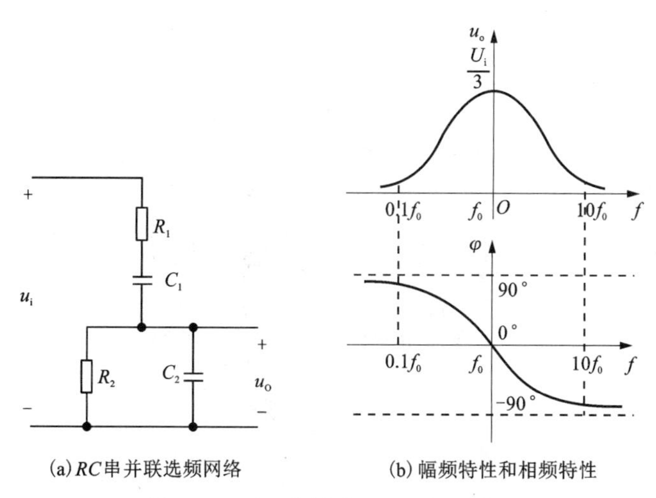

(a) RC串并联选频网络　　(b) 幅频特性和相频特性

图 3-12　RC 串并联网络及频率响应

理论和实践证明：

(1) 当输入信号频率 f 等于 RC 串并联网络的谐振频率 f_0 时，输出电压 u_o 的幅度最大，为输入电压的 1/3。并且此时输出信号与输入信号同相。在其他频率时，输出电压幅度将很快衰减，而且存在一定的相移，所以 RC 串并联网络具有选频特性。

(2) 谐振频率 f_0 取决于选频网络 R、C 的数值，计算公式为

$$f_0=\frac{1}{2\pi RC} \tag{3-7}$$

二、RC 桥式振荡器

1. 电路组成

图 3-13 所示为 RC 桥式振荡器原理图。R_4、R_5、C_1、C_2 构成 RC 串并联网络，741 为运算放大器，电阻 R_1、R_2、R_3 和二极管 D_1、D_2 构成负反馈网络，R_6 为运算放大器的平衡电阻。

做中学、做中教

打开 NI Multisim 14.0 仿真软件，按图 3-13 所示电路调入对应器件并连接好电路，分下列几种情况进行仿真。

(1) 运行仿真软件，用示波器测出输出波形，并根据波形计算其振荡频率。

(2) 断开 D_1、D_2，再运行仿真软件，用示波器测出输出波形，看输出波形有何变化。

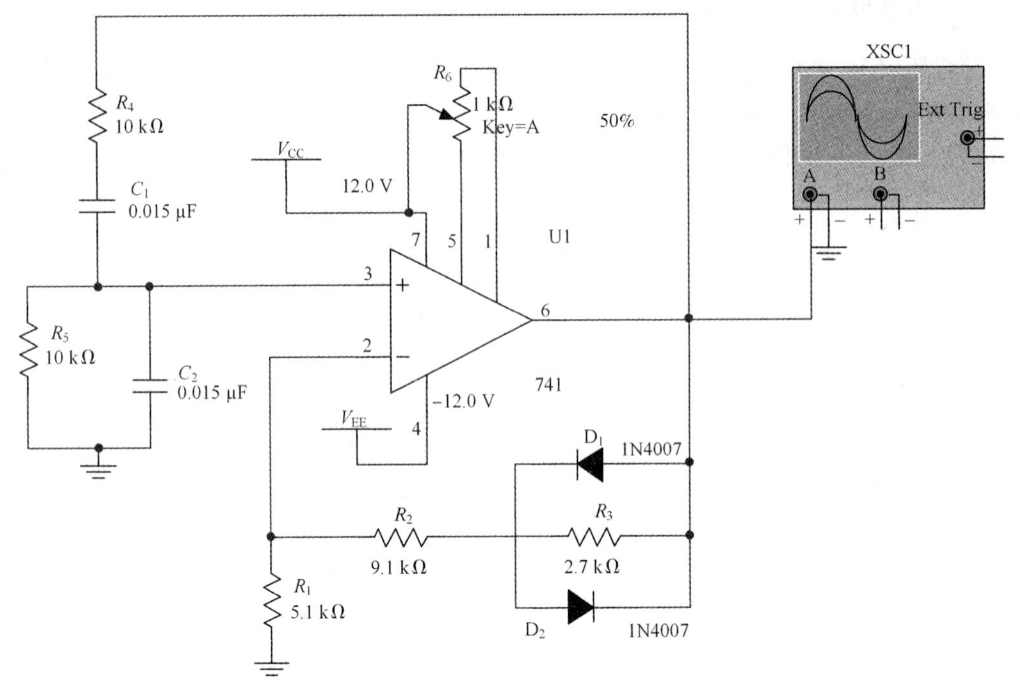

图 3-13　*RC* 桥式振荡器

(3)分别改变 R_1 和 R_2 的大小，看 R_1 和 R_2 调大和调小对振荡电路有何影响。

2. 振荡原理

R_4、R_5、C_1、C_2 构成的 *RC* 串并联网络和运算放大器 741 组成正反馈网络，根据 *RC* 串并联网络谐振时反馈电压为输出电压的 1/3，也就是说，只要运算放大器 741 及外围构成的放大器放大倍数大于 3，电路就可以振荡。

电阻 R_1、R_2、R_3 及二极管 D_1、D_2 构成的负反馈网络与运算放大器 741 构成同相比例运算放大器，根据同相比例运算放大器放大倍数计算公式可得

$$A_{VF}=1+\frac{R_2+R_3}{R_1}\approx 3.3$$

根据计算可得运算放大器 741 及外围构成的放大器的放大倍数大于 3，因此电路能正常振荡。

3. 振荡频率

根据 *RC* 串并联网络谐振频率 f_0 计算公式，可得电路振荡频率为

$$f_0=\frac{1}{2\pi RC}\approx 1061\ \text{Hz}$$

4. 电路特点

图 3-13 中二极管 D_1、D_2 与 R_3 并联，主要是利用二极管的动态电阻来实现振荡器的稳幅，保证振荡器输出波形幅度的稳定。即不论输出信号是正半周还是负半周，总有一个

二极管导通，当振荡器输出幅值增大时，流过二极管的电流增大使二极管的动态电阻减小，同相比例运算放大器的负反馈得到加强，放大器的放大倍数下降，输出波形幅度稳定。

3.2.5　石英晶体振荡器

任务导引

由前面学习的 *LC* 振荡器和 *RC* 振荡器可知，电路振荡频率由 *L*、*R*、*C* 的参数决定，环境温度的变化和电源电压的波动，都将导致 *L*、*C* 参数的变化，因此，无论是 *LC* 振荡器还是 *RC* 振荡器，其振荡频率都是不稳定的。而石英晶体振荡器就能较好地解决频率稳定度的问题。那么，石英晶体振荡器是如何提高振荡频率稳定度的呢？常见电路又有哪些类型呢？

一、石英晶体振荡器的结构

石英晶体振荡器是从一块石英晶体上按一定方位角切下的薄片(称为晶片)，再在晶片的对应表面镀上银，引出两个电极，加上外壳封装而成，其外形、结构和图形符号如图 3-14 所示。

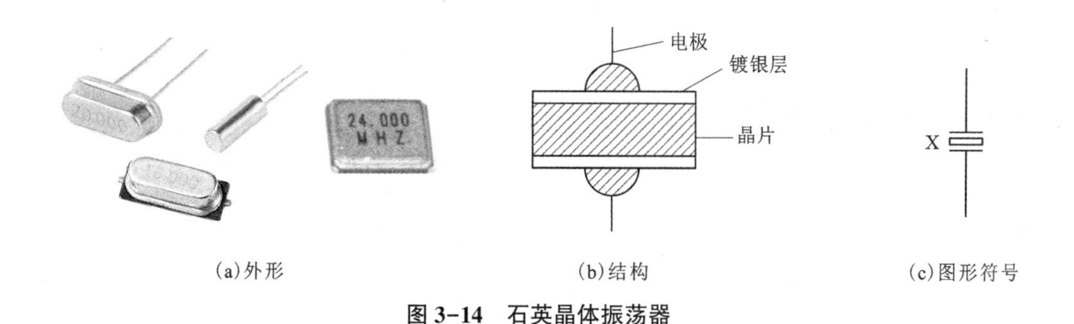

(a)外形　　(b)结构　　(c)图形符号

图 3-14　石英晶体振荡器

二、石英晶体振荡器的压电效应

如果在石英晶片两个极板间加一个交变电压(电场)，晶片就会产生与该交变电压频率相似的机械振动。而晶片的机械振动，又会在其两个电极之间产生一个交变电场，这种现象称为压电效应。在一般情况下，这种机械振动和交变电场的幅度是极其微小的，只有在外加交变电压的频率与晶片的固有频率相同时，振幅才会急剧增大，这种现象称为压电谐振。石英晶体振荡器的谐振频率取决于晶片的切割方式、几何形状和尺寸。由于石英晶体振荡器的物理和化学性能都十分稳定，因而谐振频率十分稳定。

三、石英晶体振荡电路

石英晶体振荡电路的形式很多，但其基本电路只有两类：一类称为并联型石英晶体振荡电路，如图 3-15 所示；另一类称为串联型石英晶体振荡电路，如图 3-16 所示。

在并联型石英晶体振荡电路中，石英晶体相当于一个大电感，与外接电容构成电容三点式振荡电路。

在串联型石英晶体振荡电路中，当频率等于石英晶体的串联谐振频率时，石英晶体阻抗最小，为纯电阻，此时石英晶体构成正反馈支路，满足相位平衡条件，正反馈达到最强，电路产生正弦波振荡。

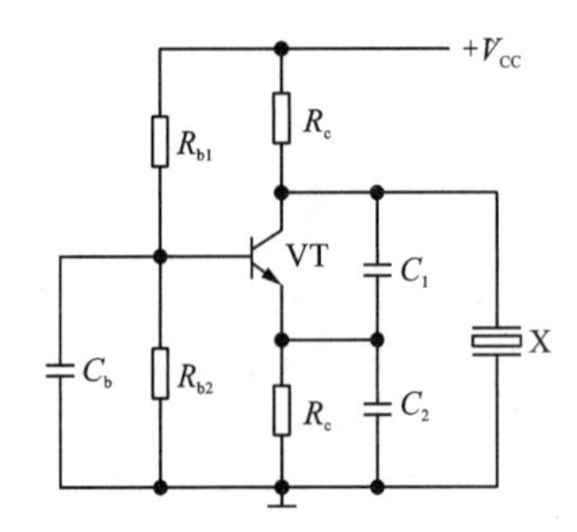

图 3-15　并联型石英晶体振荡电路

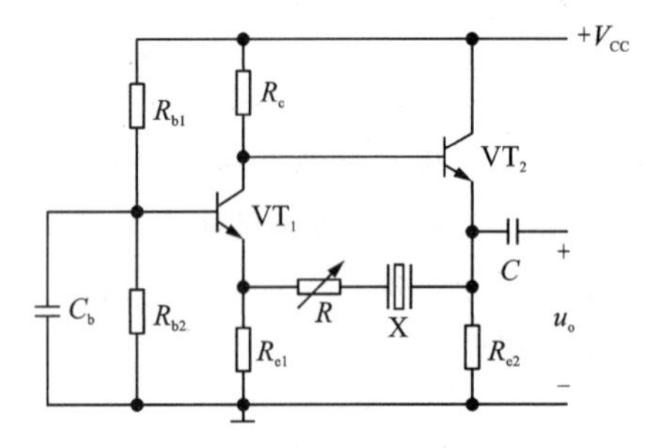

图 3-16　串联型石英晶体振荡电路

3.3　任务实现

3.3.1　认识电路组成

图 3-17 所示为简易金属探测器电路原理图。高频三极管 Q_1、电容 C_2 和 C_3、电感 L_1 和 L_2、电阻 R_1、电位器 R_p 构成高频振荡器，其中电感 L_1 和电容 C_3 组成选频电路，L_2 为正反馈线圈，L_1 和 L_2 由电路板铜皮导线构成，C_2 为反馈信号耦合电容，电位器 R_p 对振荡器

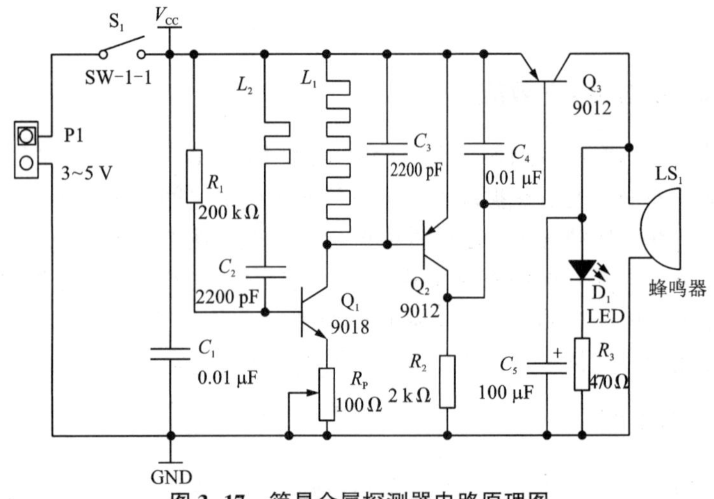

图 3-17　简易金属探测器电路原理图

增益进行调节；三极管 Q_2 和 Q_3、电阻 R_2、电容 C_4 组成检测电路；发光二极管 D_1、电阻 R_3 构成检测指示电路；LS_1 为蜂鸣器；S_1 为电源总开关。图 3-18 为简易金属探测器电路实物图。

图 3-18　简易金属探测器电路实物图

3.3.2　认识电路工作过程

打开电源总开关 S_1，由高频三极管 Q_1、电容 C_2 和 C_3、电感 L_1 和 L_2、电阻 R_1、电位器 R_p 构成的高频振荡器处于临界振荡状态(可通过调节电位器 R_p 实现)；振荡器输出信号的负半周使三极管 Q_2 饱和导通(由于振荡频率很高，可认为 Q_2 饱和导通)，三极管 Q_2 饱和导通使三极管 Q_3 截止，此时检测指示灯 D_1 不亮，蜂鸣器 LS_1 也不发声。

当有金属接近探测线圈 L_1 时，会在金属导体中产生涡电流，涡电流使振荡回路中的能量损耗增大，正反馈减弱，处于临界振荡状态的高频振荡器振荡减弱，甚至无法维持振荡所需要的正反馈能量而停止振荡，使三极管 Q_2 截止，电源经 R_2 给 C_4 充电，导致三极管 Q_3 饱和导通，此时检测指示灯 D_1 发亮，蜂鸣器 LS_1 发出蜂鸣声。

3.3.3　电路仿真

1. 绘制仿真电路

打开 NI Multisim 14.0 仿真软件，参考图 3-17 所示电路调入元器件，绘制仿真电路。绘制后的仿真电路如图 3-19 所示，L_1、L_2 用变压器代替，用 S_2 的开关代替有无金属物接近，开关闭合表示无金属物接近，开关断开表示有金属物接近。

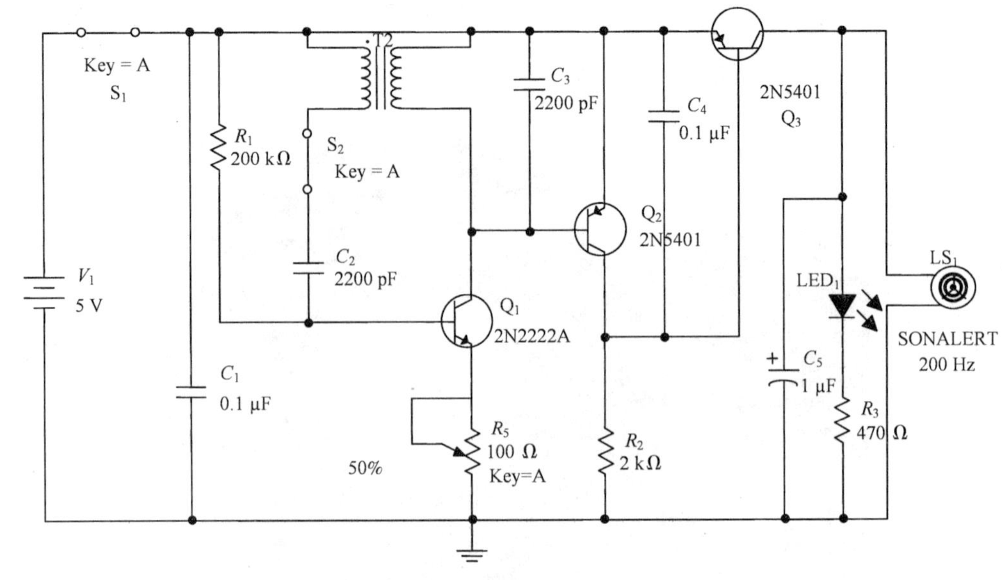

图 3-19　简易金属探测器仿真电路图

2. 调试仿真电路

运行仿真软件，闭合开关 S_1、S_2，看指示灯能否熄灭，如不能，调节电位器大小，改变变压器参数，直到发光二极管熄灭为止。闭合开关 S_1、断开 S_2，看指示灯 D_1 是否发光。

3. 参数测量

借助仿真软件中电压表和示波器完成表 3-3 中各参数的测量，将测量结果填入表中。

表 3-3　简易金属探测器仿真数据记录表

<table>
<tr><td colspan="4">闭合开关 S_1、S_2</td><td colspan="4">闭合开关 S_1，断开 S_2</td></tr>
<tr><td colspan="3">Q_1 各极电压</td><td>Q_1 集电极电压波形</td><td colspan="3">Q_1 各极电压</td><td>Q_1 集电极电压波形</td></tr>
<tr><td>B</td><td>C</td><td>E</td><td rowspan="9"></td><td>B</td><td>C</td><td>E</td><td rowspan="9"></td></tr>
<tr><td></td><td></td><td></td><td></td><td></td><td></td></tr>
<tr><td colspan="3">Q_2 各极电压</td><td colspan="3">Q_2 各极电压</td></tr>
<tr><td>B</td><td>C</td><td>E</td><td>B</td><td>C</td><td>E</td></tr>
<tr><td></td><td></td><td></td><td></td><td></td><td></td></tr>
<tr><td colspan="3">Q_3 各极电压</td><td colspan="3">Q_3 各极电压</td></tr>
<tr><td></td><td></td><td></td><td></td><td></td><td></td></tr>
<tr><td colspan="3">指示灯 D_1 状态</td><td colspan="3">指示灯 D_1 状态</td></tr>
<tr><td colspan="3"></td><td colspan="3"></td></tr>
</table>

3.3.4 元器件的识别与检测

1. 元器件的选用

$R_1 \sim R_3$ 选用1/4W金属膜电阻器或碳膜电阻器；$C_1 \sim C_4$ 选用瓷片电容器；C_5 选用电解电容器；R_p 选用卧式碳膜电位器；D_1 选用 $\phi 3$ mm发光二极管；Q_1 选用高频三极管9018；Q_2、Q_3 选用低频三极管9012；LS_1 选用有源蜂鸣器；S_1 选用立式按钮开关。元器件选用清单见表3-4。

表3-4 简易金属探测器元器件清单

序号	类型	标号	参数	数量	质量检测	备注
1	电阻器	R_1	200 kΩ	1		
2	电阻器	R_2	2 kΩ	1		
3	电阻器	R_3	470 Ω	1		
4	电位器	R_p	100 Ω	1		
5	瓷片电容器	C_1、C_4	0.1 μF	2		
6	瓷片电容器	C_2、C_3	2200 PF	2		
7	电解电容器	C_5	100 μF	1		
8	按钮开关	S_1	8 mm×8 mm	1		
9	二极管	D_1	$\phi 3$ mm	1		
10	三极管	Q_1	9018	1		加引脚图
11	三极管	Q_2、Q_3	9012	2		加引脚图
12	蜂鸣器	LS_1	TMB12A05	1		加引脚图

2. 特殊元器件外形

特殊元器件外形如图3-20所示。

按钮开关

蜂鸣器

图3-20 特殊元器件外形图

3. 元器件的检测

(1)三极管检测

选择数字万用表二极管挡，任意假设一脚为基极，红表笔接假设基极，黑表笔分别接另外两脚，能测得示值为零点几时，则假设基极正确，且此三极管为 NPN 管，反之，黑表笔接基极导通则是 PNP 管。将检测结果填入表 3-4。

(2)按钮开关的检测

选择数字万用表二极管挡或蜂鸣挡，按开关结构图进行测量，通过按下和断开按键进行检测。将检测结果填入表 3-4。

(3)蜂鸣器的检测

判断有源和无源蜂鸣器：将指针式万用表置于电阻 $R\times1$ 挡(也可用数字万用表测量)，用红表笔接蜂鸣器的"+"引脚，黑表笔在另一引脚来回碰触，如果触发出"咔、咔"声且阻值为 8 Ω(或 16 Ω)则该蜂鸣器为无源蜂鸣器；如果能发出持续声音，且阻值在几百欧以上的，则是有源蜂鸣器。将检测结果填入表 3-4。

有源蜂鸣器直接接上额定电源(新的蜂鸣器在标签上都有标识)就可连续发声，无源蜂鸣器则和电磁扬声器一样，需要接在音频输出电路中才能发声。

(4)其他元器件按照前面项目方法进行检测。将检测结果填入表 3-4。

3.3.5 电路安装

1. 识读电路板

根据电路板实物，参考电路原理图清理电路，查看电路板是否有短路或开路的地方，熟悉各器件在电路板中的位置。简易金属探测器电路元器件布局如图 3-21 所示。

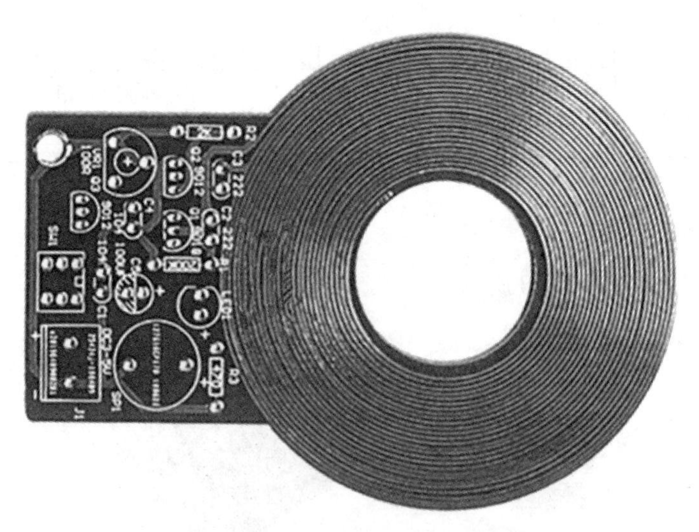

图 3-21 简易金属探测器电路元器件布局

2. 安装原则

按先小件后大件、先较低的后较高的顺序安装，即按电阻器、瓷片电容器、三极管、电解电容器、开关、蜂鸣器的顺序安装焊接。

3. 元器件安装

各元器件安装方法参照前面项目器件的安装方法进行；与前面不同的是注意蜂鸣器极性。

3.3.6 电路调试与检测

1. 电路调试

(1)安装结束，检查焊点质量(重点检查是否有错焊、漏焊、虚假焊、短路)，检查元器件安装是否正确(重点检查二极管、三极管、蜂鸣器的极性)，方可通电。

(2)通电观察电路是否有异常现象(声响、冒烟)，如有应立即停止通电，查明原因。

(3)通过调节电位器 R_p 让高频振荡器处于临界振荡状态。无金属靠近时，发光二极管 D_1 不发亮，蜂鸣器 LS_1 不发声；有金属接近时，发光二极管 D_1 发亮，蜂鸣器 LS_1 发出蜂鸣声。

2. 电路检测

通电情况下，按下列要求用万用表检测下列关键点电压，用示波器测出波形，填入表3-5中。

表3-5 简易金属探测器关键点电压及波形检测值

无金属接近				有金属接近			
Q_1 各极电压			Q_1 集电极电压波形	Q_1 各极电压			Q_1 集电极电压波形
B	C	E		B	C	E	
Q_2 各极电压				Q_2 各极电压			
B	C	E		B	C	E	
Q_3 各极电压				Q_3 各极电压			
指示灯 D_1 状态				指示灯 D_1 状态			

3.4 考核评价

简易金属探测器电路的制作评价标准见表3-6。

表 3-6　简易金属探测器电路的制作评价标准

考核项目	评分点	分值	评分标准	得分
简易金属探测器电路的制作	电路识图	5	能正确理解电路的工作原理，否则视情况扣 1~5 分	
	电路仿真	20	能使用仿真软件画出正确的仿真电路，记 12 分，有器件或连线错误，每处扣 2 分；能完成各项仿真测试，记 8 分，否则视情况扣 1~8 分	
	元器件成形、插装与排列	10	元器件成形不符合要求，每处扣 1 分；插装位置、极性错误，每处扣 2 分；元器件排列参差不齐，标记方向混乱，布局不合理，扣 3~10 分	
	元件质量判定	15	正确识别元件，每错一处扣 1 分，扣完为止	
	焊接质量	20	有搭锡、假焊、虚焊、漏焊、焊盘脱落、桥接等现象，每处扣 2 分；出现毛刺、焊料过多、焊料过少、焊接点不光滑、引线过长等现象，每处扣 2 分	
	电路调试	15	正确使用仪器仪表；写出数据测试和分析报告记满分，不能正确使用仪表测量每次扣 3 分，数据测试错误每次扣 2 分，分析报告不完整或错误视情况扣 1~5 分，扣完为止	
	电路检修	15	通电工作正常记满分；如有故障能进行排除，也记满分，不能排除，视情况扣 3~15 分	
小计		100		
职业素养与操作规范考核	学习态度	20	不参与团队讨论，不完成团队布置的任务，抄袭作业或作品，发现一次扣 2 分，扣完为止	
	学习纪律	20	每缺课一次扣 5 分；每迟到一次扣 2 分；上课玩手机、玩游戏、睡觉，发现一次扣 2 分，扣完为止	
	团队精神	20	不服从团队的安排，与团队成员间发生与学习无关的争吵，发现团队成员做得不好或不到位或不会的地方不指出、不帮助，团队或团队成员弄虚作假，每发现一次扣 5 分，扣完为止	
	操作规范	20	操作过程不符合安全操作规程，仪器设备的使用不符合相关操作规程，工具摆放不规范，物料、器件摆放不规范，工作台位台面不清洁、不按规定要求摆放物品，任务完成后不整理、清理工作台，任务完成后不按要求清扫场地内卫生，发现一项扣 2 分，扣完为止。如出现触电、火灾、人身伤害、设备损坏等安全事故，此项计 0 分	
	行为举止	20	着装不符合规定要求，随地乱吐、乱涂、乱扔垃圾(食品袋、废纸、纸巾、饮料瓶)等，语言不文明，讲脏话，每项扣 1~5 分，扣完为止	
小计		100		

说明：1. 本项目的项目考核、职业素养与操作规范考核按 10% 比例折算计入总分；

2. 根据全学期训练项目对应的理论知识在期末进行理论考核，本项目占理论考核试卷的 20%，期末理论考核成绩按 10% 折算计入总分。

3.5 拓展提高

电蚊拍的制作

电蚊拍的电路原理图如图3-22所示。请根据电路原理图及所学知识，分析电路工作原理，查阅相关资料，列出所需元器件清单，通过网络采购，自行组装、调试。项目完成后，撰写制作心得体会。

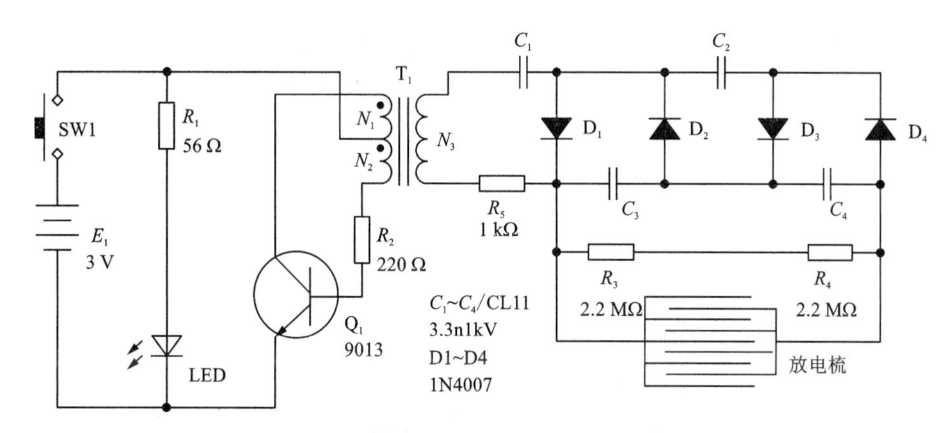

图3-22 电蚊拍电路原理图

3.6 同步练习

一、填空题

1. 正弦波振荡电路通常由________、________、________和________电路等四大部分组成。

2. 正弦波振荡电路的相位平衡条件是__________；振幅平衡条件是___________。

3. 如果一个放大器的输入端不接外加信号，而有正弦波信号输出，这种电路称为____________。

4. 自激振荡电路的任务是________________________、______________________。

5. 常用的 LC 振荡器有________________、______________和______________三种。

6. LC 振荡器通常采用____________作为选频网络。

7. 产生低频正弦波一般选用________振荡电路；产生高频正弦波一般用________振荡电路；产生频率稳定性很高的正弦波可选用____________振荡电路。

8. RC 桥式振荡电路通常采用__________作为选频网络；LC 正弦波振荡器通常采用__

______作为选频网络。

9. 石英晶体的谐振频率非常稳定，在并联型振荡电路中往往取代________电抗元件。

10. RC 振荡电路的稳幅通常可以采用________________来实现。

二、选择题

1. 自激振荡电路必须满足(　　)条件。

A. 相位条件　　B. 振幅条件　　C. 相位平衡和振幅平衡

2. 振荡电路应具备(　　)环节。

A. 放大和负反馈　　B. 选频和限幅　　C. 放大、正反馈、选频

3. 正弦波振荡电路的振荡频率由(　　)而定。

A. 选频网络　　B. 反馈网络　　C. 基本放大电路

4. 正弦波振荡电路的输出信号最初是由(　　)中而来的。

A. 基本放大电路　　B. 反馈网络　　C. 干扰或噪声信号

5. LC 振荡电路的选频环节，由(　　)构成。

A. 电容 C　　B. LC 选频网络　　C. 电感 L

6. 正弦波振荡电路一般由(　　)组成。

A. 基本放大电路和反馈网络　　B. 基本放大电路和选频网络

C. 基本放大电路、反馈网络和选频网络

7. RC 桥式振荡电路的振荡频率 f_0 为(　　)

A. $\dfrac{2\pi}{RC}$　　B. $\dfrac{RC}{2\pi}$　　C. $\dfrac{1}{2\pi RC}$

8. 有关石英晶体谐振频率的说法正确的是(　　)

A. 与晶片的切割方式有关　　B. 十分稳定

C. 与晶片的几何形状和尺寸有关　　D. 以上说法都正确

三、分析题

1. 试分析图 3-23 中的 LC 正弦波振荡电路有哪些错误，并加以改正。

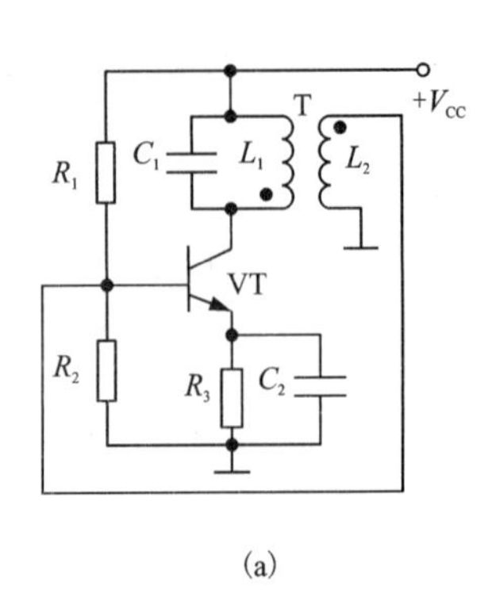

(a)

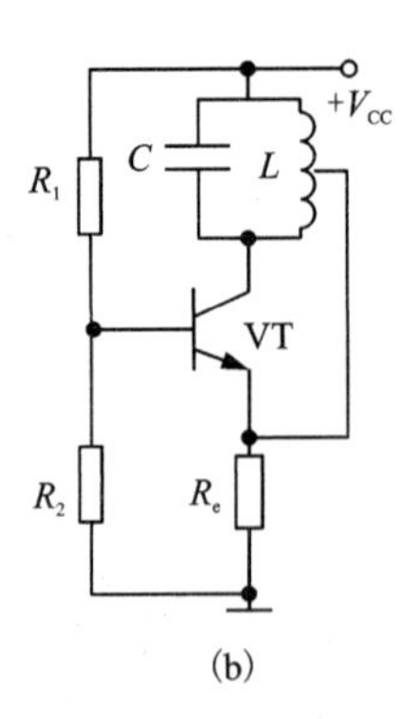

(b)

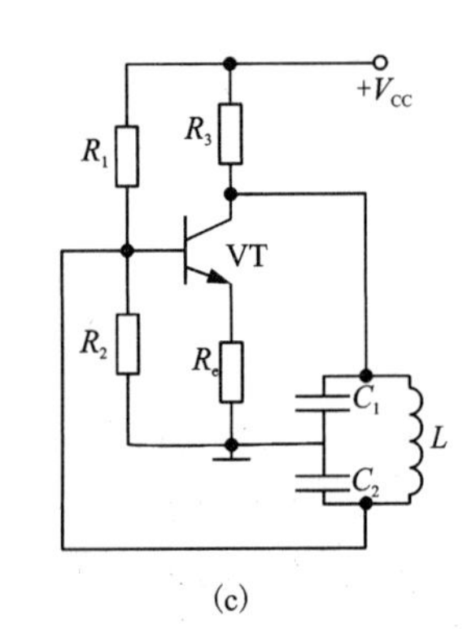

(c)

图 3-23

2. 分别判断图 3-24 所示的电路是否满足正弦波振荡的相位平衡条件。

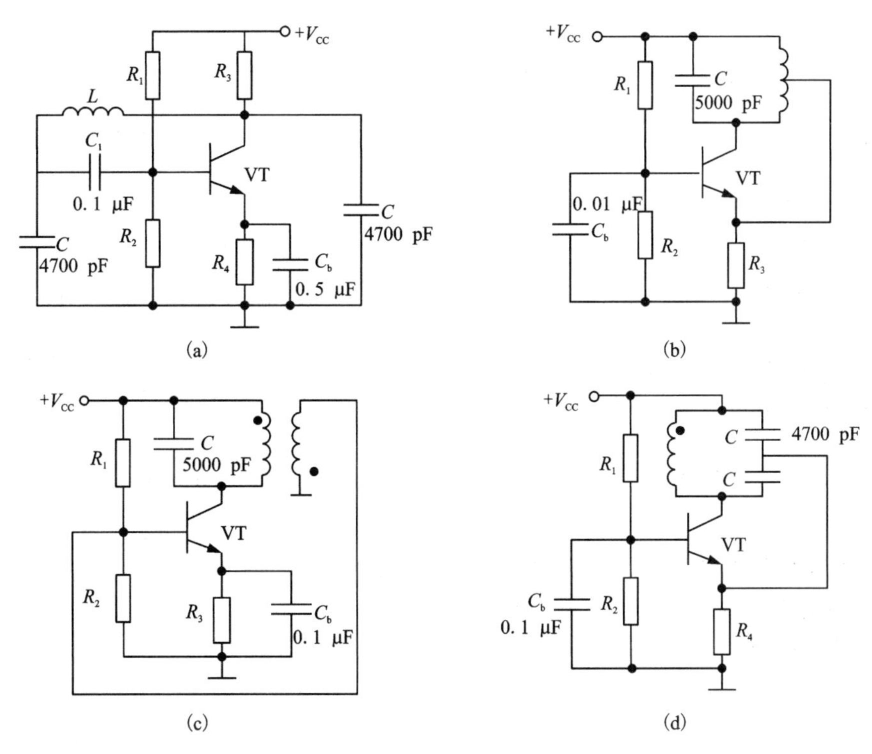

图 3-24

3. 改错：改正图 3-25 所示各电路中的错误，使电路可能产生正弦波振荡。要求不能改变放大电路的基本接法。

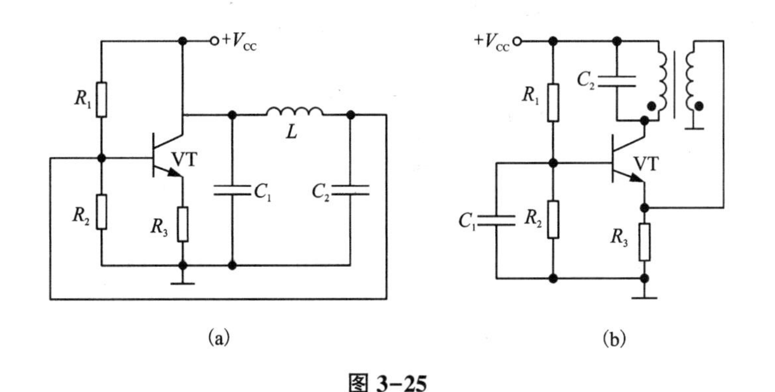

图 3-25

4. 试计算如图 3-26 所示振荡电路的振荡频率。

5. RC 正弦波发生器电路如图 3-27 所示。

(1) 在图中标出运放的同相输入端和反相输入端。

(2) 说明 VD_1、VD_2 的作用。

(3)估算振荡频率f_0。

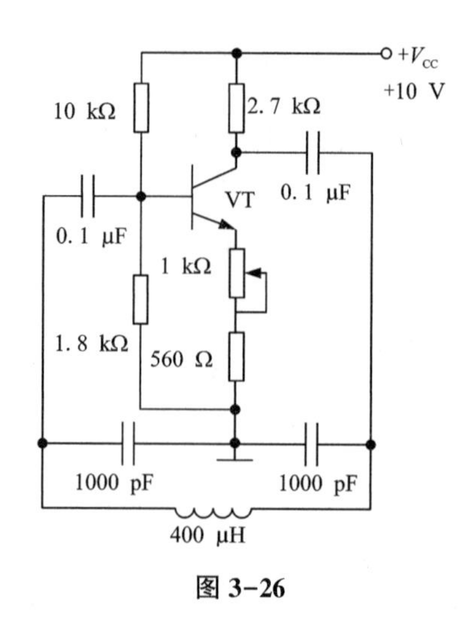

图 3-26

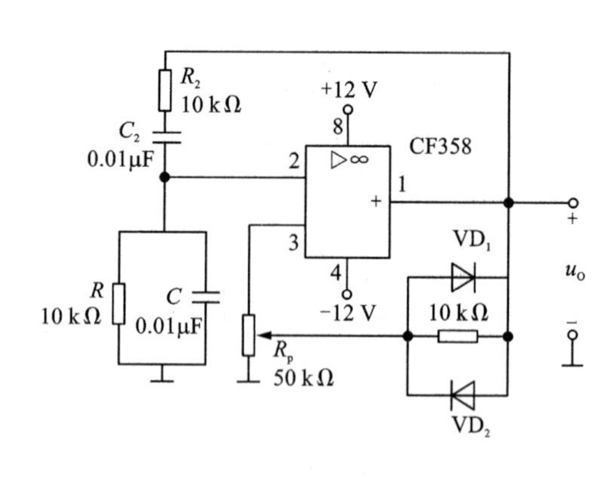

图 3-27

6. 电路如图 3-28 所示，稳压二极管 VZ 起稳幅作用，其稳定电压 $U_Z = \pm 6$ V。试估算：

(1)输出电压不失真情况下的有效值。

(2)振荡频率f_0。

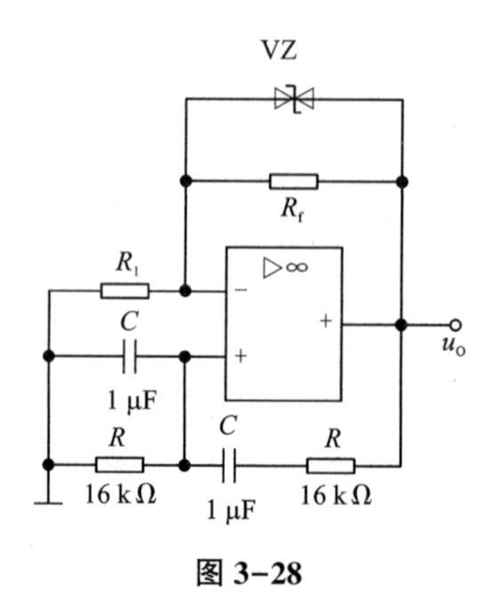

图 3-28

项目 4

可控硅调光台灯的制作

4.1　项目描述

本项目介绍的可控硅调光台灯电路(图 4-1)，是通过调节电位器电阻大小来改变单结晶体管形成的触发脉冲电压的相位，再利用脉冲电压控制可控硅导通角的大小，从而实现台灯两端电压随电位器阻值变化而变化，最终达到调光的目的。通过本项目的学习与实践，可以让读者获得如下知识和技能：

图 4-1　可控硅调光台灯电路

1. 了解可控硅的结构和工作原理；
2. 会识读和检测可控硅器件；
3. 了解可控硅触发电路类型；
4. 了解单结晶体管触发原理；
5. 了解可控硅半波和全波整流电路组成、结构及工作原理；
6. 会使用 NI Multisim 14.0 仿真软件对电路进行仿真实验；

7. 会制作和调试可控硅电路；

8. 具有一定的电子产品装接、检测和维修能力。

4.2 知识准备

要完成以上要求的可控硅调光台灯电路的制作，需要具备以下一些相关知识和技能，下面分别进行阐述。

4.2.1 可控硅

任务导引

可控硅也称晶体闸流管，它是一种能控制强电的半导体器件。广泛应用于各种无触点开关电路及可控整流设备中。那么，可控硅的结构和工作原理是怎样的呢？我们又如何借助万用表对其进行简单的测量呢？

可控硅也称晶体闸流管，它是一种能控制强电的半导体器件。常用的可控硅有单向和双向两大类。

一、单向可控硅

1. 单向可控硅的结构与符号

单向可控硅的外形有平面型、螺栓型和小型塑封型等几种。图 4-2(a)所示为常见的可控硅实物。它有三个电极：阳极 A、阴极 K 和控制极 G。图 4-2(b)是单向可控硅的图形符号。它的文字符号一般用 SCR、KG、CT 表示。

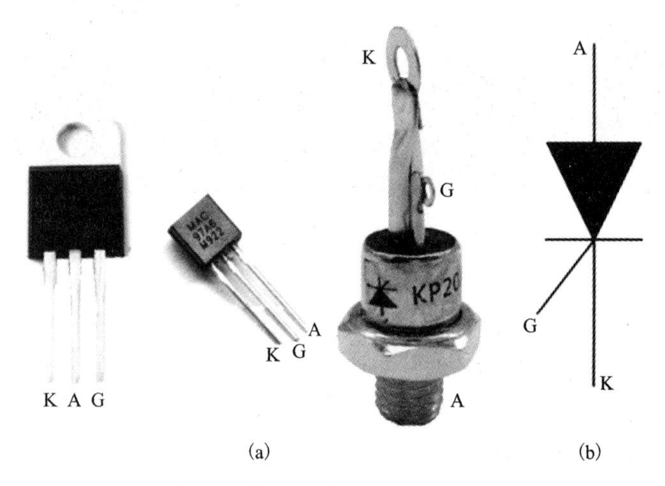

图 4-2　单向可控硅的实物和符号

单向可控硅的内部结构包含四层半导体材料构成的三个 PN 结（J_1、J_2、J_3），它的电极分别从 P_1（阳极 A）、P_2（控制极 G）、N_2（阴极 K）引出，单向可控硅内部结构如图 4-3(a)所示，它的等效电路和导通瞬间 V_A、V_G 的电压极性见图 4-3(b)。

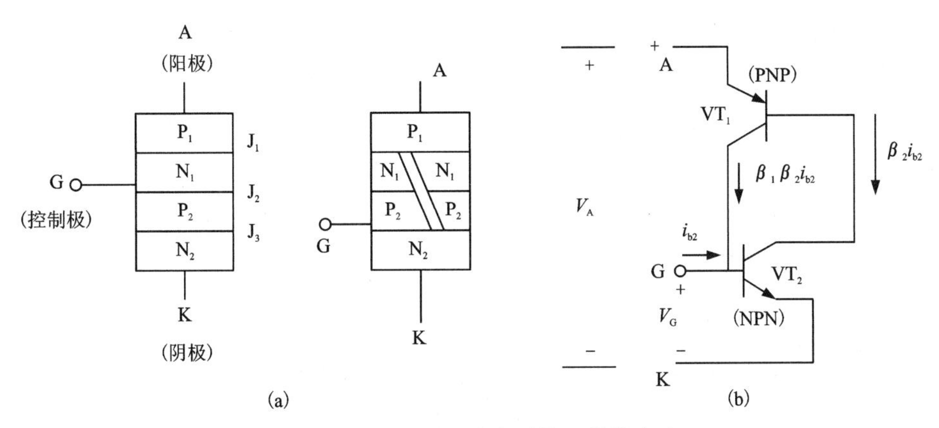

图 4-3　单向可控硅内部结构及等效电路

2. 单向可控硅的工作原理

做中学、做中教

打开 NI Multisim 14.0 仿真软件，按图 4-4 所示电路调入对应器件并连接好电路，运行仿真软件，分下列情况进行仿真。

(1)闭合开关 S_1，断开开关 S_2，观察指示灯 X_1 的亮灭情况，将结果填入表 4-1。

(2)闭合开关 S_1 后闭合开关 S_2，观察指示灯 X_1 的亮灭情况，将结果填入表 4-1。

(3)闭合开关 S_1 后闭合开关 S_2，再断开开关 S_2，观察指示灯 X_1 的亮灭情况，将结果填入表 4-1。

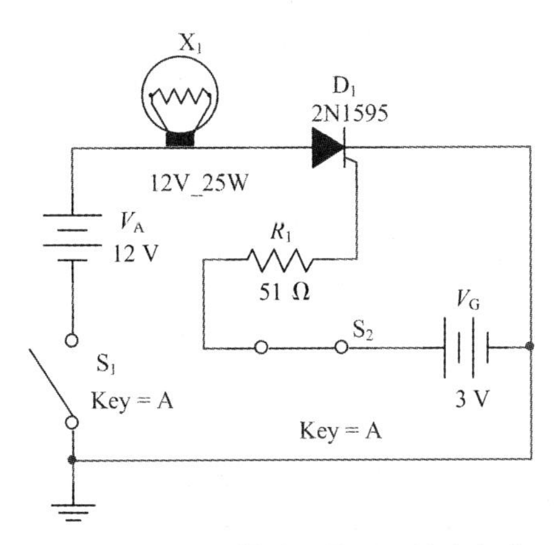

图 4-4　单向可控硅工作原理仿真电路

表 4-1　单向可控硅工作原理仿真实验记录表

条件	指示灯 X_1 的亮灭情况
闭合开关 S_1，断开开关 S_2	
闭合开关 S_1 后闭合开关 S_2	
闭合开关 S_1 后闭合开关 S_2，再断开开关 S_2	

通过以上仿真实验，我们发现：

单向可控硅的工作特点有如下几点。

(1)单向可控硅导通必须具备两个条件：一是可控硅阳极与阴极间接正向电压；二是控制极与阴极之间也要接正向电压。

(2)可控硅一旦接通后，去掉控制极电压时，可控硅仍然导通。

(3)导通后的可控硅若要关断，必须将阳极电压降低到一定程度。

(4)可控硅具有控制强电的作用，即利用弱电信号(即触发信号)对控制极的作用，就可利用可控硅控制强电系统。从上述仿真实验中可看出，为使其导通而给控制极所加的触发信号电流为毫安级，但可控硅的负载电流已达了安培级。

3. 单向可控硅的主要参数

(1)额定正向平均电流。在规定环境温度和散热条件下，允许通过阳极和阴极之间的电流平均值。

(2)维持电流。在规定环境温度、控制极断开的条件下，保持可控硅处于导通状态所需要的最小正向电流。一般为几毫安到几十毫安不等。

(3)控制极触发电压和电流。在规定环境温度及一定正向电压条件下，使可控硅从关断到导通，控制极所需的最小电压和电流。小功率可控硅约 1 V 左右，触发电流零点几毫安到几毫安，中功率以上可控硅触发电压约为几伏到几十伏，电流为几十毫安到几百毫安。

(4)正向阻断峰值电压。在控制极开路和晶闸管正向阻断(即晶闸管截止)的条件下，可以重复加在晶闸管两端的正向峰值电压。使用时，正向电压若超过此值，可控硅即使不加触发电压也能从正向阻断转而导通。

(5)反向阻断峰值电压。在控制极断开时，可以重复加在可控硅的反向峰值电压。通常反向峰值电压是相等的，统称峰值电压。一般可控硅的额定电压就是指峰值电压。

4. 单向可控硅的型号及简易检测

(1)型号

国产可控硅有两种表示方法，即 3CT 系列和 KP 系列。3CT 系列表示参数的方式如下所示。

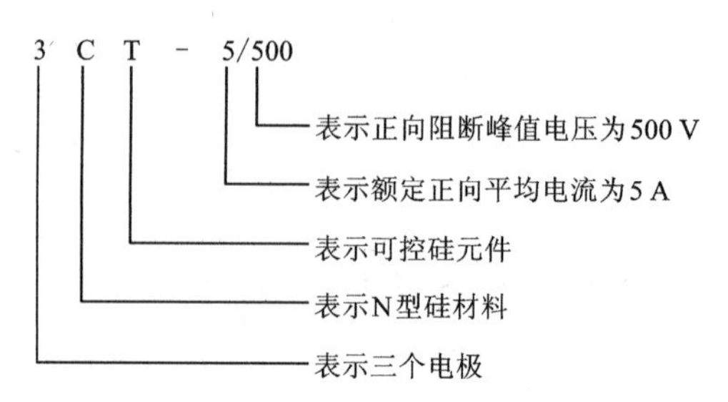

KP 系列表示参数的方式如表 4-2 所示。

表 4-2　KP 系列可控硅参数含义

第一部分：主称		第二部分：类别		第三部分：额定通态电流		第四部分：重复峰值电压级数	
字母	含义	字母	含义	数字	含义	数字	含义
K	晶闸管（可控硅）	P	普通反向阻断型	1	1 A	1	100 V
				5	5 A	2	200 V
				10	10 A	3	300 V
				20	20 A	4	400 V
		K	快速反向阻断型	30	30 A	5	500 V
				50	50 A	6	600 V
				100	100 A	7	700 V
				200	200 A	8	800 V
		S	双向型	300	300 A	9	900 V
				400	400 A	10	1000 V
				500	500 A	12	1200 V
				500	500 A	14	1400 V

（2）简易检测

可控硅使用前需要进行检测，以确定其好坏，简易检测方法如下：

①用万用表 $R\times10$ 挡，黑笔接阳极，红笔接阴极，指针应接近∞，见图 4-5。

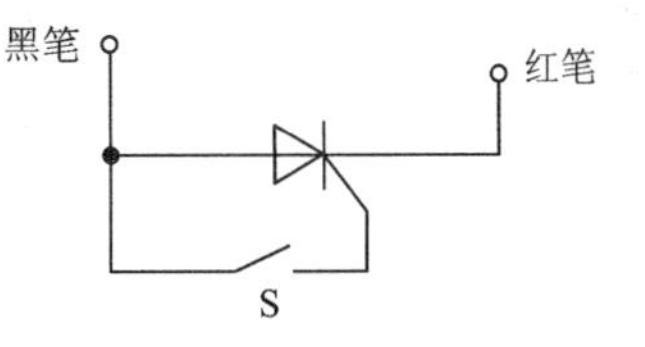

图 4-5　用万用表检测单向可控硅

②当合上 S 时，表针应指很小阻值，为 60～200 Ω，表明可控硅能触发导通。

③断开 S，表针不回到零，表明可控硅是正常的。（有些可控硅因维持电流较大，万用表的电流不足以维持它导通，当 S 断开后，表针会回到零，也是正常的）。如果在 S 未合上时，阻值很小，或者在 S 合上时，表针也不动，表明可控硅已击穿或断极。

二、双向可控硅

由于双向可控硅具有正、反向都能控制导通的特性，并且又有触发电路简单、工作稳定可靠等优点，因此在无触点交流开关电路中经常使用。

1. 双向可控硅的结构与符号

双向可控硅的实物外形以及图形符号，分别如图 4-6（a）（b）所示，它的文字符号常采用 TLC、SCR、CT 及 KG、KS 等表示。

双向可控硅是由制作在同一硅单晶片上，有一个控制极的两只反向并联的单向可控硅所构成。双向可控硅也有三个电极，但它没有阴、阳极之分，而统称为主电极 T_1 和 T_2，另一个电极 G 也称为控制极。

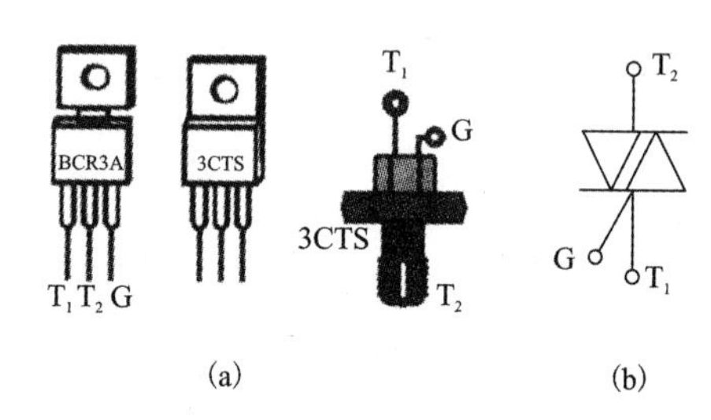

图 4-6　双向可控硅实物及图形符号

2. 双向可控硅的工作特点

双向可控硅的一个重要特性是：它的主电极 T_1、T_2 间无论是正向电压还是反向电压，其控制极 G 的触发信号无论是正向还是反向，它都能被“触发”导通。由于双向可控硅具有正、反两个方向都能控制导通的特性，所以它的输出电压不像单向可控硅那样为直流，可以为交流。

3. 双向可控硅的检测

(1)用万用表 $R\times1$ k 挡，黑笔接 T_1，红笔接 T_2，表针应不动或微动，调换两表笔，表针仍不动或微动为正常。

(2)将万用表量程换到 $R\times1$ 挡，黑笔接 T_1，红笔接 T_2，将触发极与 T_2 短接一下后离开，万用表应保持几欧姆到几十欧姆的读数；调换两表笔，再次将触发极与 T_2 短接一下后离开，万用表指示情况同上。经过(1)(2)两项测量，情况与所述相符，表示器件是好的。

4.2.2　技能实训

可控硅的识读与检测

1. 可控硅的识读与测量

(1)准备可控硅若干，通过外形及可控硅上标称参数进行识读。

(2)准备正常和质量有问题的可控硅若干，通过万用表进行检测，将检测结果填入表 4-3。

表 4-3　用万用表测试可控硅

<table>
<tr><th>型号</th><th>A、K(或 T₁、T₂)之间电阻</th><th>A、G(或 T₁、G)之间电阻</th><th>挡位</th><th>质量及类型</th></tr>
<tr><td></td><td></td><td></td><td></td><td></td></tr>
<tr><td></td><td></td><td></td><td></td><td></td></tr>
<tr><td></td><td></td><td></td><td></td><td></td></tr>
<tr><td></td><td></td><td></td><td></td><td></td></tr>
<tr><td></td><td></td><td></td><td></td><td></td></tr>
<tr><td></td><td></td><td></td><td></td><td></td></tr>
<tr><td colspan="2">1 分钟内识读可控硅数(只)</td><td></td><td colspan="2" rowspan="2">注：20 只满分，
错一只扣 5 分</td></tr>
<tr><td colspan="2">1 分钟内测量可控硅数(只)</td><td></td></tr>
</table>

2. 技能大比拼

(1)随机抽出正常可控硅若干，给定1分钟进行识读，看谁识读得多且正确率高，将结果记入表4-3中。

(2)将正常可控硅若干与有质量问题的可控硅若干进行混合，随机抽出若干，给定1分钟进行质量检测，看谁测得多且正确率高，将结果记入表4-3中。

4.2.3　可控硅触发电路

任务导引

可控硅的导通，除了在阳极与阴极之间加正向电压外，还必须在控制极加正向触发电压。那么，用怎样的电路就能产生可控硅所需要的触发电压呢？触发电压又是怎样形成的呢？

可控硅的导通，除了在阳极与阴极之间加正向电压外，还必须在控制极加正向触发电压。给可控硅提供正向触发电压的电路称为可控硅触发电路。可控硅触发导通后，去掉触发电压，可控硅亦不会截止。因此，常用脉冲电压作为触发电压。单向可控硅的触发电路常用单结晶体管来形成触发脉冲。

一、单向可控硅触发电路

1. 单结晶体管的结构和型号

单结晶体管的结构，如图4-7(a)所示。它有三个电极：发射极E、第一基极B_1、第二基B_2，只有一个PN结，所以称为单结晶体管，或双基极二极管。单结晶体管的图形符号和实物外形如图4-7(b)(c)所示。

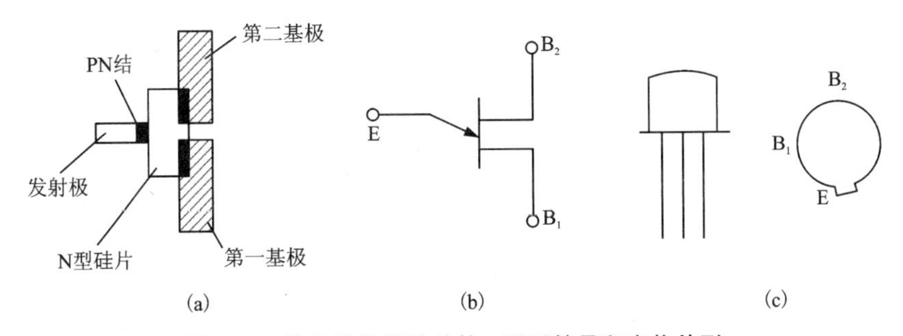

图4-7　单结晶体管的结构、图形符号和实物外形

图中发射极箭头指向B_1极，表示经PN结的电流只流向B_1极。单结晶体管的型号有BT31、BT32、BT33、BT35等。

2. 单结晶体管的基本特性

单结晶体管的等效电路，如图4-8所示。图中，两基极间的电阻为r_{BB}，即$r_{BB}=r_{b1}+$

r_{b2}。r_{b1} 与 r_{BB} 的比值称为分压比 η，即 $\eta=\frac{r_{b1}}{r_{BB}}$（一般 η 为 0.3~0.8）。

若加在 E 与 B_1 间的正向电压为 V_{EB}，加在 B_2 与 B_1 间的正向电压为 V_{BB}，则 VD 导通的条件是 $V_{EB}>\eta V_{BB}+V_D$（V_D 为二极管正向压降），亦即单结晶体管导通条件。

因此，只要改变 V_{EB} 的大小，就可控制单结晶体管的导通与截止，从而获得从 B_1 输出的脉冲电压。

3. 单结晶体管触发电路

图 4-9 为单结晶体管触发脉冲形成电路。其工作原理如下。

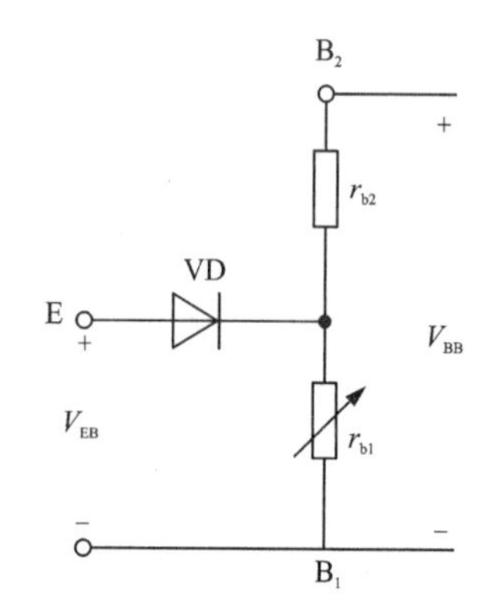

图 4-8　单结晶体管的等效电路

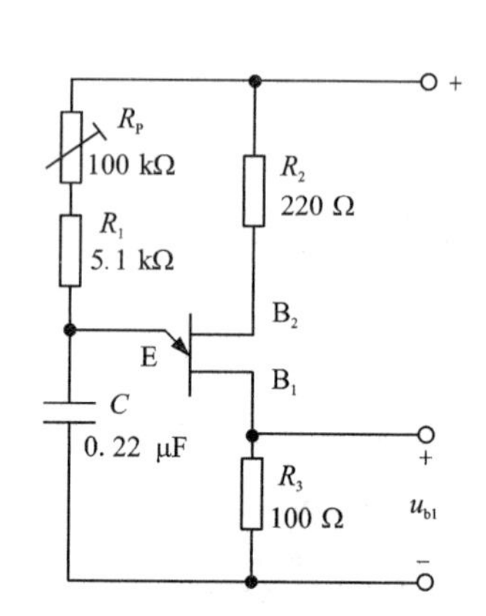

图 4-9　单结晶体管触发电路

电源电压接通后，通过微调电阻 R_P 和电阻 R_1 向电容 C 充电，当充电电压 V_C 上升至大于 $\eta V_{BB}+V_D$ 时，单结晶体管导通，C 迅速放电，在电阻 R_3 上形成一个很窄的正脉冲 u_{b1}。此时电容 C 两端电压几乎降为零。第一周期过后，由于继续通过 R_P、R_1 给 C 充电，这样连续不断重复上述过程，从而获得可控硅电路所需的触发脉冲电压。

二、双向可控硅触发电路

双向可控硅触发电路一般有双向二极管触发电路、RC 触发电路等几种。

1. 双向二极管触发电路

在图 4-10 中，VT_1 为双向二极管（2CTS），VT_2 为双向可控硅，R_L 为负载，当电源处于正半周时，电源通过 R_1、R_P 向电容 C 充电，电容 C 上的电压极性为上正下负。当这个电压增加到双向二极管的导通电压时，VT_1 导通，使双向可控硅的控制极 G 和主电极 T_1 间得到一个正向触发脉冲，可控硅导通。而后当交流电源过零的瞬间，双向可控硅自行阻断；当交流电源处于负半周时，电源电压对电容 C 反向充电，C 上的电压极性为下正上负，当电压值达到 VT_1 的反向导通电压时，双向二极管反向导通，使双向可控硅得到一个反向触发信号，双向可控硅也导通。调节 R_P 的值，即可改变电容的充电时间常数，因而改变脉冲出现时刻，也就改变了可控硅的导通角。

2. *RC* 触发电路

图 4-11 是 *RC* 触发电路，该电路的特点是简单、成本低。

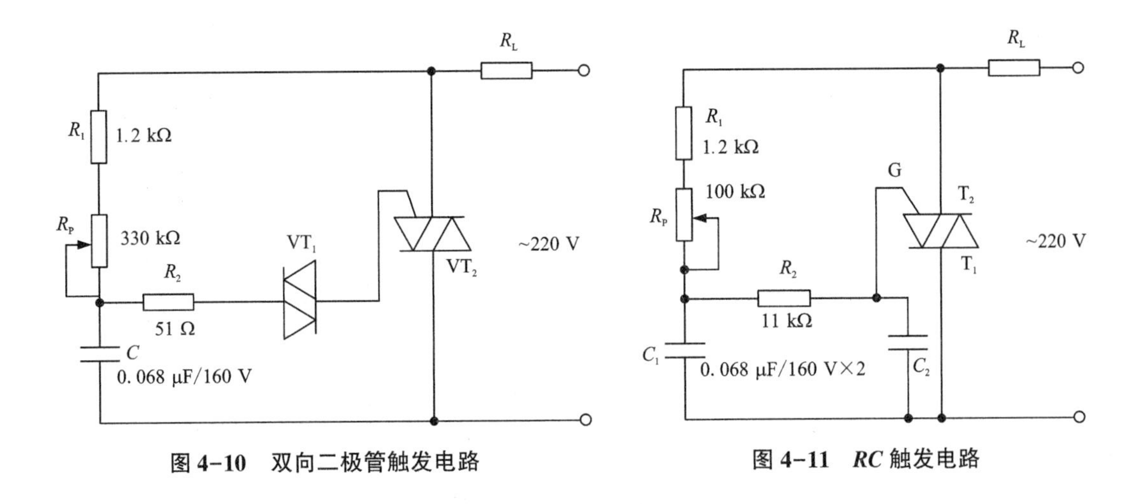

图 4-10　双向二极管触发电路　　　图 4-11　*RC* 触发电路

4.2.4　可控硅整流电路

任务导引

二极管利用其单向导电性可实现整流，但无法控制整流输出电压大小。单向可控硅利用其触发导通的特性也可实现整流，并且还可对整流输出电压大小进行控制。那么，单向可控硅是如何实现可控整流的呢？输出电压大小又如何计算呢？

利用单向可控硅的“触发导通”特性，可用它组成整流电路，这种整流电路与一般整流电路不同处在于输出的负载电压是“可控的”。

一、单相半波可控整流电路

图 4-12(a)是单相半波可控整流电路。设 u_1 为变压器初级电压，u_2 为次级电压，R_L 为负载。

参看图 4-12(a)，其工作原理如下。

(1) u_2 为正半周时，可控硅 VT 承受正向电压，如果此时没有加触发电压，则可控硅处于正向阻断状态，负载电压 $u_L=0$。

(2)当 $\omega t=\alpha$ 时，控制极加有触发电压 u_G，可控硅具备了导通条件而导通，由于可控硅正向压降很小，电源电压几乎全部加到负载上，$u_L=u_2$。

(3)在 $\alpha<\omega t<\pi$ 期间，尽管 u_G 在可控硅导通后即已消失，但可控硅仍保持导通，因此，在这期间，负载电压 u_L 基本上与次级电压 u_2 保持相等。

(4)当 $\omega t=\pi$ 时，$u_2=0$，可控硅自行关断。

(5)当 $\pi<\omega t<2\pi$ 时，u_2 进入负半周后，可控硅承受反向电压，呈反向阻断状态，负载电压 $u_L=0$。

在 u_2 的第二个周期里，电路将重复第一周期的变化。如此不断重复，负载 R_L 上就得

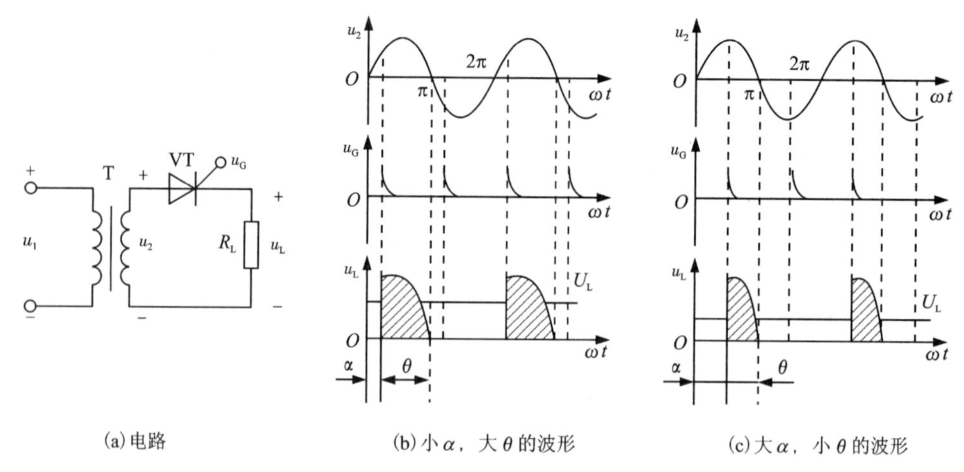

(a) 电路　　(b) 小 α，大 θ 的波形　　(c) 大 α，小 θ 的波形

图 4-12　单相半波可控整流电路

到单向脉动电压。

在图 4-12(b) 中，可以看出，在电角度 $0\sim\alpha$ 期间可控硅正向阻断；在 $\alpha\sim\pi$(即 θ) 期间，可控硅导通。

通常，把 α 叫作控制角，把 θ 叫作导通角。显然，控制角 α 越大，导通角 θ 越小，它们的和为定值，即 $\alpha+\theta=\pi$。

不难看出，改变触发电压到来的时刻，亦即改变控制角 α 的大小，就可改变导通角 θ，也就改变了负载电压 u_L 的平均值。如图 4-12(c) 所示，控制角 α 较图 4-12(b) 中增大，而导通角 θ 较图(b) 中减小，由于 θ 减小，负载电压平均值亦将减小。反之，若控制角 α 减小，导通角 θ 增大，则负载电压平均值将增大。

整流输出电压计算公式为

$$U_L=0.45U_2\frac{1+\cos\alpha}{2} \tag{4-1}$$

二、单相桥式可控整流电路

图 4-13(a) 是单相桥式可控整流电路。T 为变压器，$VD_1\sim VD_4$ 四只整流二极管组成桥式整流电路，可控硅 VT 控制输出电压的值，R_L 为负载。

参看图 4-13(b)，工作原理如下：

(1) 桥式整流输出电压对可控硅 VT 而言是正向电压，只要触发电压 u_G 到来，VT 即可导通。如果忽略它的正向压降，则负载电压 R_L 将与 u_2' 对应部分基本相等。

(2) 当 u_2' 经过零值时，可控硅自行关断，在 u_2 的第二个半周中，电路将重复第一半周情况。图 4-13(b) 所示为工作波形图。

由图可知，该电路也是通过调整触发信号出现的时刻来改变可控硅的控制角 α 和导通角 θ，从而实现控制输出的直流电压平均值。

整流输出电压计算公式为

$$U_L=0.9U_2\frac{1+\cos\alpha}{2} \tag{4-2}$$

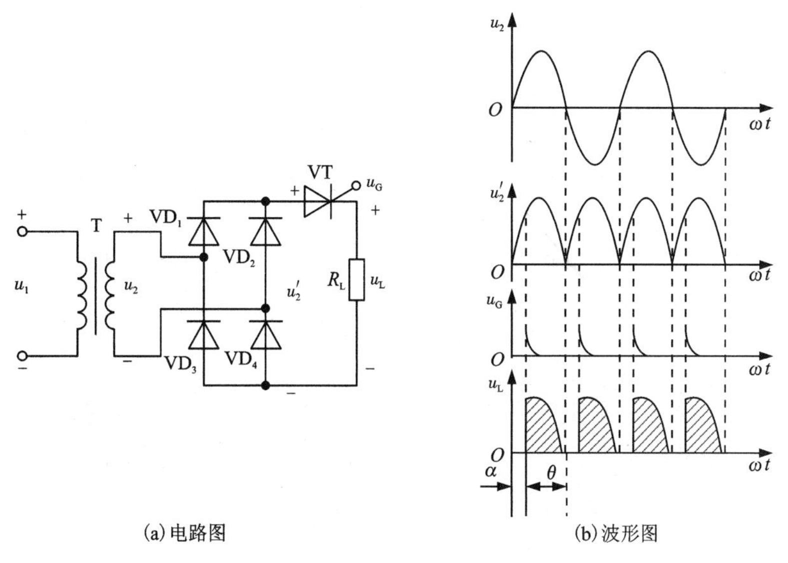

(a) 电路图　　(b) 波形图

图 4-13　单相桥式可控整流电路

4.3　任务实现

4.3.1　认识电路组成

图 4-14 为可控硅调光台灯电路原理图。$VD_1 \sim VD_4$ 构成桥式整流电路，R_1、R_2、R_3、R_4、R_P、C、VT_1 构成单结晶体管张弛振荡器，VT_2 为单向可控硅。图 4-15 为可控硅调光台灯电路实物图。

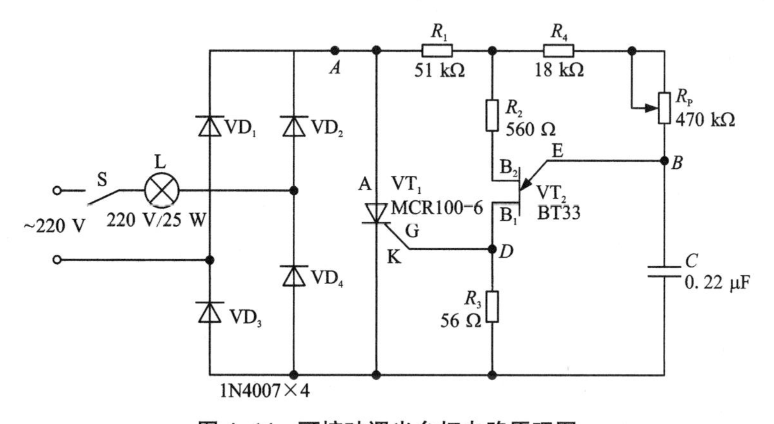

图 4-14　可控硅调光台灯电路原理图

图 4-15　可控硅调光台灯电路实物图

4.3.2　认识电路工作过程

接通电源前，电容 C 上电压为 0；接通电源后，电源经 R_4、R_P 给电容充电，电容电压 U_C 逐渐升高。当达到单结晶体管峰点电压时，VT_1 的 $E-B_1$ 间导通，一方面触发可控硅导通，另一方面电容上电压经 $E-B_1$ 向电阻 R_3 放电。当电容上的电压下降到谷点电压时，单结晶体管恢复阻断状态。此后，电容又重新充电。重复上述过程，在电容上形成锯齿状电压，在 R_3 上则形成脉冲电压，此脉冲电压作为晶闸管 VT_2 的触发信号。在 VD_1 ~ VD_4 桥式整流输出的每一个半波时间内，振荡器产生第一个脉冲为有效信号。调节 R_P 的阻值，可改变触发脉冲的相位，控制晶闸管 VT_2 的导通角度，从而调节台灯亮度。

4.3.3　电路仿真

1. 绘制仿真电路

打开 NI Multisim 14.0 仿真软件，参考图 4-14 所示电路调入元器件，绘制仿真电路。绘制后的仿真电路如图 4-16 所示，Q_1(2N6027) 代替单结晶体管，交流电源的最大值取 140 V。

2. 调试仿真电路

运行仿真软件，闭合开关 S_1，观察灯泡的发光情况。

3. 参数测量

(1) 仿真情况下，按下列要求操作，用电压表检测表 4-4 中关键点电压，并填入表中。

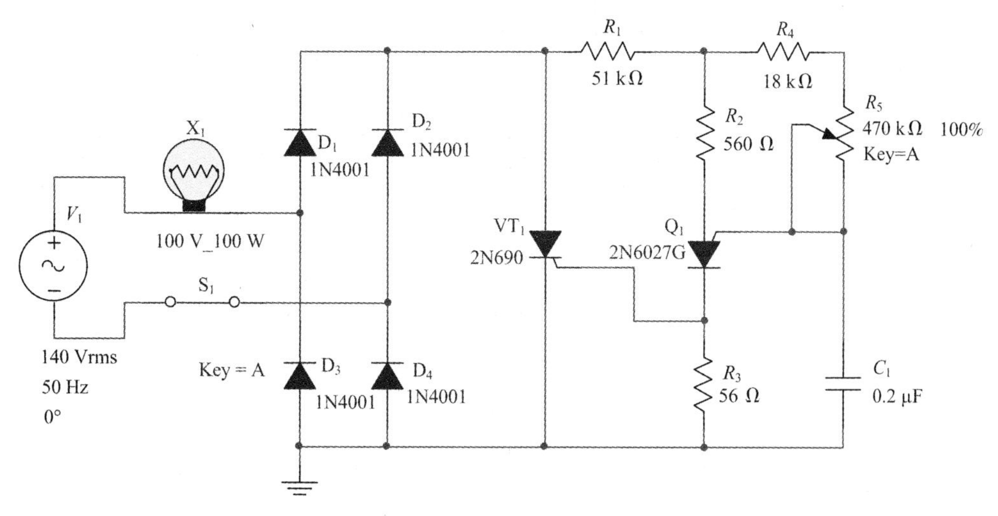

图 4-16 可控硅调光台灯仿真电路图

表 4-4 可控硅调光台灯仿真关键点电压检测值

条件	灯光两端电压	VT_1		Q_1	
		A	G	A	G
$R_5=0$					
$R_5=50\%$					
$R_5=100\%$					

(2)仿真情况下，用示波器检测灯泡两端、VT_1 控制端 G、Q_1 控制端 G 的波形，完成表 4-5。

表 4-5 可控硅调光台灯仿真关键点波形检测

条件	灯泡两端	VT_1 控制端 G	Q_1 控制端 G
$R_5=0$			
$R_5=50\%$			
$R_5=100\%$			

4.3.4 元器件的识别与检测

1. 元器件的选用

$R_1 \sim R_4$ 选用 1/4W 金属膜电阻器或碳膜电阻器；R_P 选用碳膜电位器；C_1 选用耐压为

400 V 以上 CBB 电容器；VT_1 选用 BT33 单结晶体管；$VD_1 \sim VD_4$ 选用 1N4007 二极管；VT_2 选用 MCR100-6 可控硅。元器件选用清单见表 4-6。

表 4-6　可控硅调光台灯电路元器件清单

序号	类型	标号	参数	数量	质量检测	备注
1	电阻器	R_1	51 kΩ	1		
2	电阻器	R_2	560 Ω	1		
3	电阻器	R_3	56 Ω	1		
4	电阻器	R_4	18 kΩ	1		
5	电位器	R_P	470 kΩ	1		
6	电容器	C	0.22 μF	1		
7	整流二极管	$VD_1 \sim VD_4$	1N4007	4		
8	单结晶体管	VT_1	BT33	1		加引脚图
9	可控硅	VT_2	MCR100-6	1		加引脚图

2. 特殊元器件外形图

特殊元器件外形如图 4-17 所示。

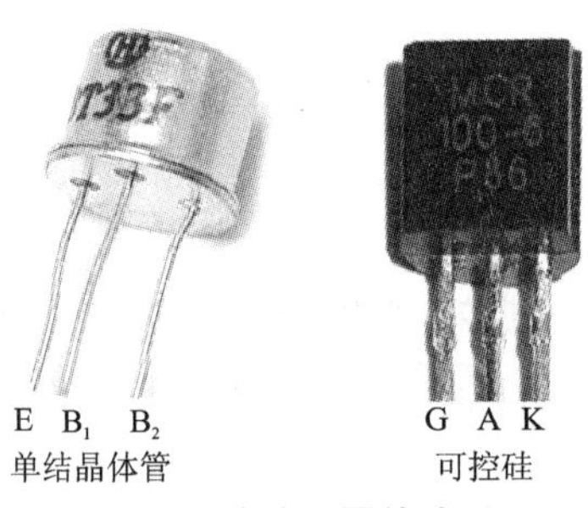

图 4-17　特殊元器件外形图

3. 元器件的检测

(1) 单结晶体管检测

①判断单结晶体管发射极 E 的方法：将万用表置于 $R\times1$ k 挡或 $R\times100$ 挡，假设单结晶体管的任一引脚为发射极 E，黑表笔接假设发射极，红表笔分别接触另外两引脚测其阻值。当出现两次低电阻时，黑表笔所接的就是单结晶体管的发射极。将检测结果填入表 4-6。

②单结晶体管 B_1 和 B_2 的判断方法：将万用表置于 $R\times1$ k 挡或 $R\times100$ 挡，黑表笔接发射极，红表笔分别接另外两引脚测其阻值，两次测量中，电阻大的一次，红表笔接的就是 B_1 极。将检测结果填入表 4-6。

（2）可控硅的检测

可控硅的检测方法参照本项目知识准备中单向可控硅简易检测方法。将检测情况填入表4-6。

（3）其余元器件按照前面项目方法检测。将检测情况填入表4-6。

4.3.5　电路安装

1. 识读电路板

根据电路板实物，参考电路原理图清理电路，查看电路板是否有短路或开路地方，熟悉各器件在电路板中的位置。可控硅调光台灯电路元器件布局如图4-18所示。

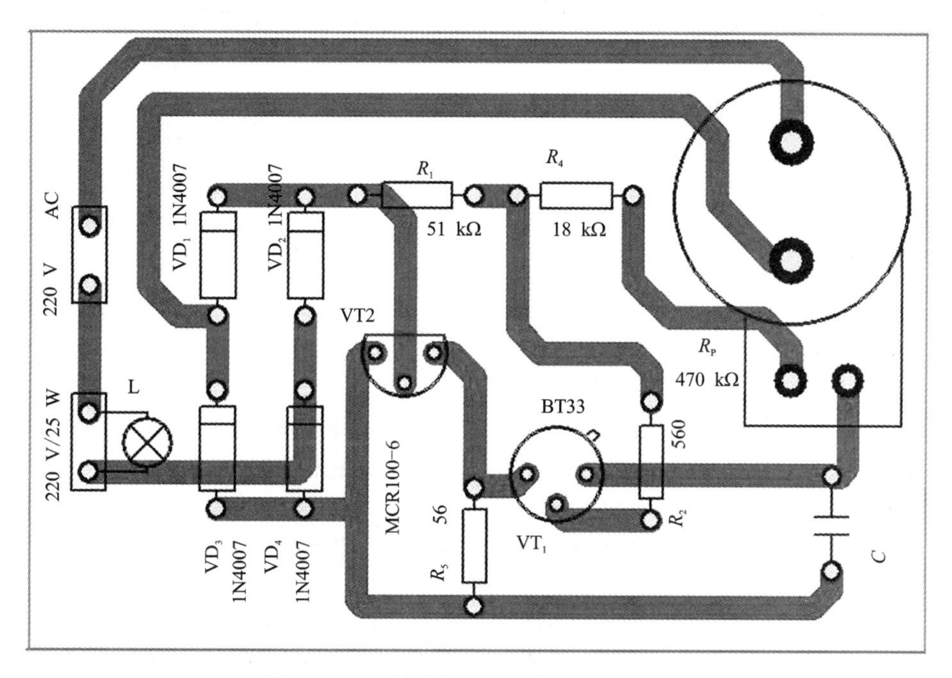

图4-18　可控硅调光台灯电路元器件布局

2. 安装原则

按先小件后大件的顺序安装，即按电阻器、整流二极管、电容器、单结晶体管、可控硅、电位器的顺序安装焊接。

3. 元器件安装

（1）单结晶体管的安装

按照电路板器件间距进行整形，插入对应位置，离电路板4~6 mm处插装焊接（注意管脚，别搞错）。

（2）可控硅的安装

按照电路板器件间距进行整形，插入对应位置，离电路板4~6 mm处插装焊接（注意管脚，同外形不同型号的可控硅，引脚排列也可能不同，别搞错）。

(3)其余元器件参照前面项目进行即可。

4.3.6 电路调试与检测

1. 电路调试

(1)安装结束，检查焊点质量(重点检查是否有错焊、漏焊、虚假焊、短路)，检查元器件安装是否正确(重点检查二极管、单结晶体管、可控硅)，方可通电。

(2)通电观察电路是否有异常现象(声响、冒烟)，如有应立即停止通电，查明原因。

(3)通电后，调节电位器阻值，观察灯泡亮度是否随电位器调节变化而变化。

2. 电路检测

(1)通电情况下，按下列要求操作，用万用表检测表 4-7 中关键点电压，并填入表中。

表 4-7　可控硅调光台灯电路关键点电压检测值

条件	灯光两端电压	VT_1		VT_2	
		A	G	E	B_2
$R_P=0\ \Omega$					
$R_P=150\ k\Omega$					
$R_P=300\ k\Omega$					
$R_P=400\ k\Omega$					
$R_P=470\ k\Omega$					

(2)通电情况下，用示波器检测 A、B、D 三点波形，将所测波形填入表 4-8。

表 4-8　可控硅调光台灯电路关键点波形检测

条件	A	B	D
$R_P=100\ k\Omega$			
$R_P=300\ k\Omega$			
$R_P=470\ k\Omega$			

4.4 考核评价

可控硅调光台灯电路的制作评价标准见表 4-9。

表 4-9 可控硅调光台灯电路的制作评价标准

考核项目	评分点	分值	评分标准	得分
可控硅调光台灯电路的制作	电路识图	5	能正确理解电路的工作原理，否则视情况扣 1~5 分	
	电路仿真	20	能使用仿真软件画出正确的仿真电路，计 12 分，有器件或连线错误，每处扣 2 分；能完成各项仿真测试，计 8 分，否则视情况扣 1~8 分	
	元器件成形、插装与排列	10	元器件成形不符合要求，每处扣 1 分；插装位置、极性错误，每处扣 2 分；元器件排列参差不齐，标记方向混乱，布局不合理，扣 3~10 分	
	元件质量判定	15	正确识别元件，每错一处扣 1 分，扣完为止	
	焊接质量	20	有搭锡、假焊、虚焊、漏焊、焊盘脱落、桥接等现象，每处扣 2 分；出现毛刺、焊料过多、焊料过少、焊接点不光滑、引线过长等现象，每处扣 2 分	
	电路调试	15	正确使用仪器仪表，写出数据测试和分析报告，计满分；不能正确使用仪表测量每次扣 3 分，数据测试错误每次扣 2 分，分析报告不完整或错误视情况扣 1~5 分，扣完为止	
	电路检修	15	通电工作正常，记满分；如有故障能进行排除，也计满分，不能排除，视情况扣 3~15 分	
小计		100		
职业素养与操作规范考核	学习态度	20	不参与团队讨论，不完成团队布置的任务，抄袭作业或作品，发现一次扣 2 分，扣完为止	
	学习纪律	20	每缺课一次扣 5 分；每迟到一次扣 2 分；上课玩手机、玩游戏、睡觉，发现一次扣 2 分，扣完为止	
	团队精神	20	不服从团队的安排，与团队成员间发生与学习无关的争吵，发现团队成员做得不好或不到位或不会的地方不指出、不帮助，团队或团队成员弄虚作假，每发现一次扣 5 分，扣完为止	
	操作规范	20	操作过程不符合安全操作规程，仪器设备的使用不符合相关操作规程，工具摆放不规范，物料、器件摆放不规范，工作台位台面不清洁、不按规定要求摆放物品，任务完成后不整理、清理工作台，任务完成后不按要求清扫场地内卫生，发现一项扣 2 分，扣完为止。如出现触电、火灾、人身伤害、设备损坏等安全事故，此项计 0 分	
	行为举止	20	着装不符合规定要求，随地乱吐、乱涂、乱扔垃圾(食品袋、废纸、纸巾、饮料瓶)等，语言不文明，讲脏话，每项扣 1~5 分，扣完为止	
小计		100		

说明：1. 本项目的项目考核、职业素养与操作规范考核按 10% 比例折算计入总分；

2. 根据全学期训练项目对应的理论知识在期末进行理论考核，本项目占理论考核试卷的 20%，期末理论考核成绩按 10% 折算计入总分。

4.5 拓展提高

安全感应开关的制作

安全感应开关电路原理图如图 4-19 所示。请根据电路原理图及所学知识，分析电路工作原理，查阅相关资料，列出所需元器件清单，自行采购相应器件，用万能板进行设计、组装、调试，项目完成后，撰写制作心得体会。

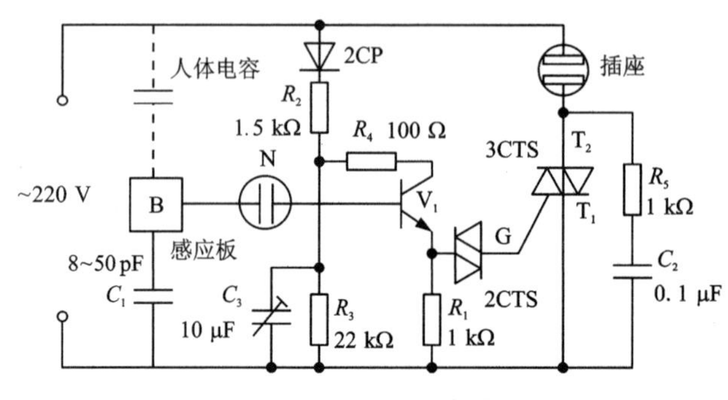

图 4-19　安全感应开关电路原理图

4.6 同步练习

一、填空题

1. 单向可控硅导通必须具备的两个条件：一是阳极与阴极间接____________；二是控制极与阴极之间也要________________。

2. 可控硅一旦触发导通，去掉控制极电压，可控硅仍然________。

3. 单向可控硅与二极管相比较：二者均有____________，不同处在于二极管只能正向导通，反向截止，而单向可控硅正反向均可________。

4. 可控硅截止的条件：一是撤除________电压；二是阳极电流________到无法维持导通的程度。

5. 双向可控硅的输出电压不像单向可控硅那样输出的是________而是________。

二、选择题

1. 可控硅型号为 3CT-5/500，下列说法正确的是(　　)。

A. 额定电流为 5 A，额定电压为 500 V　　B. 峰值电流为 5 A，峰值电压为 500 V

C. 额定电流为 5 A，峰值电压为 500 V　　D. 峰值电流为 5 A，额定电压为 500 V

2. 下列说法错误的是（　　）。

A. 单向可控硅导通必须具备两个条件：一是可控硅阳极与阴极间接正向电压；二是控制极与阴极之间也要接正向电压

B. 可控硅一旦接通后，去掉控制极电压时，可控硅截止

C. 导通后的可控硅若要关断时，必须将阳极电压降低到一定程度

D. 可控硅具有控制强电的作用，即利用弱电信号去控制强电系统

3. 下列说法错误的是(　　)。

A. 双向可控硅输出电压不是直流而是交流

B. 双向可控硅可作单向可控硅使用，而单向可控硅不能

C. 单向可控硅与双向可控硅均可进行整流

D. 双向可控硅主电极没有阴、阳之分

4. 下列对单结晶体管说法错误的是(　　)。

A. 单结晶体管只有一个 PN 结，所以称为单结晶体管

B. 单结晶体管也叫双基极二极管

C. 单结晶体管 PN 结的电流只能流向 B_1 极

D. 单结晶体管导通的条件是 $V_{EB}<\eta V_{BB}+V_D$（V_D 为二极管正向压降）

5. 下列是单向可控硅的是(　　)。

A. MCR100-6　　B. BTA80-800B　　C. Z0607　　D. MAC97A6

三、分析题

1. 单结晶体管触发电路如图 4-20 所示，请分析电路工作原理。

2. 双向二极管触发电路如图 4-21 所示，试分析其工作原理。

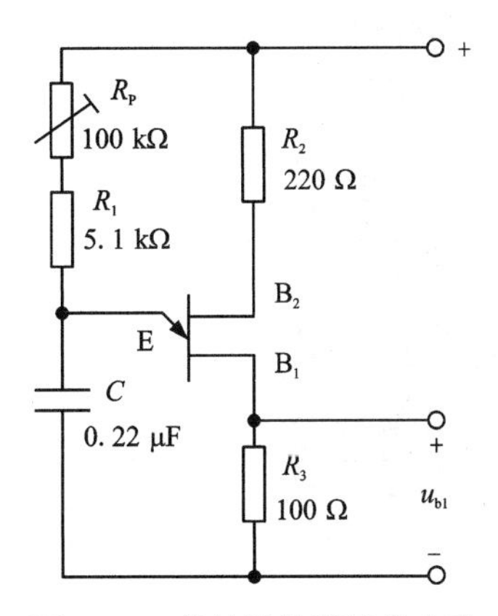

图 4-20　单结晶体管触发电路

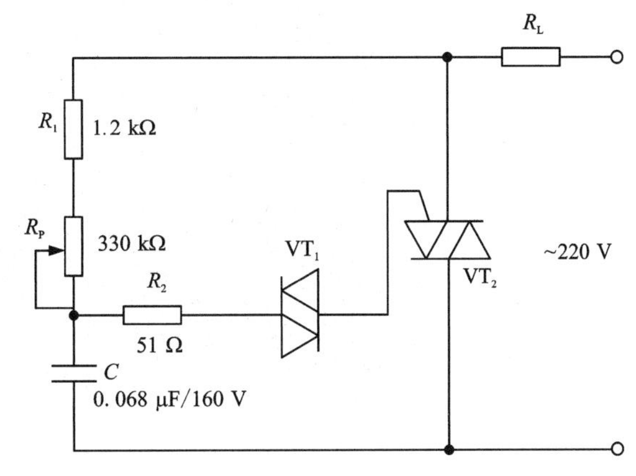

图 4-21　双向二极管触发电路

项目 5

多功能直流稳压电源的制作

5.1 项目描述

本项目介绍的多功能直流稳压电源(图 5-1)，是采用变压器将 220 V 交流电变换成 16 V 和 9 V(双电压中心抽头)二组交流电。16 V 交流电通过桥式整流、电容滤波、集成稳压器 LM317 稳压后输出 0~20 V 可调直流电压。双 9 V 交流电通过桥式整流、电容滤波、集成稳压器 CW7805 和 CW7905 稳压后输出正、负 5 V 二组直流电压。通过本项目的学习与实践，可以让读者获得如下知识和技能：

图 5-1　多功能直流稳压电源

1. 掌握直流稳压电源的基本组成及工作原理；
2. 会制作和调试晶体管串联稳压电源；
3. 会识读三端集成稳压器；

4. 了解集成稳压器典型应用电路中元器件的主要作用；
5. 能灵活运用三端集成稳压器实现不同需求的电源稳压；
6. 会使用 NI Multisim 14.0 仿真软件对电路进行仿真实验；
7. 会安装与调试由集成稳压器构成的直流稳压电源；
8. 具有一定的电子产品装接、检测和维修能力。

5.2 知识准备

要完成以上要求的多功能直流稳压电源的制作，需要具备以下一些相关知识和技能，下面分别进行阐述。

5.2.1 晶体管直流稳压电源

任务导引

我们知道任何一种电路都需要电源，它是电子电路工作的"能源"和"动力"。那么，用晶体管能否制作出直流稳压电源呢？它又是如何实现输出直流电压的稳定呢？

一、直流稳压电源组成方框图

直流稳压电源一般由变压、整流、滤波和稳压电路四部分组成。组成结构如图 5-2 所示。

1. 变压——将 220 V 交流电变换成低电压

采用降压变压器。次级组数根据稳压电源输出电压组数不同而不同，次级电压根据稳压电源输出电压不同而不同。

2. 整流——将交流电变换成脉动直流电

通过整流电路将交流电压转换为单一方向的脉动直流电压，该脉动直流电压含有较大的交流分量，会影响负载电路的正常工作，整流原理详见项目 1。

3. 滤波——减小交流分量使输出的直流电压平滑

为了减小电压的脉动，需要通过滤波电路滤除交流分量，使输出的直流电压变得平滑。对于稳定性要求不高的电子电路，整流、滤波后的直流电压可以作为供电电源，电容滤波原理详见项目 1。

4. 稳压——稳定直流电压

经整流、滤波后的直流电压，当交流电源电压或负载变动时，它也随着波动。如果将该直流电压向有稳定性要求的电子设备供电，则有可能使电子设备不能正常工作，例如对于三极管放大电路来说，将使放大管的工作点改变，使输出波形失真，或使管子的功耗增加等。因此必须有稳压电路，稳压电路的功能是使输出直流电压基本不受电网电压和负载

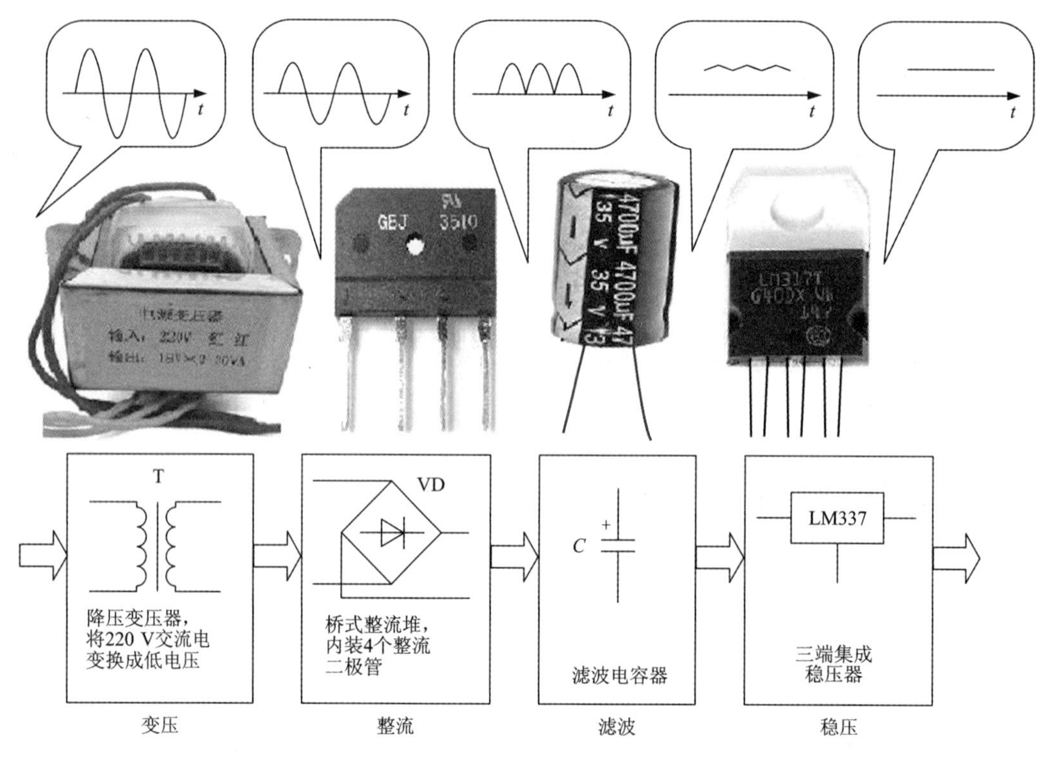

图 5-2　直流稳压电源组成结构图

变化的影响，从而获得足够的稳定性。稳压电路一般有二极管稳压电路(项目 1 已介绍)、三极管稳压电路和集成稳压电路等，集成稳压电路体积小，使用方便，被广泛用于各种电子设备中。

二、串联型稳压电路

1. 电路组成

图 5-3(a)所示是一种简单串联型三极管稳压电路。三极管 VT 在电路中是调整元器件(工作在放大状态)，当供电或用电发生变化、电路输出电压波动时，它都能及时地加以调节，使输出电压保持基本稳定，因此它被称作调整管。因为在电路中作为调整元器件的三极管是与负载串联的，所以这种电路称为串联型稳压电路。稳压管 VZ 为调整管提供基准电压，使调整管基极电位 V_B 不变。R_1 既是稳压管 VZ 的限流电阻，起保护稳压管的作用，又是三极管 VT 的偏置电阻；R_2 为三极管 VT 的发射极电阻；R_L 为外接负载电阻。

2. 工作原理

假如因某种原因(电网电压变动或负载电阻变化)使输出电压 V_O 增加，电路稳压过程可简单表示如下：

$$V_O\uparrow \xrightarrow{\text{因 } V_B \text{ 不变}} V_{BE}\uparrow \longrightarrow I_B\downarrow \xrightarrow{\text{使 VT 集-射极间的等效电阻增加}} V_{CE}\uparrow \xrightarrow{\text{因 } V_O=V_I-V_{CE}} V_O\downarrow$$

达到输出电压 V_O 维持稳定不变的效果。

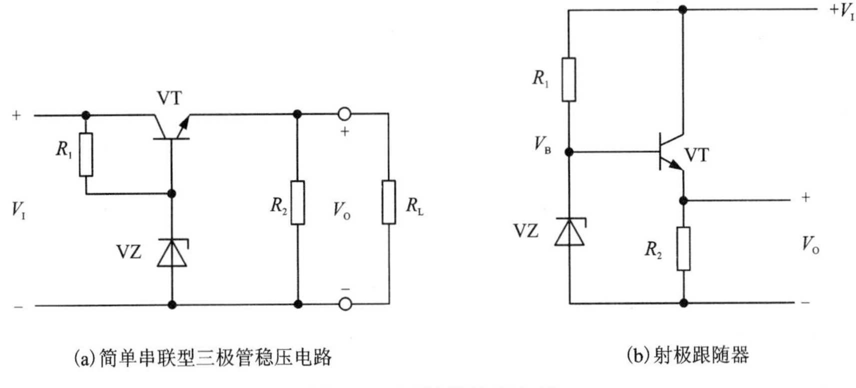

图 5-3　三极管稳压电路

电路中的调整管像一个自动的可变电阻，当输出电压增大时，它的“阻值”就增大，分担了增大的电压；当输出电压减小时，它的“阻值”就减小，补足了减小的电压。无论是哪种情况，都使电路保持输出一个稳定的电压。

如果把图 5-3(a)所示稳压电路的形式稍微改变一下，改成图 5-3(b)，不难看出，原来串联型三极管稳压电路就是一个射极跟随器。R_1 是偏置电阻，稳压管 VZ 是下偏置电阻，输出电压是从发射极电阻 R_2 上取出的，输出电压的大小 $V_O \approx V_Z$。

三、具有放大环节的串联型可调稳压电源

上述简单串联型稳压电源，虽然带负载能力较强，但稳压性能并不理想，且输出电压不能调节。图 5-4 所示为串联型可调稳压电源的方框图。

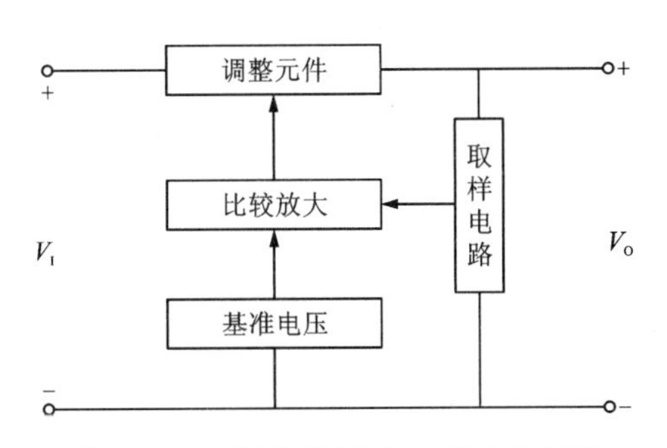

图 5-4　串联型可调稳压电源的方框图

1. 电路组成

电路如图 5-5 所示，它由四个部分组成，分别是调整电路(调整管 V_1)、取样电路(R_1、R_P、R_2 组成的分压器)、基准电路(稳压管 VZ 和 R_3 组成的稳压电路)、比较放大器(放大管 V_2 等)。

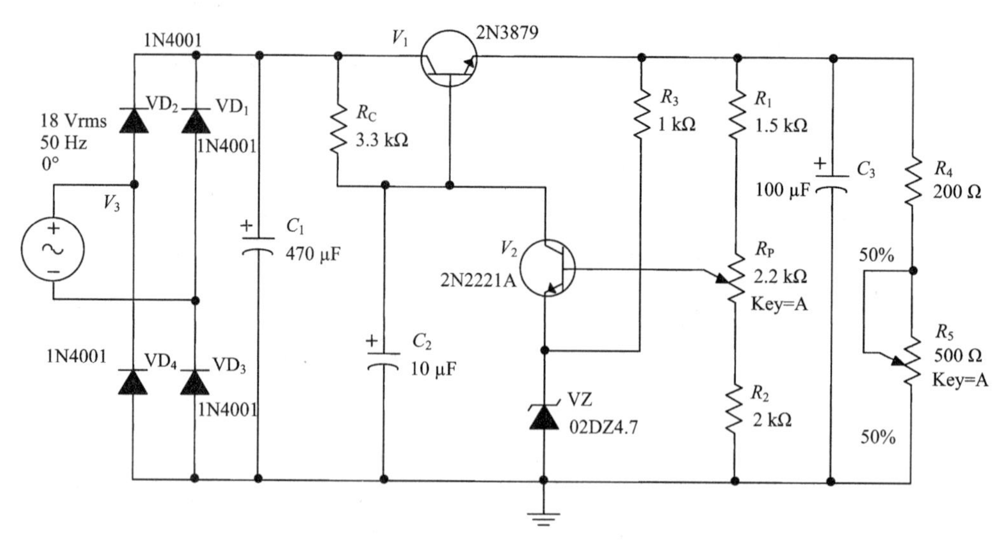

图 5-5　串联型可调稳压电源电路原理图

做中学、做中教

打开 NI Multisim 14.0 仿真软件，按图 5-5 所示电路调入对应器件并连接好电路，按表 5-1 要求进行仿真，将结果填入表中。

表 5-1　串联型可调稳压电源仿真实验记录表

输入交流电压	调整管各极电压			比较放大管各极电压			备注
	B	C	E	B	C	E	
12 V							
14 V							
16 V							R_5、R_P 均调到 50%
18 V							
20 V							

R_5 百分比	调整管各极电压			比较放大管各极电压			备注
	B	C	E	B	C	E	
20%							
40%							输入电压 16 V，R_P 调到 50%
60%							
80%							

续表 5-1

R_P 百分比	调整管各极电压			比较放大管各极电压			备注
	B	C	E	B	C	E	
0							输入电压 16 V，R_5 调到 50%
20%							
40%							
60%							
80%							
100%							

2. 工作原理

通过仿真可以看出，调整管 V_1 是该稳压电源的关键元件，利用其集-射之间的电压 V_{CE} 受基极电流控制的原理，与负载 R_L(R_4 与 R_5 串联等效)串联，用于调整输出电压。R_1、R_P、R_2 组成输出电压 V_O 的取样电路，将 V_O 变化量的一部分送入 V_2 的基极 V_{B2}，V_{B2} 与基准电压 V_Z 相比较，其差值加在 V_2 管的输入端，V_2 对这个差值进行放大后去控制调整管的基极电流 I_{B1}，从而使调整管 V_1 的 V_{CE} 发生变化达到稳定电压的作用。具体稳压过程情况如下：

(1) 当电网电压升高或负载变轻时：输出电压在这种情况下有上升的趋势，取样电路的分压点 V_{B2} 升高，因 V_Z 不变，所以 V_{BE2} 升高，I_{C2} 随之增大，V_{C2} 降低，则调整管 V_{B1} 亦降低，发射结正偏电压 V_{BE1} 下降，I_{B1} 下降，I_{C1} 随着减小，V_1 集-射间电阻 R_{CE} 增大，V_{CE1} 增大，使输出电压 V_O 下降。因而输出电压上升的趋势受到遏制而保持稳定。上述稳压过程可用推导表示为：

$$V_I\uparrow (R_L\uparrow) \rightarrow V_O\uparrow \rightarrow V_{B2}\uparrow \rightarrow V_{BE2}\uparrow \rightarrow I_{B2}\uparrow \rightarrow I_{C2}\uparrow \rightarrow V_{C2}\downarrow \rightarrow V_{B1}\downarrow \rightarrow V_{BE1}\downarrow \rightarrow I_{B1}\downarrow \rightarrow R_{CE1}\uparrow \rightarrow V_{CE1}\uparrow \rightarrow V_O\downarrow$$

可简化概括为 $V_O\uparrow \rightarrow V_{CE1}\uparrow \rightarrow V_O\downarrow$

(2) 当电网电压下降或负载变重时输出电压有下降的趋势，电路的稳压过程可表示为：

$$V_I\downarrow (R_L\downarrow) \rightarrow V_O\downarrow \rightarrow V_{B2}\downarrow \rightarrow V_{BE2}\downarrow \rightarrow I_{B2}\downarrow \rightarrow I_{C2}\downarrow \rightarrow V_{C2}\uparrow \rightarrow V_{B1}\uparrow \rightarrow V_{BE1}\uparrow \rightarrow I_{B1}\uparrow \rightarrow R_{CE1}\downarrow \rightarrow V_{CE1}\downarrow \rightarrow V_O\uparrow$$

可简化概括为 $V_O\downarrow \rightarrow V_{CE1}\downarrow \rightarrow V_O\uparrow$

3. 输出电压的计算

由仿真及图 5-5 可见，在忽略 V_2 管的基极电流的情况下，按分压关系有

$$V_{B2}=\frac{R_2+R_{P(下)}}{R_1+R_2+R_P}V_O$$

上式整理得

$$V_O=\frac{R_1+R_2+R_P}{R_2+R_{P(下)}}V_{B2}$$

$$V_O=\frac{R_1+R_2+R_P}{R_2+R_{P(下)}}(V_Z+V_{BE2}) \quad (5-1)$$

式(5-1)说明，只要改变 R_P 的抽头位置，就可以调整输出电压 V_O 的大小。即输出电压最大值和最小值分别为

$$V_{Omin}=\frac{R_1+R_2+R_P}{R_2+R_P}(V_Z+V_{BE2}) \quad (5-2)$$

$$V_{Omax}=\frac{R_1+R_2+R_P}{R_2}(V_Z+V_{BE2}) \quad (5-3)$$

5.2.2 技能实训

串联型可调稳压电源的安装与调试

1. 任务目标

(1)会根据原理图 5-5 绘制电路装接图和布线图；

(2)能说明电路中各元器件的作用，并能检测元器件；

(3)会搭建、调试和检修串联型可调稳压电源。

2. 实施步骤

清点元器件→元器件检测→按图 5-5 所示搭建串联型可调稳压电源→通电前准备→通电调试→测试数据记录→数据分析。

3. 调试与记录

(1)稳压原理测量数据的测量

将 R_5、R_P 均调到中间位置，分别输入 12 V、15 V 和 18 V 交流电压，用万用表测量三极管各极电压，将测量结果记录到表 5-2 中，并分析其结果。

表 5-2 串联型可调稳压电源实验记录表

输入交流电压	调整管各极电压			比较放大管各极电压			备注
	B	C	E	B	C	E	
12 V							R_5、R_P 均调到中间位置
15 V							
18 V							
结论							

输入 15 V 交流电压，R_P 均调到中间位置，改变 R_5 大小，用万用表测量三极管各极电压，将测量结果记录到表 5-3 中，并分析其结果。

表5-3 串联型可调稳压电源实验记录表

R_5 大小	调整管各极电压			比较放大管各极电压			备注
	B	C	E	B	C	E	
最小							输入电压15 V，R_P 均调到中间位置
中间							
最大							
结论							

(2)输出电压变化范围的测量

输入15 V交流电压，R_5 均调到中间位置，改变 R_P 大小，用万用表测量三极管各极电压，将测量结果记录到表5-4中，并分析其结果。

表5-4 串联型可调稳压电源实验记录表

R_P 大小	调整管各极电压			比较放大管各极电压			备注
	B	C	E	B	C	E	
最小							输入电压15 V，R_5 均调到中间位置
中间							
最大							
结论							

5.2.3 三端集成稳压器

任务导引

晶体管组装的稳压电源，虽然有输出功率大，适应性较广的优点，但因体积大，焊点多，可靠性差而受到限制。三端集成稳压器是利用半导体集成工艺，把基准电压电路、取样电路、比较放大电路、调整管及保护电路等全部元器件集中地制作在一小片硅片上。并且内部设置有过电流保护、芯片过热保护及调整管安全工作区保护电路，它具有体积小、稳定性高、性能指标好等优点，广泛应用于各种电子设备的电源部分。那么，三端集成稳压器基本结构是怎样的呢？我们又应如何正确使用呢？

三端集成稳压器有三个引脚，分别为输入端、输出端和公共引出端，因而称为三端集成稳压器。按输出电压是否可调，三端集成稳压器分为固定式和可调式两种。

一、固定式三端集成稳压器

主要有78××系列(输出正电压)和79××系列(输出负电压)。型号中78/79前一般都有字母，代表生产厂家或某种标准，如CW表示国产稳压器，LM表示是由美国国家半导体公司生产的；78/79后面两位数字通常表示输出电压的大小。

1. CW78××系列正电压输出集成稳压器

(1)外形与引脚排列

不同公司的封装和不同系列的三端集成稳压器三个引脚排列与功能有所不同，使用时必须注意。本教材分析时，对于CW78××系列统一为1脚是输入端(IN)，2脚为公共端(ADJ)，3脚为输出端(OUT)，如图5-6所示。

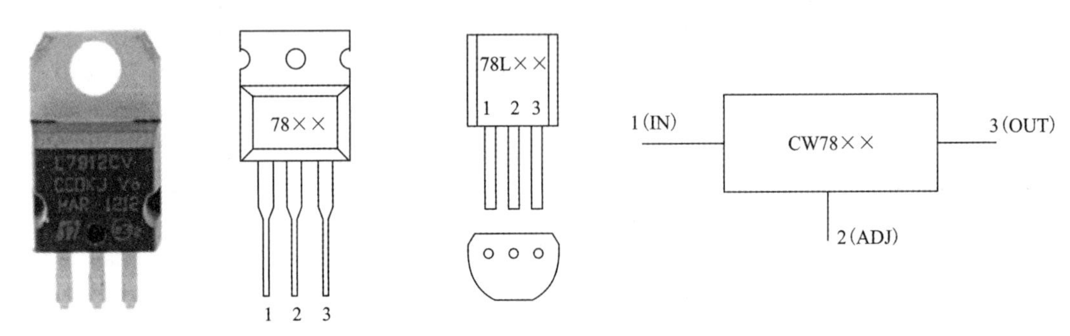

图5-6 常见CW78××系列的外形、引脚排列和图形符号

(2)分类

CW78××系列按输出电压的不同有5 V、6 V、8 V、9 V、12 V、15 V、18 V和24 V等。型号末两位数字表示输出电压值，如：7805表示输出电压为5 V。

输出电流以78/79后面字母区分，L为0.1 A，M为0.5 A，无字母为1.5 A。

(3)基本电路

CW78××组成的基本电路如图5-7所示，输出电压和最大电流取决于所选三端稳压器。图中C_1用于抑制电路产生的自激振荡并减小纹波电压，C_2用于消除输出电压中的高频噪声，C_1和C_2通常取小于1 μF的电容。为减小低频干扰，常在C_2两端并联10 μF左

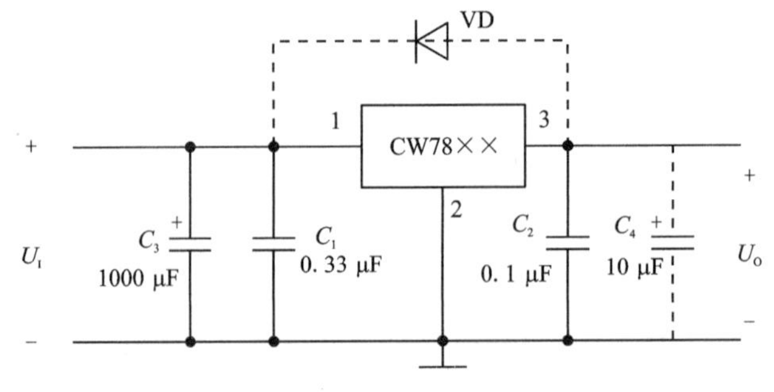

图5-7 CW78××组成的基本电路

右的电解电容。但是若 C_4 容量较大，一旦输入端断开，C_4 将从稳压器输出端向稳压器放电，易使稳压器损坏。因此，可在稳压器输入端和输出端之间跨接一个二极管，如图中虚线所示。

(4)拓展应用

①扩大输出电流的稳压电路

图 5-8 所示为扩大输出电流的稳压电路，利用外接三极管等元器件组成的电路来扩大输出电流，以满足不同负载的需要，其中二极管用以消除三极管的 U_{BE} 对输出电压的影响。

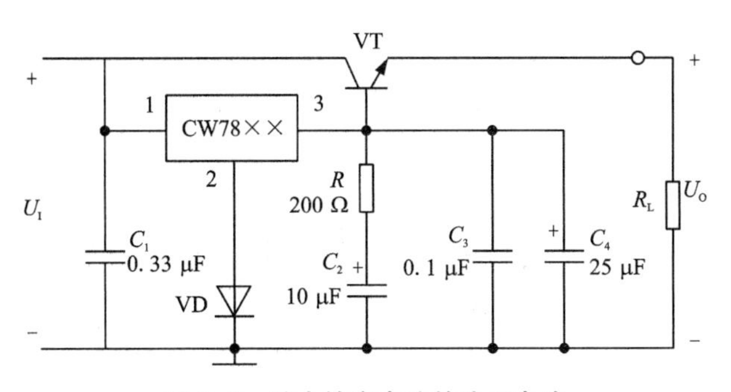

图 5-8 扩大输出电流的稳压电路

②提高输出电压的稳压电路

图 5-9 所示为提高输出电压的稳压电路，图中 R_1 两端的 $U_{××}$为 CW78××的标称输出电压，一般情况下，有 $U_0 \approx \left(1+\frac{R_2}{R_1}\right)U_{××}$。只要选择合适的 R_1、R_2、$U_{××}$，就能得到所需要的高于 $U_{××}$的输出电压。

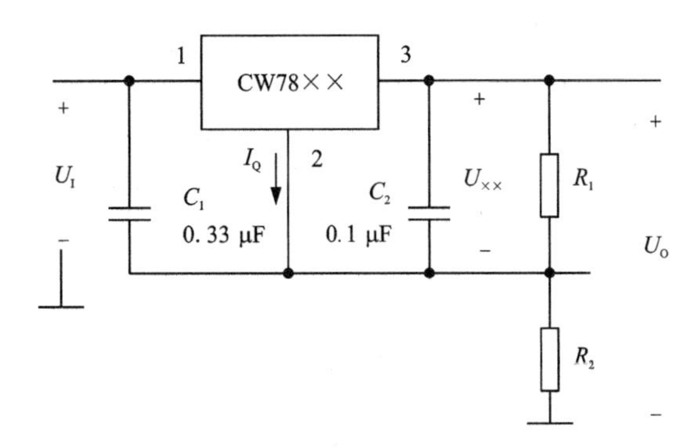

图 5-9 提高输出电压的稳压电路

2. CW79××系列负电压输出集成稳压器

(1)外形与引脚排列

CW79××系列是负电压输出的，引脚排列与 CW78××系列不同。本教材分析时，对于79××系列统一为 1 脚是公共端(ADJ)，2 脚为输入端(IN)，3 脚为输出端(OUT)，如图 5-10 所示。

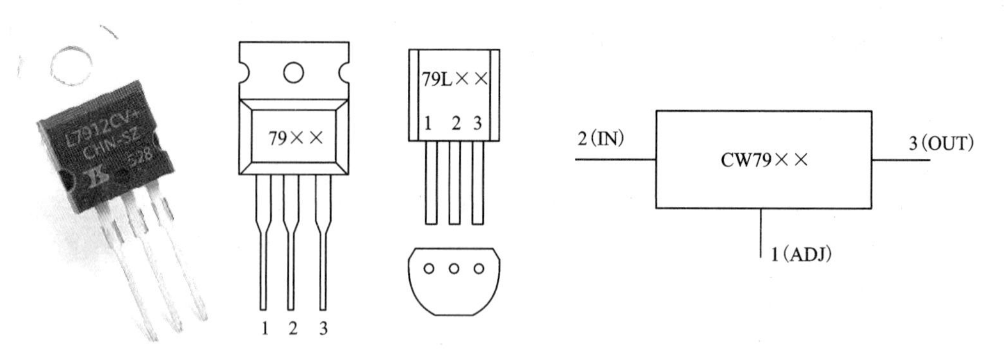

图 5-10　常见 CW79××系列的外形、引脚排列和图形符号

(2)分类

CW79××系列分类方式与 CW78××系列相同，按输出电压值分为：-5 V、-6 V、-8 V、-9 V、-12 V、-15 V、-18 V 和-24 V 等。

(3)基本电路

CW79××组成的基本电路如图 5-11 所示。

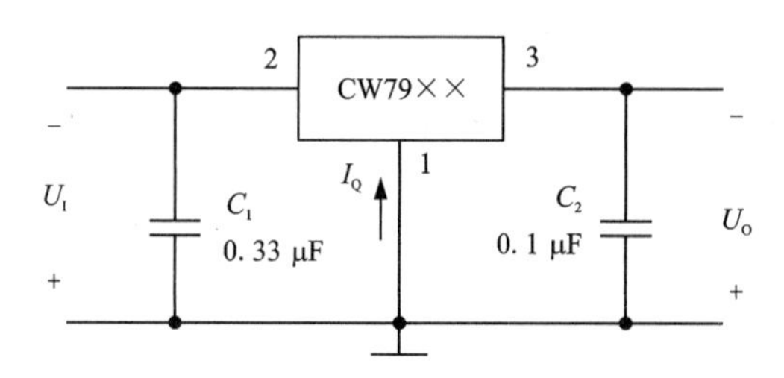

图 5-11　CW79××组成的基本电路

图 5-12 所示电路采用 CW78××正电压稳压器和 CW79××负电压稳压器组成正、负输出的稳压电源，两组电源采用同一个整流电源和同一个公共接地端。

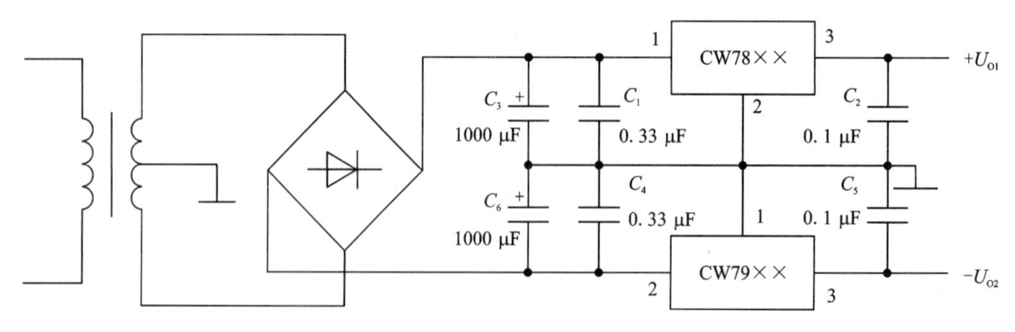

图 5-12　CW78××和 CW79××系列组成的正、负电源

二、可调式三端集成稳压器

可调式三端集成稳压器不仅输出可调，其稳定性能也优于固定式，被称为第二代三端集成稳压器。

常见的可调式三端集成稳压器的产品国产型号有 CW317、CW337 等，进口型号有 LM317、LM337 等。字母后面两位数字为 17，为正电压输出；若为 37，则为负电压输出。

1. 外形与引脚排列

可调式三端集成稳压器引脚排列和图形符号如图 5-13 所示。

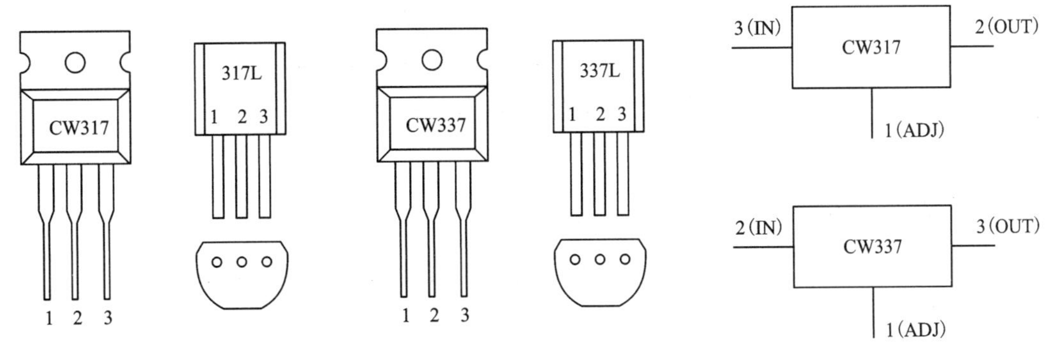

图 5-13 可调式三端集成稳压器引脚排列和图形符号

其输出电流可从型号的最后一个字母中看出，其字母含义与 CW78××、CW79××系列相同。如 CW317M 表示输出电流为 0.5 A，CW317L 表示输出电流为 0.1 A，CW317 表示输出电流为 1.5 A。

2. 基本电路

CW317 组成的基本电路，如图 5-14 所示，输出电压为

$$U_O = 1.25\left(1+\frac{R_P}{R_1}\right)\text{V} \tag{5-4}$$

式中，1.25 V 是 CW317 内部基准电压，改变 R_P 的阻值就可以改变输出电压范围。输出电压范围为 1.2~37 V，最大输出电流 I_L 为 1.5 A。图中，C_2 用于抑制高频干扰；C_3 用于提高稳压电源纹波抑制比，减小输出电压中纹波电压；C_4 用于防止电路自激振荡；VD_1 和 VD_2 为保护二极管。稳压器运行时，若输入端突然短路，而 U_O 因 C_4 作用保持原来电压，就会使 CW317 输入与输出间承受较大反压而损坏。接入 VD_1 后，在正常运行时 VD_1 反偏，可视作开路。若输入突然短路，VD_1 随即正偏，使输入与输出间的反向电压仅为 0.7 V，使 CW317 得到保护。VD_2 起输出短路保护作用。稳压器运行时，若输出端突然短路，使调整端与输出端之间承受反压，接入 VD_2 后，此反压使 VD_2 正偏，调整端与输出端之间仅 0.7 V 电压，从而使 CW317 得到保护。

从上面的电路可看出，三端可调式集成稳压器的“可调”实质是通过外电路所接的电阻来实现的，不同的电阻组合可以实现不同的电压输出，但一旦电阻确定，其输出电压也就确定了，若要调节，可设置可变电阻来实现。

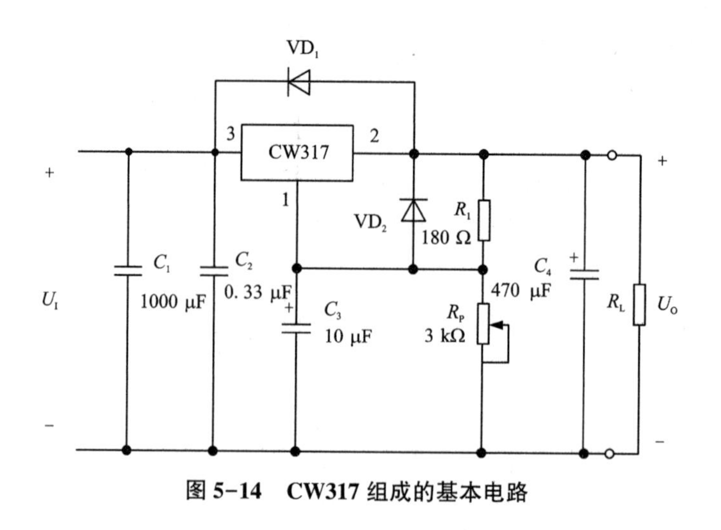

图 5-14　CW317 组成的基本电路

做中学、做中教

打开 NI Multisim 14.0 仿真软件，按图 5-14 所示电路调入对应器件并连接好电路，然后按表 5-5 的要求进行仿真，将结果填入表中。

表 5-5　CW317 组成的基本电路仿真实验记录表

<table>
<tr><td>输入直流电压</td><td>输出直流电压</td><td>备注</td><td>R_P 百分比</td><td>输出直流电压</td><td>备注</td></tr>
<tr><td>25 V</td><td></td><td rowspan="3">R_P 均调到 50%</td><td>0</td><td></td><td rowspan="3">输入直流电压 28 V</td></tr>
<tr><td>28 V</td><td></td><td>50%</td><td></td></tr>
<tr><td>30 V</td><td></td><td>100%</td><td></td></tr>
<tr><td>结论</td><td colspan="2"></td><td>结论</td><td colspan="2"></td></tr>
</table>

3. 拓展应用

图 5-15 所示为采用 CW317 和 CW337 构成的正、负电压输出的三端可调式集成稳压器，电路对称，调节电位器 R_P，可使输出电压在±(1.2~20 V)之间可调，正、负电源也可单独使用。

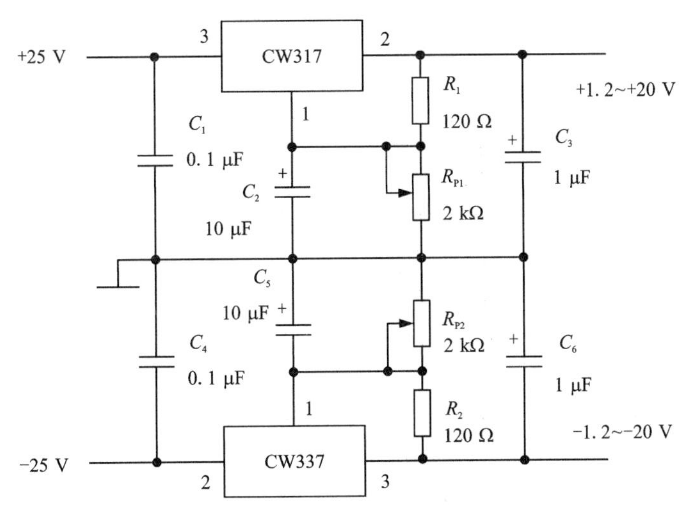

图 5-15　正、负电压输出的三端可调式集成稳压器

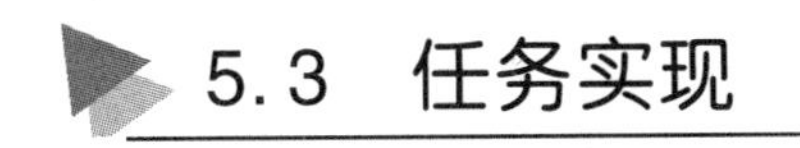

5.3　任务实现

5.3.1　认识电路组成

图 5-16 为多功能直流稳压电源电路原理图。T 为电源变压器，$VD_1 \sim VD_4$、$VD_5 \sim VD_8$ 构成二组桥式整流电路，$C_1 \sim C_9$ 均为滤波电容，VD_9、VD_{10} 为保护二极管，IC_1、IC_2、IC_3 均为三端集成稳压器。图 5-17 为多功能直流稳压电源实物图。

5.3.2　认识电路工作过程

变压器 T 将 220 V 交流电变换成 16 V 和 9 V(双电压中心抽头)二组交流电。

16 V 交流电通过 $VD_5 \sim VD_8$ 桥式整流和 C_6、C_9 电容滤波形成 20 V 左右的直流电，再送至集成稳压器 LM317 输入端，经 LM317 稳压、C_8 滤波后输出稳定的直流电。改变 R_P 的阻值就可以改变输出电压大小，可按式 $U_O = 1.25\left(1+\frac{R_P}{R_1}\right)$ 计算；VD_9 和 VD_{10} 为保护二极管(保护原理详见可调式三端集成稳压器分析)。

9 V(双电压中心抽头)交流电通过 $VD_1 \sim VD_4$ 桥式整流和 C_1、C_2、C_3 电容滤波形成正、负 10 V 左右的直流电；正 10 V 送至集成稳压器 CW7805 输入端，经 CW7805 稳压、C_4 滤波后输出+5 V 稳定的直流电；负 10 V 送至集成稳压器 CW7905 输入端，经 CW7905 稳压、C_5 滤波后输出-5 V 稳定的直流电。

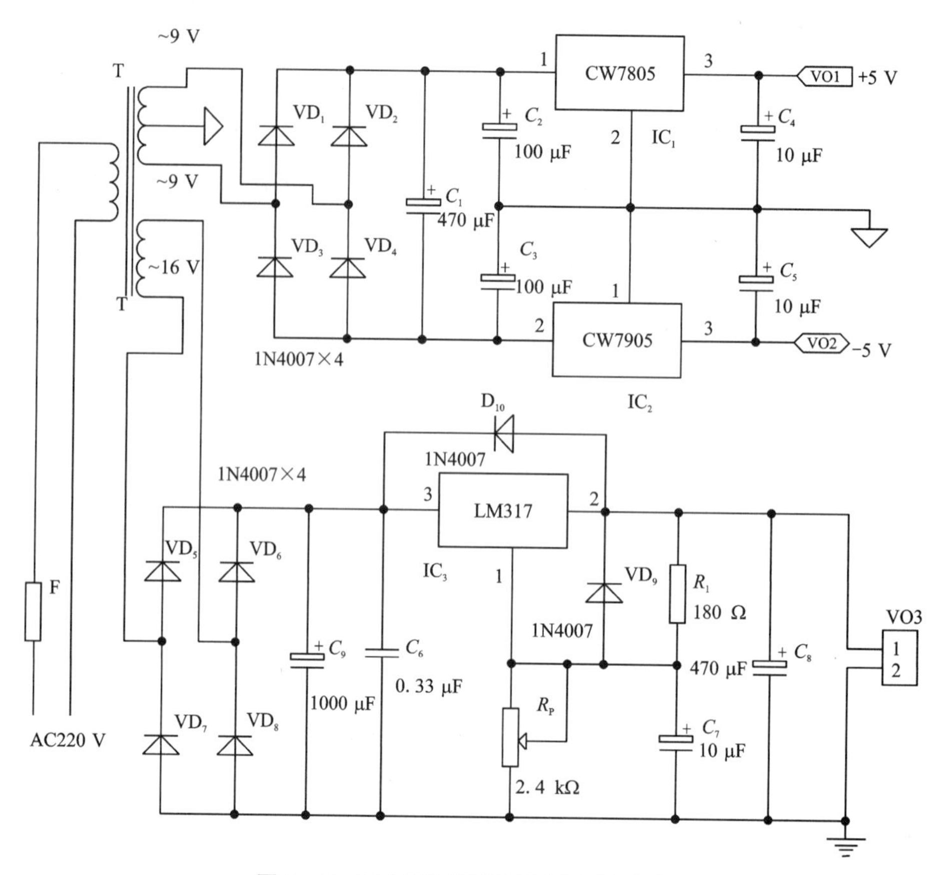

图 5-16　多功能直流稳压电源电路原理图

图 5-17　多功能直流稳压电源实物图

5.3.3 电路仿真

1. 绘制仿真电路

打开 NI Multisim 14.0 仿真软件，按图 5-18 所示电路调入元器件，绘制仿真电路。

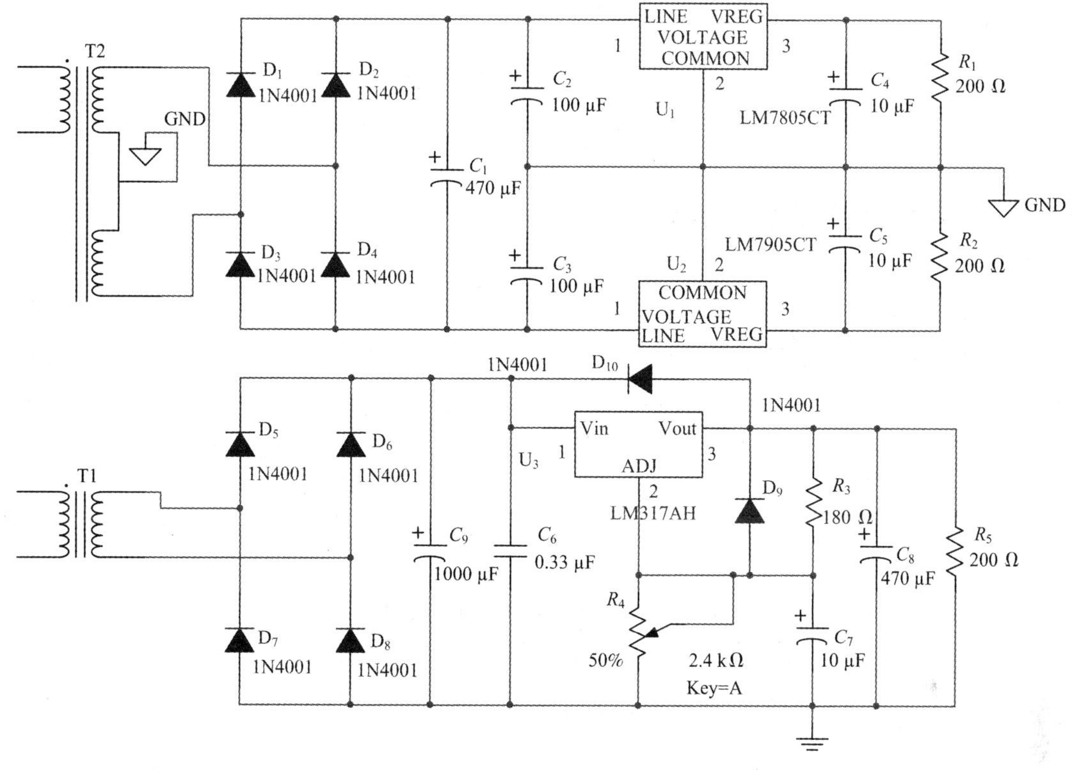

图 5-18　多功能直流稳压电源仿真电路图

2. 仿真参数测量

借助仿真软件中电压表完成表 5-6 中各电压数据的测量，将测量结果填入表中。

表 5-6　多功能直流稳压电源仿真主要点电压测量表

输入交流电压	U_1(LM7805CT)			U_2(LM7905CT)		
	1 脚电位	2 脚电位	3 脚电位	1 脚电位	2 脚电位	3 脚电位
8 V						
10 V						
12 V						
14 V						

续表5-6

R_4 百分比	U_3(LM317AH)		
0	1脚电位	2脚电位	3脚电位
20%			
50%			
70%			
100%			
备注	输入交流电压25 V		

5.3.4 元器件的识别与检测

1. 元器件的选用

R_1 选用1/4 W金属膜电阻器或碳膜电阻器；R_P 选用碳膜电位器；C_1、C_8 选用470 μF/25 V电解电容器，C_2、C_3 选用47 μF/25 V电解电容器，C_4、C_5 选用4.7 μF/25 V电解电容器，C_6 选用0.1 μF/63 V独石电容器，C_7 选用10 μF/25 V电解电容器，C_9 选用1000 μF/35 V电解电容器；VD_1 ~ VD_{10} 选用1N4007二极管；IC_1 选用三端稳压器CW7805；IC_2 选用三端稳压器CW7905；IC_3 选用三端稳压器LM317。元器件选用清单见表5-7。

表5-7 多功能直流稳压电源元器件清单

序号	类型	标号	参数	数量	质量检测	备注
1	电阻器	R_1	180 Ω	1		
2	电位器	R_P	2.4 kΩ	1		
3	电解电容器	C_1、C_8	470 μF/25 V	2		
4	电解电容器	C_2、C_3	47 μF/25 V	2		
5	电解电容器	C_4、C_5	4.7 μF/25 V	2		
6	独石电容器	C_6	0.1 μF/63 V	1		
7	电解电容器	C_7	10 μF/25 V	1		
8	电解电容器	C_9	1000 μF/35 V	1		
9	二极管	VD_1 ~ VD_{10}	1N4007	10		
10	三端稳压器	IC_1	CW7805	1		加引脚图
11	三端稳压器	IC_2	CW7905	1		加引脚图
12	三端稳压器	IC_3	LM317	1		加引脚图

2. 特殊元器件外形图

特殊元器件外形如图 5-19 所示。

(a)独石电容

(b)三端集成稳压器

图 5-19　特殊元器件外形图

3. 元器件的检测

按照前面项目的方法对各元器件进行质量检测，将检测结果填入表 5-7。

5.3.5　电路安装

1. 识读电路板

根据电路板实物，参考电路原理图清理电路，查看电路板是否有短路或开路地方，熟悉各器件在电路板中的位置。多功能直流稳压电源电路元器件布局如图 5-20 所示。

2. 安装原则

按先小件后大件的顺序安装，即按电阻器、二极管、电容器、集成电路的顺序安装焊接。

3. 元器件安装

元器件安装参照前面项目安装方法进行即可。

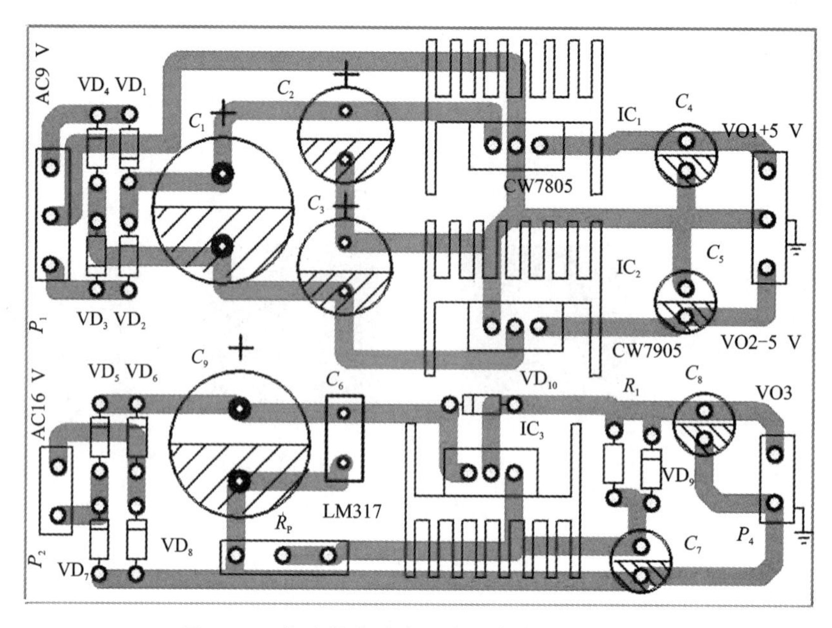

图 5-20　多功能直流稳压电源电路元器件布局

5.3.6　电路调试与检测

1. 电路调试

(1)安装结束，检查焊点质量(重点检查是否有错焊、漏焊、虚假焊、短路)，检查器件安装是否正确(重点检查二极管、电解电容器、三端集成稳压器)，方可通电。

(2)通电观察电路是否有异常现象(声响、冒烟)，如有应立即停止通电，查明原因。

(3)通电后，检测正、负 5 V 是否正常。

(4)通电后，检测 U_{O3} 输出电压，看其是否随 R_P 的调节而变化。

2. 电路检测

通电情况下，按表 5-8 所示要求操作，用万用表检测表中关键点电压，将测得结果填入表中。

表 5-8 多功能直流稳压电源关键点电压检测值

<table>
<tr><td rowspan="3">数据记录</td><td colspan="3">IC_1(CW7805)</td><td colspan="3">IC_2(CW7905)</td></tr>
<tr><td>1 脚电位</td><td>2 脚电位</td><td>3 脚电位</td><td>1 脚电位</td><td>2 脚电位</td><td>3 脚电位</td></tr>
<tr><td></td><td></td><td></td><td></td><td></td><td></td></tr>
<tr><td rowspan="5">空载调试
电压测量
数据记录</td><td colspan="6">IC_3(LM317)</td></tr>
<tr><td colspan="2">1 脚电位</td><td colspan="2">2 脚电位</td><td colspan="2">3 脚电位</td></tr>
<tr><td colspan="2"></td><td colspan="2"></td><td colspan="2"></td></tr>
<tr><td colspan="2">U_I</td><td colspan="2">输出最小值</td><td colspan="2">输出最大值</td></tr>
<tr><td colspan="2"></td><td colspan="2"></td><td colspan="2"></td></tr>
<tr><td rowspan="2">带载调试
电压测量
数据记录</td><td colspan="2">U_I</td><td colspan="2">输出最小值</td><td colspan="2">输出最大值</td></tr>
<tr><td colspan="2"></td><td colspan="2"></td><td colspan="2"></td></tr>
</table>

5.4 考核评价

多功能直流稳压电源的制作评价标准见表 5-9。

表 5-9 多功能直流稳压电源的制作评价标准

考核项目	评分点	分值	评分标准	得分
多功能直流稳压电源的制作	电路识图	5	能正确理解电路的工作原理，否则视情况扣 1~5 分	
	电路仿真	20	能使用仿真软件画出正确的仿真电路，计 12 分，有器件或连线错误，每处扣 2 分；能完成各项仿真测试，计 8 分，否则视情况扣 1~8 分	
	元器件成形、插装与排列	10	元器件成形不符合要求，每处扣 1 分；插装位置、极性错误，每处扣 2 分；元器件排列参差不齐，标记方向混乱，布局不合理，扣 3~10 分	
	元件质量判定	15	正确识别元件，每错一处扣 1 分，扣完为止	
	焊接质量	20	有搭锡、假焊、虚焊、漏焊、焊盘脱落、桥接等现象，每处扣 2 分；出现毛刺、焊料过多、焊料过少、焊接点不光滑、引线过长等现象，每处扣 2 分	
	电路调试	15	正确使用仪器仪表，写出数据测试和分析报告，计满分；不能正确使用仪表测量每次扣 3 分，数据测试错误每次扣 2 分，分析报告不完整或错误视情况扣 1~5 分，扣完为止	
	电路检修	15	通电工作正常，记满分；如有故障能进行排除，也计满分，不能排除，视情况扣 3~15 分	

续表1-21

考核项目	评分点	分值	评分标准	得分
小计		100		
职业素养与操作规范考核	学习态度	20	不参与团队讨论，不完成团队布置的任务，抄袭作业或作品，发现一次扣2分，扣完为止	
	学习纪律	20	每缺课一次扣5分；每迟到一次扣2分；上课玩手机、玩游戏、睡觉，发现一次扣2分，扣完为止	
	团队精神	20	不服从团队的安排，与团队成员间发生与学习无关的争吵，发现团队成员做得不好或不到位或不会的地方不指出、不帮助，团队或团队成员弄虚作假，每发现一次扣5分，扣完为止	
	操作规范	20	操作过程不符合安全操作规程，仪器设备的使用不符合相关操作规程，工具摆放不规范，物料、器件摆放不规范，工作台位台面不清洁、不按规定要求摆放物品，任务完成后不整理、清理工作台，任务完成后不按要求清扫场地内卫生，发现一项扣2分，扣完为止。如出现触电、火灾、人身伤害、设备损坏等安全事故，此项计0分	
	行为举止	20	着装不符合规定要求，随地乱吐、乱涂、乱扔垃圾（食品袋、废纸、纸巾、饮料瓶）等，语言不文明，讲脏话，每项扣1～5分，扣完为止	
小计		100		

说明：1. 本项目的项目考核、职业素养与操作规范考核按10%比例折算计入总分；

2. 根据全学期训练项目对应的理论知识在期末进行理论考核，本项目占理论考核试卷的20%，期末理论考核成绩按10%折算计入总分。

5.5 拓展提高

USB 充电器开关稳压电源的制作

USB 充电器开关稳压电源原理图如图 5-21 所示。请根据电路原理图及所学知识，分析电路工作原理，查阅相关资料，列出所需元器件清单，自行采购相应器件，用万能板进行设计、组装、调试，项目完成后，撰写制作心得体会。

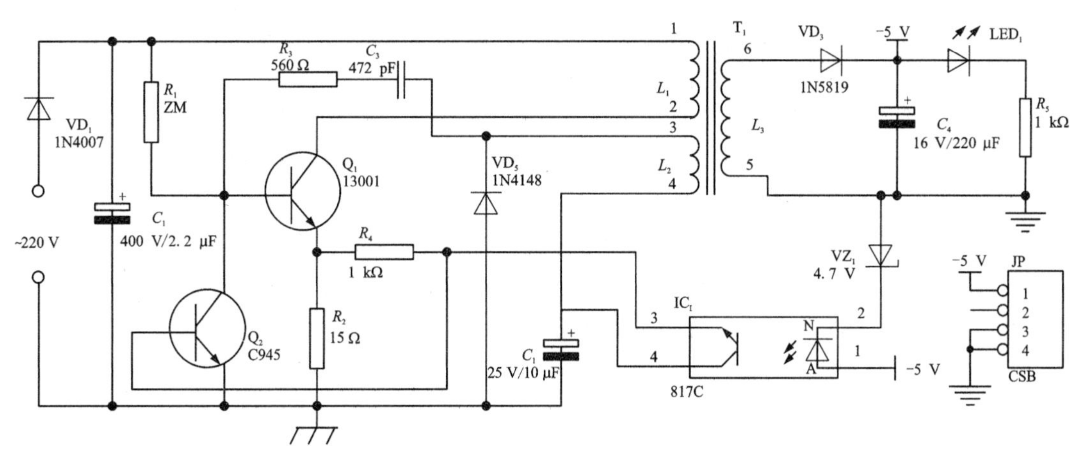

图 5-21　USB 充电器开关稳压电源原理图

5.6　同步练习

一、填空题

1. 稳压的作用是在________波动或________变动的情况下，保持______不变。

2. 直流稳压电源的功能是______________________，直流稳压电源主要由________、________、________和________四部分组成。

3. 在直流稳压电源中，若电网电压升高，则输出电压有________的趋势；若负载加重，则输出电压有________的趋势。

4. 直流稳压电源是一种当交流电网电压发生变化时，或______变动时，能保持______电压基本稳定的直流电源。

5. 具有放大环节的串联型稳压电源由__________、__________、________和________等四部分组成。

6. 要获得 12 V 的固定稳定电压，集成稳压器的型号应选用________；要获得-9 V 的固定稳定电压，集成稳压器的型号应选用________。

7. 现需要用 CW78××、CW79××系列的三端集成稳压器设计一个输出电压为±9 V 的稳压电路，应选用________和________型号的三端集成稳压器。

8. 集成稳压电路 WL78L05 的第 1 引脚为______端；第 2 引脚为______端；第 3 引脚为______端。CW317 的第 1 引脚为______端；第 2 引脚为______端；第 3 引脚为______端。

二、选择题

1. 要获得+6 V 的稳定电压，集成稳压器的型号应选用(　　)。

A. CW7806　　B. CW7906　　C. CW7812　　D. CW7912

2. 三端可调式集成稳压器 CW337 的第 1 引脚为(　　)。

A. 输入端　　B. 输出端　　C. 调整端　　D. 公共端

3. 固定输出三端集成稳压电路有三个引脚，分别为(　　)。

A. 输入端、输出端和调整端　　B. 输入端、输出端和公共端

C. 输入端、公共端和调整端　　D. 输入端、公共端和调整端

4. 集成稳压器 CW78L05，表示(　　)。

A. 输出电压 5 V、最大输出电流 1 A　　B. 输出电压-5 V、最大输出电流为 1 A

C. 输出电压-5 V、最大输出电流为 0.1 A　　D. 输出电压 5 V、最大输出电流 0.1 A

5. 在图 5-22 所示电路中，二极管 VD_1 的作用是(　　)。

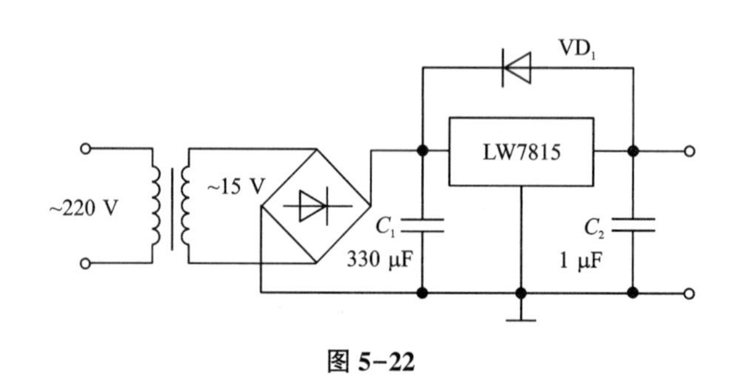

图 5-22

A. 扩大输出电压　　B. 减小输出电压

C. 防止输出端短路　　D. 保护稳压器

6. 图 5-22 所示电路中，电容 C_1 的主要作用是(　　)。

A. 防止电路产生自激振荡　　B. 滤除交流分量

C. 防止输出端短路　　D. 消除输出电压的高频噪声

三、分析题

1. 在图 5-23 所示电路中，已知稳压二极管 2CW5 的参数如下：稳定电压 $U_Z=12$ V，最大稳定电流 $I_Z=20$ mA，若流经电压表 V 的电流忽略不计。求：

(1) 开关 S 合上时，电压表 V、电流表 A_1 和电流表 A_2 的读数为多少？

(2) 开关 S 打开时，流过稳压二极管的电流 I_Z 为多少？

(3) 开关 S 合上，其输入电压由原来的 30 V 变为 33 V 时，此时电流表 A_1 和电流表 A_2 的读数为多少？

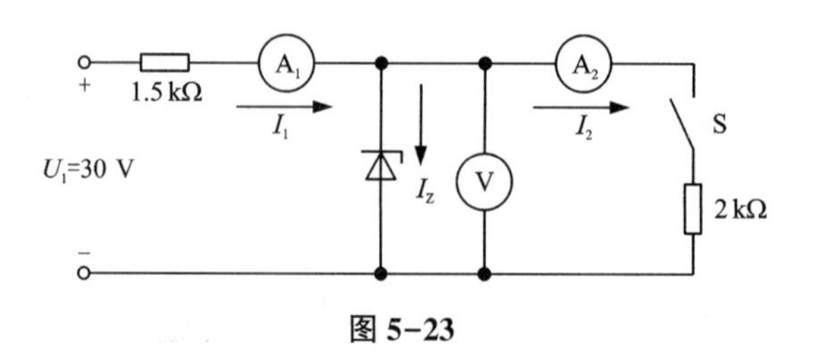

图 5-23

2. 在图 5-24 所示电路中，稳压管 VZ 的稳定电压为 6.3 V，三极管 V_2 发射结电压为 0.7 V，试计算输出电压的调节范围。

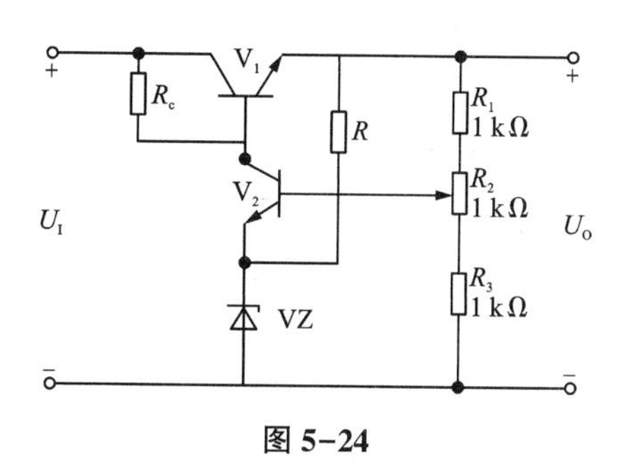

图 5-24

3. 在图 5-24 中，要使输出电压为 15 V，求 R_2 的调节位置。若此时负载为 15 Ω，调整管最大耗散功率是多少？

4. 图 5-25 所示三端可调式集成稳压器的实用电路，可作为便携式收音机用电源，试分析该电路。

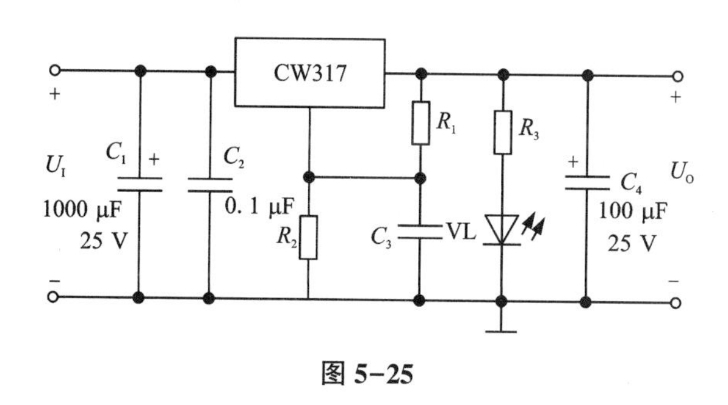

图 5-25

5. 图 5-26 所示电路中，若输出电压 U_L 为 10 V，求 R_{P1} 与 R_{P2} 的比值。

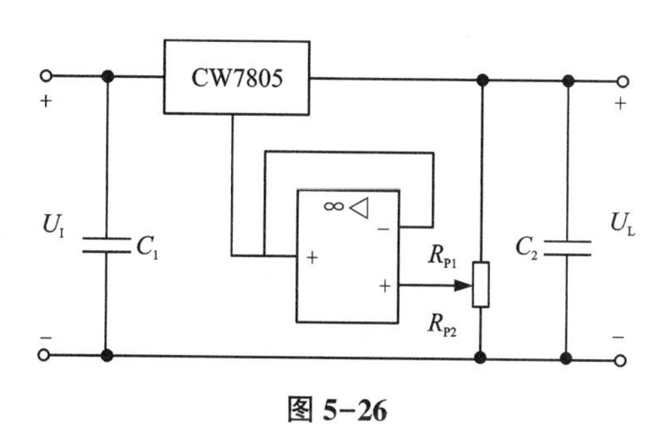

图 5-26

6. 请将图 5-27 所示的元器件正确连接起来组成一个电压可调的稳压电源，并画出电路原理图。

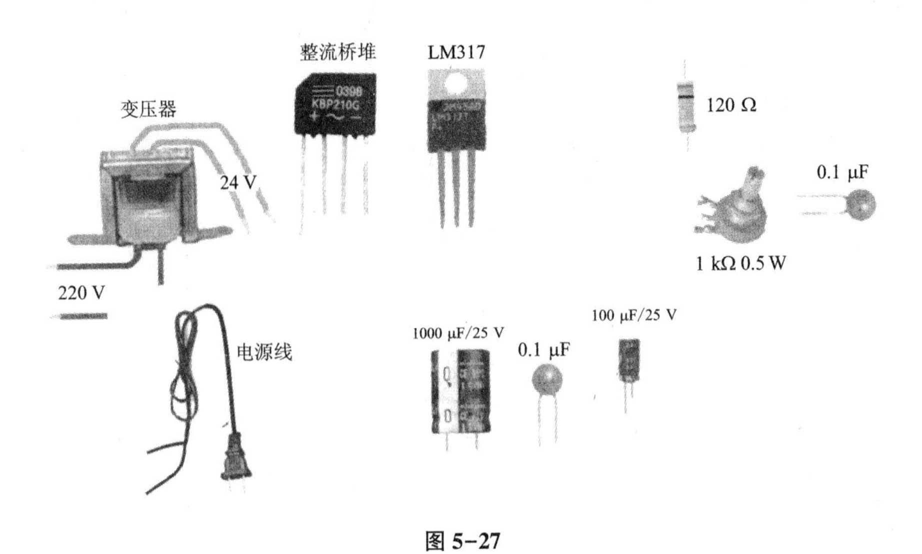
整流桥堆
LM317
变压器
24 V
220 V
电源线
120 Ω
0.1 μF
1 kΩ 0.5 W
1000 μF/25 V
0.1 μF
100 μF/25 V

图 5-27

附　录

附录1　世界半导体器件型号的命名方法

1. 中国的命名方法(附表1)

附表1　中国的半导体器件型号的命名方法

第一部分		第二部分		第三部分				第四部分	第五部分
用数字表示器件电极的数目		用汉语拼音字母表示器件的材料和极性		用汉语拼音字母表示器件的类型					
符号	意义	符号	意义	符号	意义	符号	意义		
				P	普通管	D	低频大功率管	用数字表示器件序号	用汉语拼音表示规格的区别代号
				V	微波管	A	高频大功率管		
		A	N 型，锗材料	W	稳压管	T	闸流管(可控整流器)		
		B	P 型，锗材料	C	参量管	Y	体效应器件		
		C	N 型，硅材料	Z	整流管	B	雪崩管		
2	二极管	D	P 型，硅材料	L	整流堆	J	阶跃恢复管		
3	三极管	A	PNP 型，锗材料	S	隧道管	CS	场效应器件		
		B	NPN 型，锗材料	N	阻尼管	BT	半导体特殊器件		
		C	PNP 型，硅材料	U	光电器件	FH	复合管		
		D	NPN 型，硅材料	K	开关管	PIN	PIN 型管		
				X	低频小功率管	JP	激光器件		
				G	高频小功率管				

注：场效应器件、半导体特殊器件、复合管、PIN 型管、激光器件的型号命名只有三、四、五部分。

例：2CW10B 表示硅材料 N 型稳压二极管，10 为序号，B 为规格号；

2CZ3E 表示硅材料整流二极管，3 为耗散功率，E 为规格号；

3DD15D 表示硅材料 NPN 型低频大功率三极管，15 为序号，D 为规格号；

3CG21B 表示硅材料 NPN 型高频小功率三极管，21 为序号，B 为规格号

2. 美国的命名方法(附表2)

附表2　美国的半导体器件型号命名方法

第一部分		第二部分		第三部分		第四部分		第五部分	
用符号表示 用途的类型		用数字表 PN结的个数		美国电子工业协会 (EIA)注册标志		美国电子工业协会 (EIA)登记顺序号		用字母表示 电子分档	
符号	意义	符号	意义	符号	意义	符号	意义	符号	意义
JAN或J 无	军用品 非军用品	1 2	二极管 三极管	N	该器件已在美国电子工业协会注册登记	多位数字	该器件已在美国电子工业协会登记顺序号	A B C D …	同一型号的不同档别

例：1N4001：1表示二极管，N为EIA注册标志，4001为EIA登记序号；
J1N4007：J表示军用品，1表示二极管，N为EIA注册标志，4007为EIA登记序号；
J2N3251A：J表示军用品，2表示三极管，N为EIA注册标志，3251A为EIA登记序号

3. 国际电子联合会的命名方法(附表3)

附表3　国际电子联合会的半导体器件型号命名方法

第一部分		第二部分				第三部分		第四部分	
用字母表示 使用的材料		用字母表示类型及主要特性				用数字或字母加 数字表示登记号		用字母对同一 型号者分档	
符号	意义	符号	意义	符号	意义	符号	意义	符号	意义
A B C D R	锗材料 硅材料 砷化镓 锑化铟 复合材料	A B C D E F G K L M	检波、开关、混频二极管 变容二极管 低频小功率三极管 低频大功率三极管 隧道二极管 高频小功率三极管 复合器件及其他器件 开放电路中的霍尔元件 高频大功率三极管 封闭磁路中霍尔元件	H P Q R S T U X Y Z	磁敏二极管 光敏器件 发光器件 小功率晶闸管 小功率开关管 大功率晶闸管 大功率开关管 倍增二极管 整流二极管 稳压二极管	三位数字	通用半导体器件的登记序号(同一类型器件使用同一登记号)	A B C D …	同一型号器件按某一参数进行分档的标志

例如：AY239S：A表示锗材料，Y为整流二极管，239为普通用登记序号，S为AY239型某一参数和S档

4. 日本的命名方法(附录4)

附表4 日本的半导体器件型号命名方法

第一部分		第二部分		第三部分		第四部分		第五部分	
用数字表示类型或有效电极数		日本电子工业协会(EIAJ)的注册标志		用字母表示器件使用材料极性和类型		用数字表示在日本电子工业协会登记的顺序号		用字母表示对原来型号的改进产品	
符号	意义	符号	意义	符号	意义	符号	意义	符号	意义
0 1 2 3 …	光电器件 二极管 三极管 3个PN结器件 …	S	已在日本电子工业协会(EIAJ)注册登记的半导体分立器件	A B C D F G H J K M	PNP型高频管 PNP型低频管 NPN型高频管 NPN型低频管 P控制极可控硅 N控制极可控硅 N基极单结晶体管 P沟道场效应管 N沟道场效应管 双向可控硅	四位以上的数字	从11开始,表示在日本电子工业协会注册登记的顺序号,不同公司性能相同的器件可以使用同一顺序号,其数字越大越是近期产品	A B C D …	用字母表示对原来型号的改进产品

注:晶体二极管无第三部分。

例如:1S1555A:1表示二极管(1个PN结),S为日本电子工业协会注册产品,1555为日本电子工业协会注册登记的顺序号,A表示改进产品。

2SC1942:2表示三极管(2个PN结),S为日本电子工业协会注册产品,C为NPN型高频管,1942为日本电子工业协会注册登记的顺序号

5. 韩国三星公司生产的三极管型号(附表5)

附表5 韩国三星公司生产的三极管型号

型号	9011	9012	9013	9014	9015	9016	9018
极性	NPN	PNP	NPN	NPN	PNP	NPN	NPN
功率(mW)	400	625	625	450	450	400	400
F_T(MHz)	150	150	140	80	80	500	500
用途	高放	功放	功放	低放	低放	超高频	超高频

附录 2　插件元器件手工锡焊技巧

锡焊是电子电路的基本装联技术。现代锡焊技术有手工烙铁焊、浸焊、波峰焊、回流焊(包括汽相、红外、激光)等，其中最基本的是手工烙铁焊。

1. 焊料与焊剂

(1)焊料

一般采用称作共晶焊锡的锡铅合金，其中含锡量约 62%，含铅量约 38%。此种共晶焊锡的特点是：

①熔点较低，只有 183℃；

②机械强度高；

③流动性好，有最大的漫流面积；

④凝固湿度区间最小，有较好的工艺性。附图 1 表示锡铅比例与焊料熔点的关系。

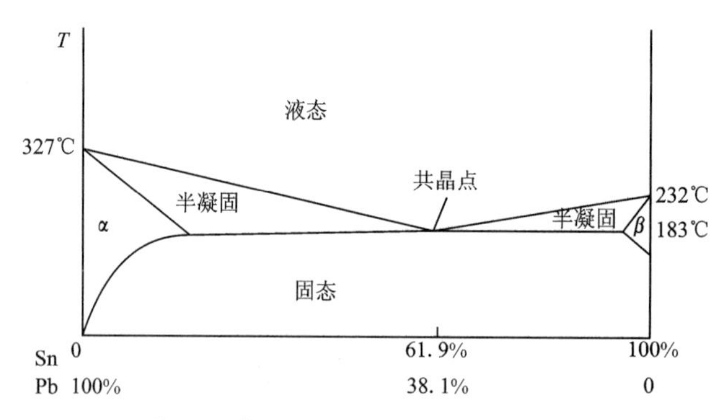

附图 1　锡铅比例与焊料熔点关系曲线

(2)焊剂

焊剂即助焊剂，通常是以松香为主要成分的混合物。在常温下，松香呈中性且很稳定。加温至 70℃以上，松香就表现出能消除金属表面氧化物的化学活性。在焊接温度下，焊剂可增强焊料的流动性，并具有良好的去表面氧化层的特性。

2. 焊接温度与保温时间

焊接的温度应比焊料熔点高，一般以 240~260℃较为合适。可根据松香发烟情况判断实际温度，如附表 6 所示。

附表 6　焊剂冒烟情况与焊接温度的关系

观察现象	烟细长，冉冉上升，持续时间长	烟稍大，持续时间较长，烟升感缓慢	烟大，持续时间较短，烟升感快	烟很大，持续时间短，可闻轻微爆裂声，烟向上直冲
估计温度	<200℃	230~250℃	300~350℃	>350℃
焊接	达不到焊接温度	PCB 及小型焊点	一般焊点	不宜进行焊接

接保温时间宜掌握在 2~3 s。焊接保温时间过短或过长，都不合适。

应当指出：焊料的锡、铅比例，焊剂的质量，与焊接温度和保温时间之间是密切相关的。不同规格的焊料和焊剂，所需焊接温度与保温时间存在着明显差异。在焊接实践中，必须区别对待，确保焊接质量。高质量的焊点，焊料与工件(元器件引脚和印制板焊盘等)之间浸润良好，表面光亮；如果焊点形同荷叶上的水珠，焊料与工件引脚间浸润不良，则焊接质量就很差，如附图 2 所示。

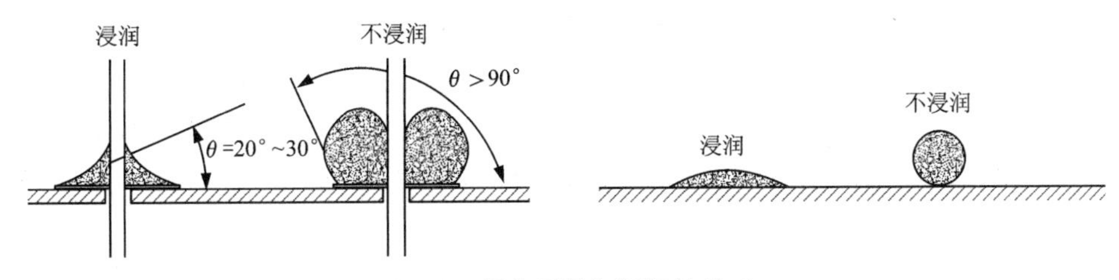

附图 2　焊点质量与浸润的关系

3. 焊接加热工具

焊接加热工具较多，最方便的手工焊接加热工具是电烙铁。

常用的电烙铁有内热式与外热式两类，以内热式居多。各类电烙铁中，又有普通电热丝式、感应式、恒温式、吸锡式、储能式等各种型式和规格。附图 3 所示是电烙铁的基本结构。

焊接温度和保温时间直接与电烙铁的额定功率有关。电烙铁的额定功率越大，使焊料和工件达到焊接温度所需时间越短，保温时间也可以相应减少。通常选用 35 W 内热式电烙铁。

熔点较高的焊料和较大尺寸工件引脚情况下，可使用 75 W 或 100 W 以上额定功率的电烙铁。

电烙铁的工作部位是烙铁头。烙铁头通常采用热容量较大、导热性能好、便于加工成形的紫铜材料。为适应焊接点工件形状、大小等需要，常将烙铁头加工成凿式、尖锥式、

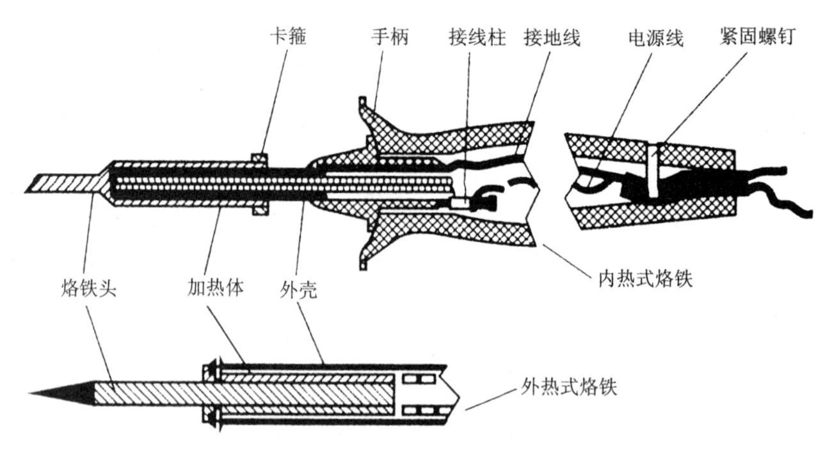

附图 3　典型电烙铁结构示意图

圆斜式等多种形状，如附图 4 所示。新加工成形的烙铁头应及时上锡，以防氧化，造成焊接时不吃锡。

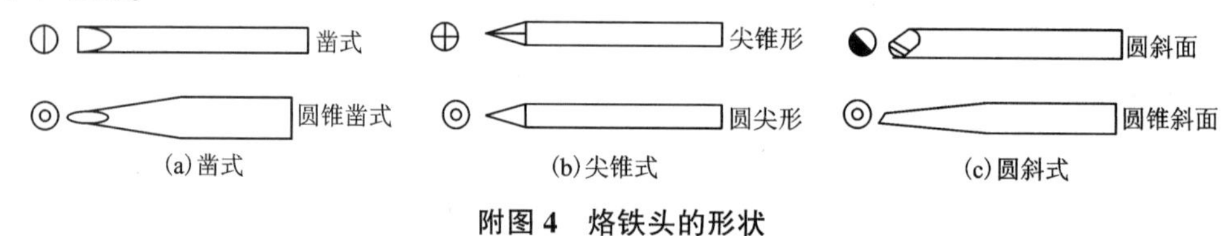

附图 4　烙铁头的形状

选择合适的烙铁头形，掌握好烙铁头的尖、棱、面与工件的相互接触关系，常常是提高焊接速度和质量的关键。另外，长时间不进行焊接操作时，最好切断电源，以防烙铁头“烧死”。“烧死”后，吃锡面应再行清理，上锡。

4. 焊接基本操作

焊接基本操作包括拿烙铁手势及操作步骤两个方面。

(1)烙铁拿法

常见的拿烙铁方法有反握法、正握法和握笔法三种，如附图 5 所示。握笔法操作灵活方便，被广泛采用。

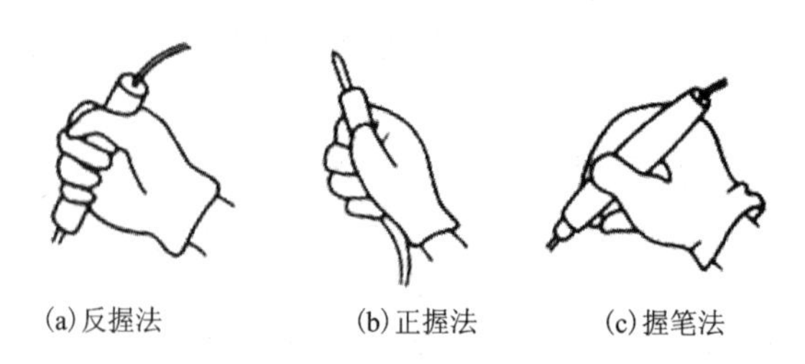

附图 5　电烙铁的握法

(2)操作步骤

通常采用如附图 6 所示的五工步施焊法，简要说明如下：

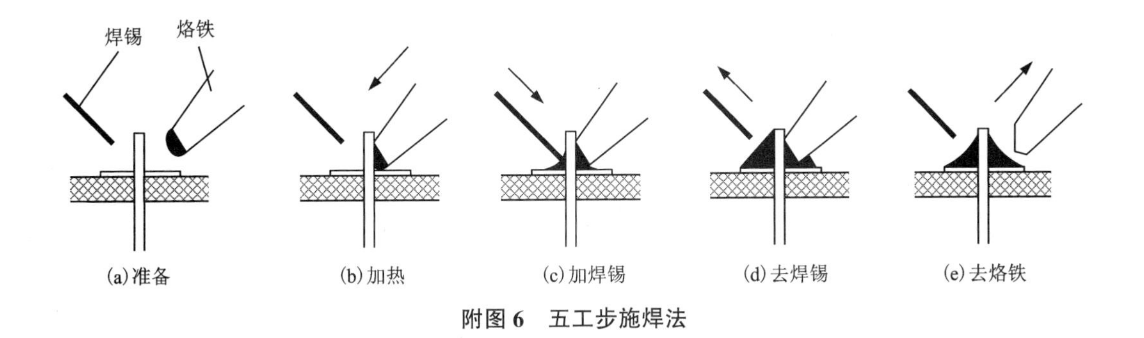

附图 6　五工步施焊法

①准备。准备好被焊工件，烙铁加热到工作温度并吃好锡，一手握好烙铁，一手抓好焊料(通常是焊锡丝)，烙铁与焊料分别居于被焊工件两侧。

②加热。烙铁头均匀接触被焊工件，包括工件引脚和焊盘。不要施加压力或随意拖动烙铁。

③加焊锡。当工件被焊部位升温到焊接温度时，送上焊锡丝并与工件焊点部位接触，熔溶，润湿。送锡要适量。

④移去焊料。熔入适量焊料后，迅速移去焊锡丝。

⑤移开烙铁。移去焊料后，在助焊剂(市售焊锡丝内一般含有助焊剂)还未挥发完之前，迅速移去烙铁，否则将留下不良焊点。烙铁撤离方向与焊锡留存量有关，如附图 7 所示。

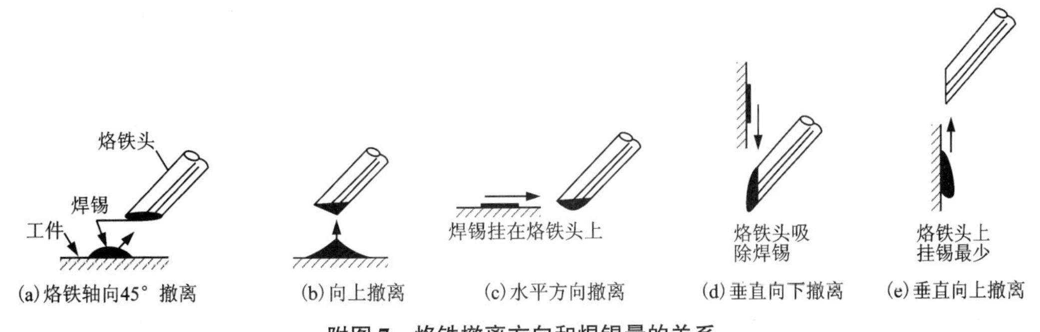

附图 7　烙铁撤离方向和焊锡量的关系

另外，焊接环境空气流动不宜过快。切忌在风扇下焊接，以免影响焊接温度。焊接过程中不能振动或移动工件，以免影响焊接质量。

5. 印制板手工焊接实训

(1)器材准备　取废印制板一块，各种废电阻器、电容器等若干，准备好焊锡丝和电烙铁等。

(2)元器件引线成形　如附图 8 所示，L_a 为元器件两焊盘跨距，l_a 为轴向引线元器件体长，d_a 为元器件引线直径，R 为引线折弯半径。折弯点到元器件引脚根部长度不应小于 1.5 mm。

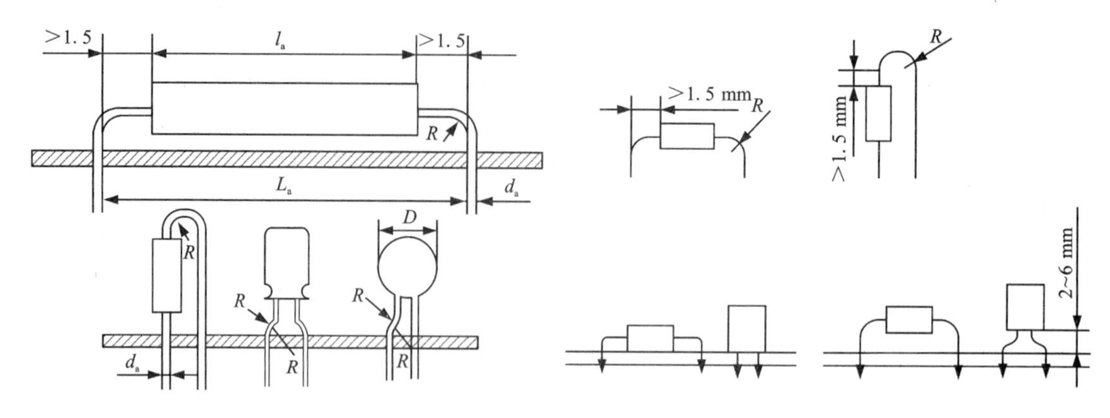

附图 8　元器件的成形与插装

（3）插装与焊接　元器件引线成形后，进行手工插装、焊接。

（4）焊点外观检查　良好的焊点外观如附图 9 所示。不良焊点一般有虚焊、漏焊、夹渣、桥接（搭焊）、气孔、毛刺、沙眼、溅锡等，其成因如附表 7 所示。

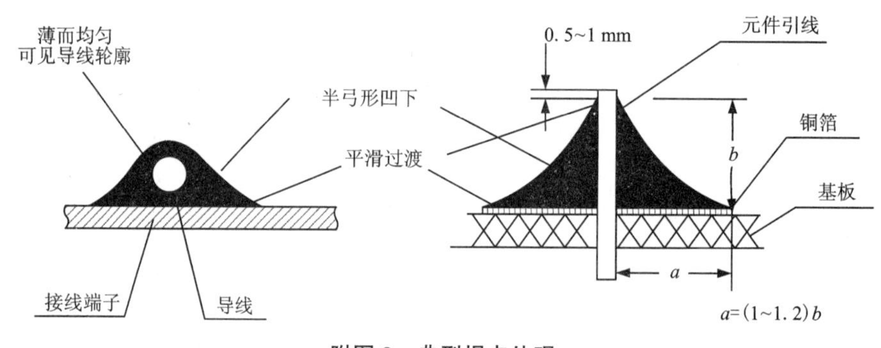

附图 9　典型焊点外观

附表 7　常见焊点缺陷及其原因

缺陷	焊料量多	焊料量少	针孔	拉尖
外观	焊料面呈凸形	焊料未形成平滑面	目测或放大镜可见有孔	出现尖端

续附表 7

危害	浪费焊料，且可能包藏缺陷	机械强度不足	焊点容易腐蚀	外观不佳，容易造成桥接现象
原因	焊丝撤离过迟	焊丝撤离过早	焊盘孔与孔线间隙太大	加热不足 焊料不合格
缺陷	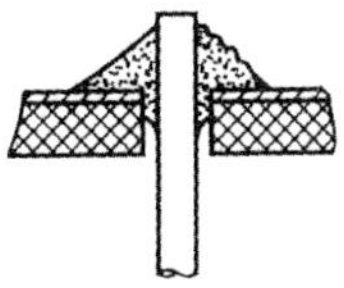 冷焊	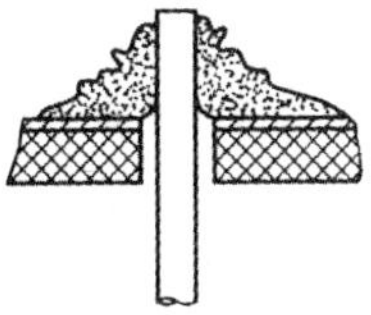 过热	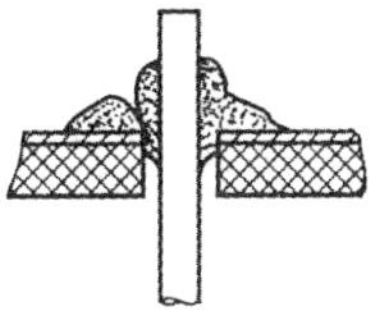 气泡	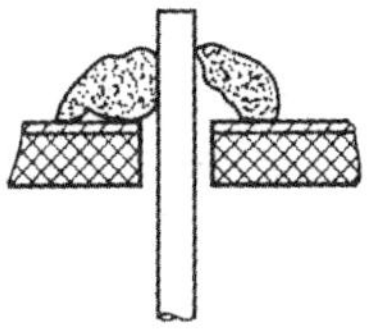 虚焊
外观	表面呈豆腐渣流状颗粒，有时有裂纹	焊点发白，无重属光泽，表面较粗糙	引线与孔间隙过大或引线湿润性不良	焊料与焊件交界面接触角过大，不平滑
危害	强度低，导电性不好	焊盘容易剥落造成元器件失效	暂时导通但长时间容易引起导通不良	强度低，不通或时断时通
原因	焊料未凝固时焊件抖动	烙铁功率过大 加热时间过长	引线根部有时有焊料隆起，内部藏有空洞	焊件清理不干净 助焊剂不足或质量差 焊件未充分加热
缺陷	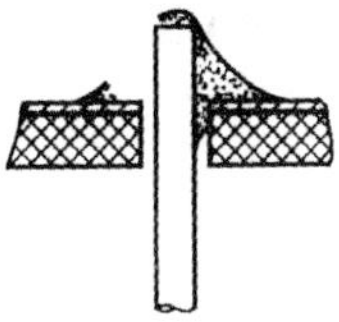 不对称	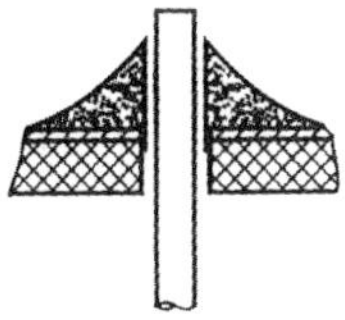 松动	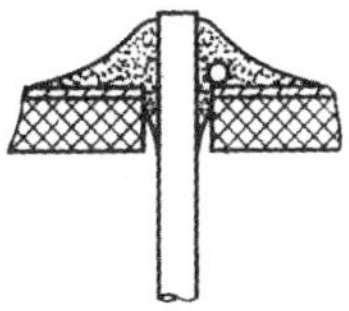 松香焊	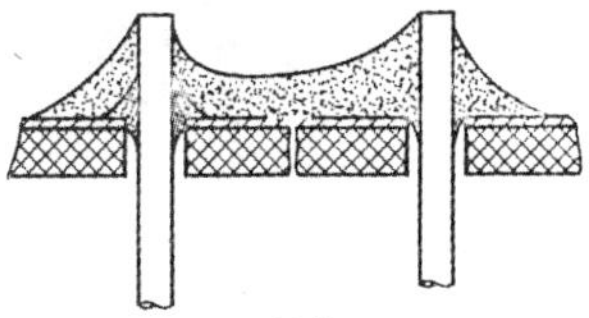 桥接
外观	焊锡未流满焊盘	元器件引线可移动	焊点中夹有松香渣	相邻导线搭接
危害	强度不足	导通不良或不导通	强度不足，导通不良，有可能时通时断	电气短路
原因	焊料流动性不好 助焊剂不足或质量差 加热不足	焊锡未凝固前引线移动造成空隙 引线未处理好	加焊剂过多，或已失效 表面氧化膜未去除 焊接时间加热不足	施焊撤离方向不当 焊锡过多

附录3　贴片元器件手工锡焊技巧

1. 使用贴片元件的好处

与引线元件相比，贴片元件有许多好处。第一方面：体积小，重量轻，容易保存和邮寄。如常用的贴片电阻0805封装或者0603封装比我们之前用的直插电阻要小很多。第二方面：贴片元件比直插元件容易焊接和拆卸。贴片元件不用过孔，用锡少。直插元件最费事也最伤神的就是拆卸，在两层或者更多层的PCB上，哪怕是只有两个管脚，拆下来也不太容易而且很容易损坏电路板，多引脚的就更不用说了。而拆卸贴片元件就容易多了，不光两只引脚容易拆，即使一两百只引脚的元件多拆几次也可以不损坏电路板。第三方面：贴片元件体积小而且不需要过孔，从而减少了杂散电场和杂散磁场，提高了电路的稳定性和可靠性。因此，练好贴片元器件手工锡焊技巧尤为重要。

2. 焊接贴片元件需要的常用工具

在了解了贴片元件的好处之后，让我们来了解一些常用的焊接贴片元件所需的一些基本工具(见附图10)。

附图10　手工焊接贴片元件所用到的常用工具

(1)电烙铁

手工焊接元件，这个肯定是不可少了。在这里向大家推荐烙铁头比较尖的那种，因为在焊接管脚密集的贴片芯片的时候，能够准确方便地对某一个或某几个管脚进行焊接。

(2)焊锡丝

好的焊锡丝对贴片焊接也很重要，如果条件允许，在焊接贴片元件的时候，尽可能地使用细的焊锡丝，这样容易控制给锡量，从而避免浪费焊锡和吸锡的麻烦。

(3)镊子

镊子的主要作用在于方便夹起和放置贴片元件，例如焊接贴片电阻的时候，就可用镊子夹住电阻放到电路板上进行焊接。镊子要求前端尖而且平以便于夹元件。另外，对于一些需要防止静电的芯片，需要用到防静电镊子。

(4)吸锡带

焊接贴片元件时，很容易出现上锡过多的情况。特别在焊密集多管脚贴片芯片时，很容易导致芯片相邻的两脚甚至多脚被焊锡短路。此时，传统的吸锡器是不管用的，这时候就需要用到编织的吸锡带。吸锡带可在卖焊接器材的地方买到，如果没有也可以拿电线中的铜丝来代替。

(5)松香

松香是焊接时最常用的助焊剂了，因为它能析出焊锡中的氧化物，保护焊锡不被氧化，增加焊锡的流动性。在焊接直插元件时，如果元件生锈要先刮亮，放到松香上用烙铁烫一下，再上锡。而在焊接贴片元件时，松香除了助焊作用外还可以配合铜丝作为吸锡带用。

(6)焊锡膏

在焊接难上锡的铁件等物品时，可以用到焊锡膏，它可以除去金属表面的氧化物。在焊接贴片元件时，有时可以利用其来“吃”焊锡，让焊点亮泽与牢固。

(7)热风枪

热风枪是利用其枪芯吹出的热风来对元件进行焊接与拆卸的工具。其使用的工艺要求相对较高。

从取下或安装小元件到大片的集成电路都可以用到热风枪。在不同的场合，对热风枪的温度和风量等有特殊要求，温度过低会造成元件虚焊，温度过高会损坏元件及线路板。风量过大会吹跑小元件。对于普通的贴片焊接，可以不用热风枪。

(8)放大镜

对于一些管脚特别细小密集的贴片芯片，焊接完毕之后需要检查管脚是否焊接正常、有无短路现象，此时用人眼是很费力的，因此可以用放大镜，从而方便可靠地查看每个管脚的焊接情况。

(9)酒精

在使用松香作为助焊剂时，很容易在电路板上留下多余的松香。为了美观，这时可以用酒精棉球将电路板上有残留松香的地方擦干净。

3. 贴片元件的手工焊接步骤

在了解了贴片焊接工具以后，现在对焊接步骤进行详细说明。

(1)清洁 PCB(印刷电路板)

在焊接前应对要焊的 PCB 进行检查，确保其干净(见附图 11)。对其上面的表面油性的手印以及氧化物之类的要进行清除，以免影响上锡。焊接过程中避免手指接触 PCB 上的焊盘。

(2)固定贴片元件

贴片元件的固定是非常重要的。根据贴片元件的管脚多少，其固定方法大体上可以分为两种——单脚固定法和多脚固定法。对于管脚数目少(一般为 2~5 个)的贴片元件如电阻、电容、二极管、三极管等，一般采用单脚固定法，即先在板上对其的一个焊盘上锡(见附图 12)。

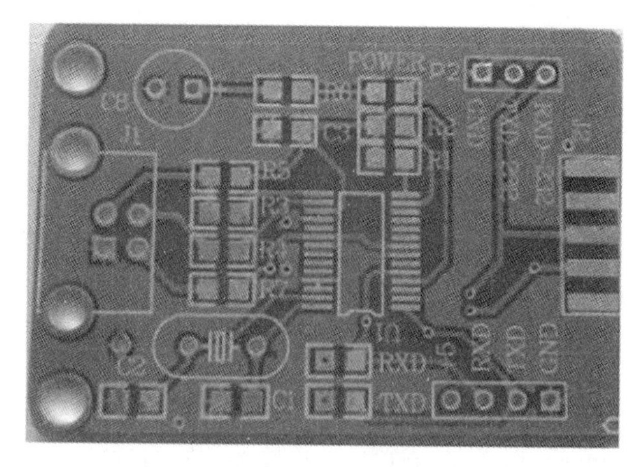

附图 11　一块干净的 PCB

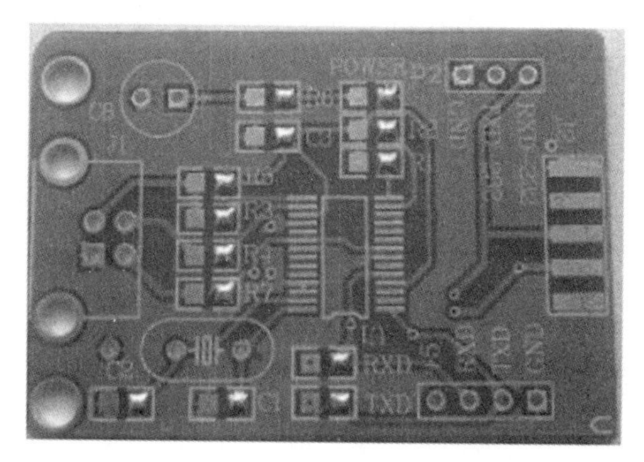

附图 12　对于管脚少的元件应先单脚上锡

然后左手拿镊子夹持元件放到安装位置并轻抵住电路板，右手拿烙铁靠近已镀锡焊盘，熔化焊锡将该引脚焊好(见附图 13)。焊好一个焊盘后元件已不会移动，此时镊子可以松开。而对于管脚多而且多面分布的贴片芯片，单脚是难以将芯片固定好的，这时就需要多脚固定，一般可以采用对脚固定的方法(见附图 14)。即焊接固定一个管脚后又对该管脚所对面的管脚进行焊接固定，从而达到整个芯片被固定好的目的。需要注意的是，管脚多且密集的贴片芯片，精准的管脚对齐焊盘尤其重要，应仔细检查核对，因为焊接的好坏都是由这个前提决定的。值得强调说明的是，芯片的管脚一定要判断正确。

(3)焊接剩下的管脚

元件固定好之后，应对剩下的管脚进行焊接。对于管脚少的元件，可左手拿焊锡，右手拿烙铁，依次点焊即可。对于管脚多而且密集的芯片，除了点焊外，可以采取拖焊，即在一侧的管脚上足锡然后利用烙铁将焊锡熔化往该侧剩余的管脚上抹去(见附图 15)，熔化的焊锡可以流动，因此有时也可以将板子合适地倾斜，从而将多余的焊锡弄掉。值得注意的是，不论点焊还是拖焊，都很容易造成相邻的管脚被锡短路(见附图 16)。

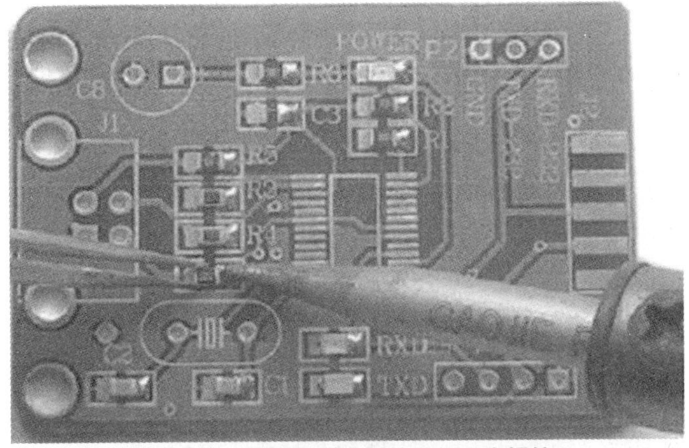

附图 13　对管脚少的元件进行固定焊接

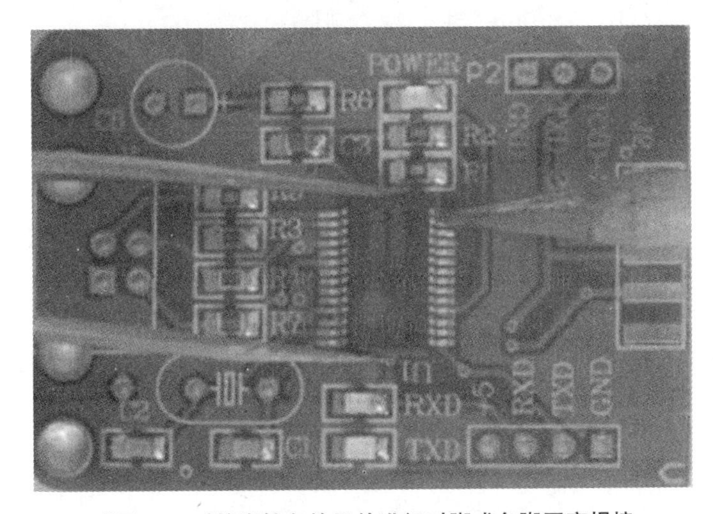

附图 14　对管脚较多的元件进行对脚或多脚固定焊接

附图 15　对管脚较多的贴片芯片进行拖焊

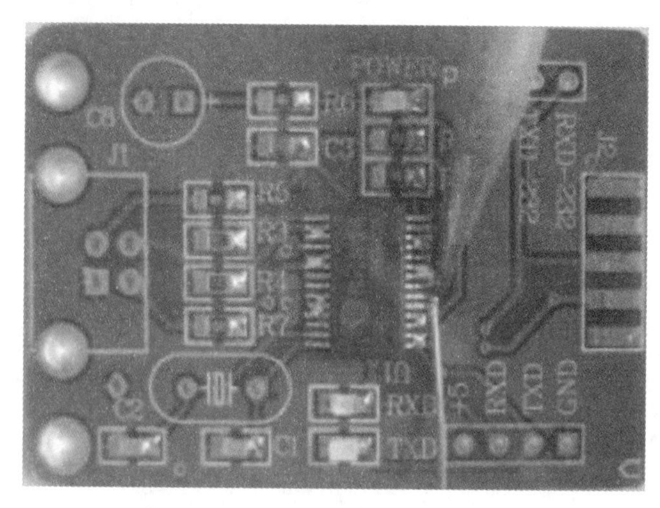

附图 16　注意焊接时所造成的管脚短路

(4)清除多余焊锡

在步骤(3)中提到焊接时所造成的管脚短路现象，现在来说下如何处理掉这多余的焊锡。一般而言，可以拿前文所说的吸锡带将多余的焊锡吸掉。吸锡带的使用方法很简单，向吸锡带加入适量助焊剂(如松香)然后紧贴焊盘，用干净的烙铁头放在吸锡带上，待吸锡带被加热到要吸附焊盘上的焊锡融化后，慢慢地从焊盘的一端向另一端轻压拖拉。如果没有市场上所卖的专用吸锡带，可以采用电线中的细铜丝来自制吸锡带(见附图 17)。自制的方法如下：将电线的外皮剥去之后，露出其里面的细铜丝，此时用烙铁熔化一些松香在铜丝上就可以了。清除多余的焊锡之后的效果见附图 18。

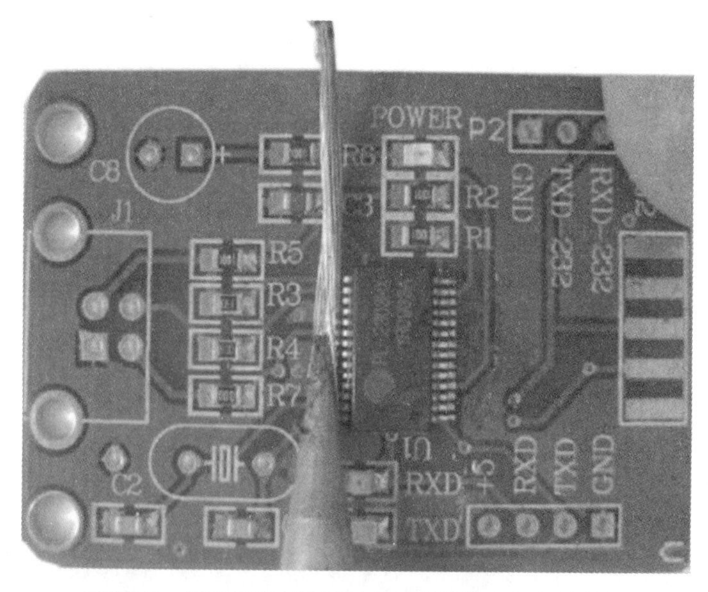

附图 17　用自制的吸锡带吸去芯片管脚上多余的焊锡

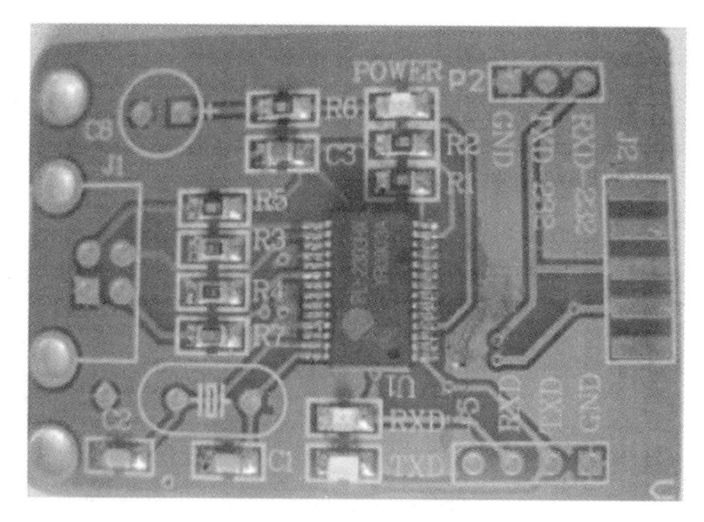

附图 18　清除芯片管脚上多余的焊锡后效果图

（5）清洗焊接的地方

焊接和清除多余的焊锡之后，芯片基本上就算焊接好了。但是由于使用松香助焊和吸锡带吸锡的缘故，板上芯片管脚的周围残留了一些松香，虽然并不影响芯片工作和正常使用，但不美观，而且有可能造成检查时不方便。因此有必要对这些残余物进行清理。常用的清理方法可以用洗板水，在这里，采用了酒精清洗，清洗工具可以用棉签，也可以用镊子夹着卫生纸之类进行（见附图 19）。清洗擦除时应该注意的是酒精要适量，其浓度较高好，以快速溶解松香之类的残留物。其次，擦除的力道要控制好，不能太大，以免擦伤阻焊层以及伤到芯片管脚等。清洗完毕的效果见附图 20。至此，芯片的焊接就算结束了。

附图 19　用酒精清除掉焊接时所残留的松香

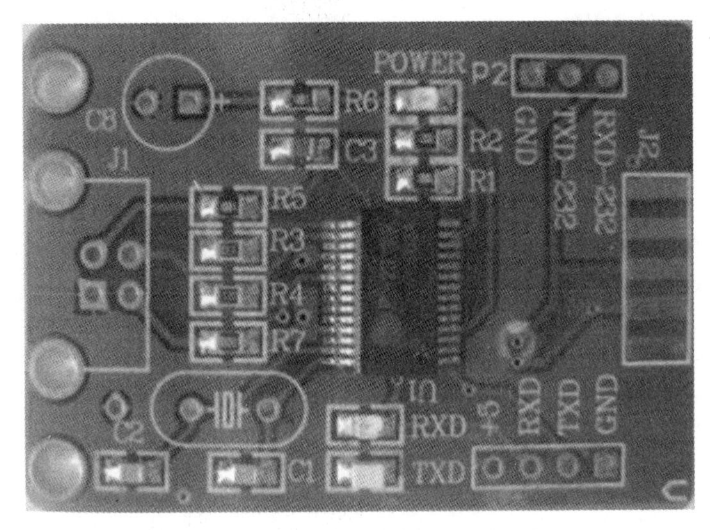

附图 20　用酒精清洗焊接位置后的效果图

附录 4　Multisim 14.0 使用简介

Multisim 14.0 用软件的方法虚拟电子与电工元器件，虚拟电子与电工仪器和仪表，实现了“软件即元器件”、“软件即仪器”。Multisim 14.0 是一个原理电路设计、电路功能测试的虚拟仿真软件。

一、Multisim 14.0 基本界面介绍

软件以图形界面为主，采用菜单、工具栏和热键相结合的方式，具有一般 Windows 应用软件的界面风格，用户可以根据自己的习惯和熟悉程度自如使用。

1. Multisim 14.0 的基本工作界面

Multisim 14.0 的基本工作界面如附图 21 所示。

从附图 21 可以看出，Multisim 的基本工作界面如同一个实际的电子实验台。屏幕中央区域最大的窗口就是电路工作区，在电路工作区上可将各种电子元器件和测试仪器仪表连接成实验电路。电路工作窗口上方是菜单栏、工具栏。

2. 菜单栏

Multisim 14.0 有 12 个主菜单，基本包括了该仿真软件的所有功能，如附图 22 所示。

菜单栏从左至右为：File(文件)、Edit(编辑)、View(视图)、Place(放置)、MCU(微控制器)、Simulate(仿真)、Transfer(文件输出)、Tools(工具)、Reports(报表)、Options(选项)、Window(窗口)和 Help(帮助)。

(1)File(文件)菜单

File 菜单包括了对文件和项目的基本操作以及打印等命令。具体见附表 8。

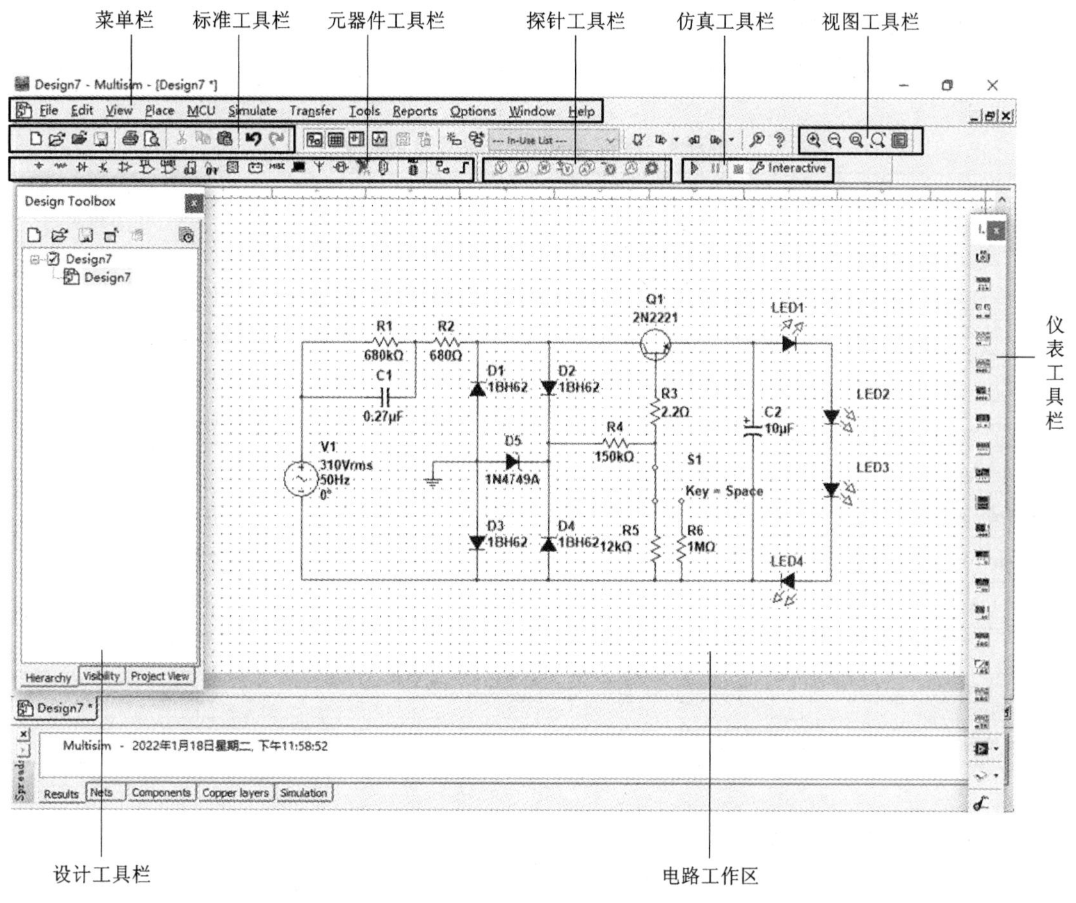

附图 21 Multisim 14.0 基本工作界面

File Edit View Place MCU Simulate Transfer Tools Reports Options Window Help

附图 22 Multisim 14.0 主菜单栏

附表 8 File(文件)菜单命令及功能表

命令	功能	命令	功能
New	新建	Snippets	代码片段
Open	打开	Projects and packing	项目打包
Open samples	打开样图	Print	打印电路
Close	关闭当前文件	Print Preview	打印预览
Close All	关闭工作区内所有文件	Print Options	打印选项
Save	存盘	Recentdesigns	最近打开的文件
Save as	文件另存为	Recent Projects	最近打开的项目
Save All	工作区内所有文件存盘	File informarion	文件资料
Export template	导出模板	Exit	退出

(2)Edit(编辑)菜单

Edit 菜单在电路绘制过程中，提供对电路和元件进行剪切、粘贴、旋转等操作命令。具体见附表 9。

附表 9　Edit(编辑)菜单命令及功能表

命令	功能	命令	功能
Undo	取消前一次操作	Order	顺序选择
Redo	恢复前一次操作	Assign to Layer	图层赋值
Cut	剪切	Layer Settings	图层设置
Copy	复制	Orientation	旋转方向选择
Paste	粘贴	Align	排列
Paste special	选择性粘贴	Title Block Position	工程图明细表位置
Delete	删除所选择器件	Edit Symbol/Title Block	编辑符号/工程明细表
Delete Multi-Page	删除多页面	Font	字体设置
Select All	全选	Comment	注释
Find	查找原理图中元件	Forms/Question	格式/问题
Mere selected buses	合并选定的总线	Properties	属性编辑
Graphic Annotation	图形注释		

(3)View(视图)菜单

View 菜单提供用于控制仿真界面上显示的内容的操作命令。具体见附表 10。

附表 10　View(视图)菜单命令及功能表

命令	功能	命令	功能
Full Screen	全屏	Rulerbars	显示或者关闭标尺栏
Parent Sheet	层次	Status bar	显示或者关闭状态栏
Zoom In	放大	Design Toolbox	显示或者关闭设计工具箱
Zoom Out	缩小	Spreadsheet View	显示或者关闭数据表
Zoom area	放大区域	SOICE Netlist View	网络列表视图
Zoom sheet	缩放表	LabVIEW Co-simulation Terminals	协同仿真终端
Zoom to magnification	按比例缩放	Circuit Parameters	电路参数
Zoomselection	放大选择	Description Box	显示或关闭电路描述工具箱
Grid	网格	Toolbar	显示或者关闭工具箱
Border	边界	Show Comment/Probe	显示或关闭注释/探针
Print page bounds	打印属性	Grapher	显示或者关闭图形编辑器

(4)Place(放置)菜单

Place 菜单提供在电路工作窗口内放置元件、连接点、总线和文字等命令。具体见附表 11。

附表 11　Place(放置)菜单命令及功能表

命令	功能	命令	功能
Component	放置元件	New Subcircuit	创建子电路
Probe	探测仪	Replace by Subcircuit	子电路替换
Junction	放置节点	Multi-Page	设置多页
Wire	放置导线	Bus Vector Connect	总线矢量连接
Bus	放置总线	Comment	注释
Connectors	放置输入/输出端口	Text	放置文字
New Hierarchical Block	放置层次模块	Grapher	放置图形
Hierarchical Block form File	来自文件的层次模块	Circuit parameter legend	电路参数图例
Replace Hierarchical Block	替换层次模块	Title Block	放置工程标题栏

(5)MCU(微控制器)菜单

MCU 菜单提供在电路工作窗口内 MCU 的调试操作命令。具体见附表 12。

附表 12　MCU(微控制器)菜单命令及功能表

命令	功能	命令	功能
No MCU Component Found	没有创建 MCU 器件	Step over	跨过
Debug View Format	调试格式	Step out	离开
MCU windows	微控制单元窗口	Run to cursor	运行到指针
Line Numbers	显示线路数目	Toggle breakpoint	设置断点
Pause	暂停	Remove all breakpoints	移出所有的断点
Step into	进入		

(6)Simulate(仿真)菜单

Simulate 菜单提供电路仿真设置与操作命令。具体见附表 13。

附表 13　Simulate(仿真)菜单命令及功能表

命令	功能	命令	功能
Run	运行仿真	NI ELVISII simulation settings	模拟设置
Pause	暂停仿真	Postprocessor	启动后处理器
Stop	停止仿真	Simulation Error Log/Audit Trail	仿真误差记录/查询索引

续附表13

命令	功能	命令	功能
Analyses and simulation	选择仿真分析法	XSpice Command Line Interface	命令界面
Instruments	选择仪器仪表	Load Simulation Settings	导入仿真设置
Mixed-mode simulation settings	混合模式模拟设置	Save Simulation Settings	保存仿真设置
Probe settings	探头设置	Auto Fault Option	自动故障选择
Reverse Probe Direction	反向探针方向	Clear Instrument Data	清除仪器数据
Locate reference probe	定位参考探针	Use Tolerances	使用公差

(7)Transfer(文件输出)菜单

Transfer 菜单提供传输命令。具体见附表 14。

附表 14　Transfer(文件输出)菜单命令及功能表

命令	功能	命令	功能
Transfer to Ultiboard	将电路图传送给 Ultiboard	Export toother PCB layout file	导出到其他 PCB 布局文件
Forward Annotate to Ultiboard	创建 Ultiboard 注释文件	ExportSPICE Netlist	导出网表
Backward annotate from file	从文件向后注释	Highlight Selection in Ultiboard	加亮所选择的 Ultiboard

(8)Tools(工具)菜单

Tools 菜单提供元件和电路编辑或管理命令。具体见附表 15。

附表 15　Tools(工具)菜单命令及功能表

命令	功能	命令	功能
Component Wizard	元件编辑器	Updatesubsheet Symbols	更新子图纸符号
Database	数据库	Electrical Rules Check	电气规则检验
Variant Manager	变量管理器	Clear ERC Markers	清除 ERC 标志
Set Active Variant	设置动态变量	Toggle NC Marker	设置 NC 标志
Circuit Wizards	电路编辑器	Symbol Editor	符号编辑器
SPICE netlist viewer	网络列表查看器	Title Block Editor	工程图明细表比较器
Advanced RefDesconfiguration	高级参照标示元件配置	Description BoxEditor	描述箱比较器
Replace Components	元件替换	Capture Screen Area	抓图范围
Update Components	更新组件	Online design resources	在线设计资源

(9)Reports(报表)菜单

Reports 菜单提供材料清单等报告命令。具体见附表 16。

附表 16　Reports(报告)菜单命令及功能表

命令	功能	命令	功能
Bill ofMaterials	材料清单	Cross Reference Report	参照表报告
Component Detail Report	元件详细报告	Schematic Statistics	统计报告
Netlist Report	网络表报告	Spare Gates Report	剩余门电路报告

(10)Options(选项)菜单

Options 菜单提供电路界面和电路某些功能的设定命令。具体见附表 17。

附表 17　Options(选项)菜单命令及功能表

命令	功能	命令	功能
Globaloptions	全局选项	Lock toolbars	锁定工具栏
Sheet Properties	工作台界面设置	Customize interface	自定义接口

(11)Windows(窗口)菜单

Windows 菜单提供窗口操作命令。具体见附表 18。

附表 18　Windows(窗口)菜单命令及功能表

命令	功能	命令	功能
New Window	建立新窗口	Tile Vertical	窗口垂直平铺
Close	关闭窗口	Next window	下一个窗口
Close All	关闭所有窗口	Previous window	上一个窗口
Cascade	窗口层叠	Windows	窗口选择
Tile Horizontal	窗口水平平铺		

(12)Help(帮助)菜单

Help 菜单为用户提供在线技术帮助和使用指导。具体见附表 19。

附表 19　Help(帮助)菜单命令及功能表

命令	功能	命令	功能
Multisim Help	主题目录	Getting Started	新手入门
NI ELVISmx help	网络帮助	Patents	专利权
New Features and lmprovements	新功能和改进	Find examples	查找器
		About Multisim	关于 Multisim

3. 工具栏

Multisim 14.0 提供了多种工具栏，用户可以通过 View 菜单中的选项方便地将工具栏打开或关闭。通过工具栏，用户可以方便直接地使用软件的各项功能。

(1)标准工具栏、视图工具栏和系统工具栏

标准工具栏从左到右依次是：新建、打开、打开范例、存盘、打印、打印预览、剪切、复制、粘贴、撤销、恢复。如附图 23 所示。

附图 23　标准工具栏　　附图 24　视图工具栏

视图工具栏从左到右依次是全屏、放大、缩小、放大到适合所选区域、放大到适合页面。如附图 24 所示。

系统工具栏从左到右依次是显示/隐藏设计工具栏、显示/隐藏电路元件属性视窗工具栏、元件库管理、显示面包板、创建元件、图形/分析列表、后处理、电气规则检查、捕捉窗口区域选择、Ultiboard 后标注、Ultiboard 前标注、在用器件与分析法列表。如附图 25 所示。

附图 25　系统工具栏

(2)元器件工具栏

元器件工具栏提供了用户在仿真中所用到的所有元件，如附图 26 所示。图中每个按钮对应一种元件库，从左到右依次是电源/信号源库、基本器件库、二极管库、晶体管库、模拟集成电路库、TTL 数字集成电路库、CMOS 数字集成电路库、杂项数字元件库、数模混合集成电路库、指示器件库、电源器件库、其他杂项元器件库、键盘/显示器件库、射频元器件库、机电类器件库、镍组件库、连接器库、微控制器件库、放置分层模块和放置总线。

附图 26　元器件工具栏

(3)探针工具栏

探针工具栏以探针的形式提供测量电压、电流、功率等物理量的仪表，如附图 27 所示。

(4)仿真控件工具栏

仿真控件工具栏用于电路仿真运行、暂停、停止等控制，如附图 28 所示。

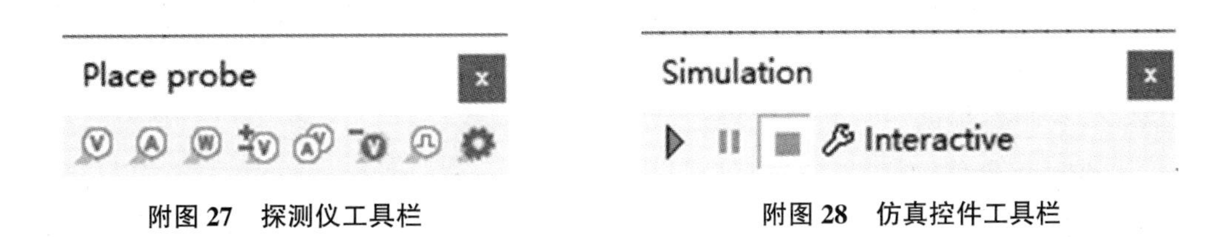

附图 27　探测仪工具栏　　附图 28　仿真控件工具栏

(5)仪表、仪器工具栏

仪表工具栏提供了用户在仿真中所用到的仪器仪表，如附图 29 所示。图中每个按钮对应一种仪表，从左到右依次是数字万用表、函数信号源、瓦特表、双踪示波器、四踪示波器、波特测试仪、频率计、数字信号发生器、逻辑转换仪、逻辑分析仪、伏安特性分析仪、失真分析仪、光谱分析仪、网络分析仪、安捷伦函数信号发生器、安捷伦万用表、安捷伦示波器、泰克示波器、LabVIEW 采样仪器、尼尔维斯仪器、电流检测探针。

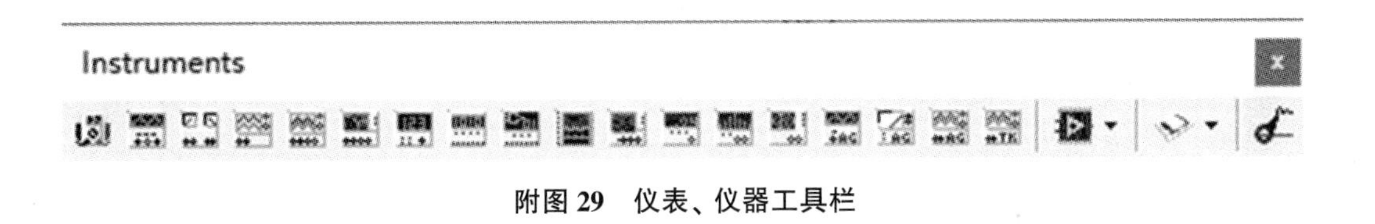

附图 29　仪表、仪器工具栏

(6)设计工具栏

设计工具栏如附图 30 所示，利用工具栏可以把有关电路设计的原理图、相关文件、电路的各种统计报告进行分类管理，还可以观察分层电路的层次结构。

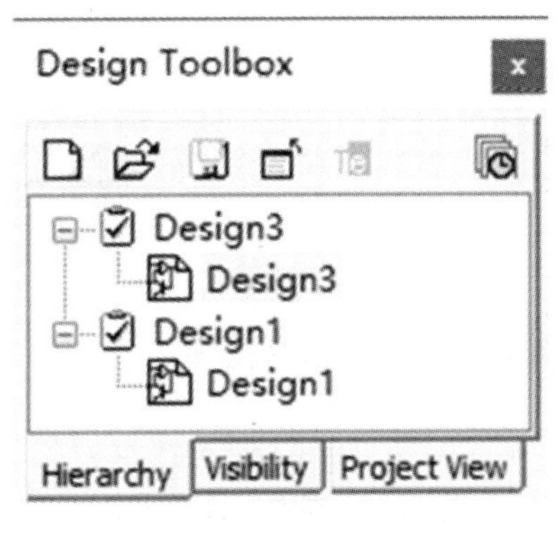

附图 30　设计工具栏

二、Multisim 14.0 的基本操作

1. 文件基本操作

与 Windows 常用的文件操作一样，Multisim14.0 中也有：New(新建文件)、Open(打开文件)、Save(保存文件)、Save As(另存文件)、Print(打印文件)、Print Setup(打印设置)和 xit(退出)等相关的文件操作，这些操作可以在菜单栏 File 菜单下选择命令，也可以应用快捷键或工具栏的图标进行快捷操作。

2. 元器件基本操作

(1)取用元器件

取用元器件的方法有两种：从工具栏取用或从菜单取用。下面将以电阻为例说明两种方法。

方法一：从工具栏取用：在元器件工具栏中找到第二个基本器件库工具，点击节后出现对话框，从中找到电阻即可，如附图 31 所示。

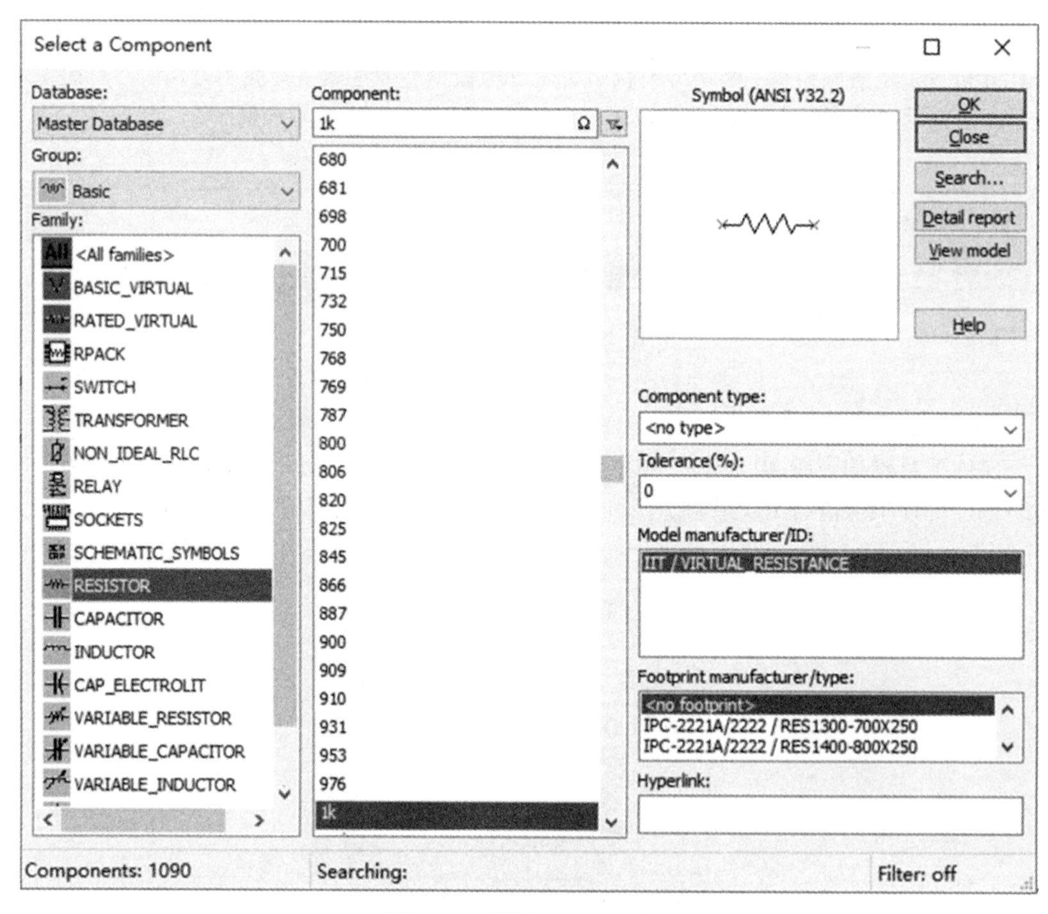

附图 31　元器件工具栏找电阻

(2)选定元器件

鼠标点击元器件，可选定该元器件。

(3)元器件常用的编辑操作

元器件常用的编辑操作有复制、剪切、粘贴、90 Clockwise(顺时针旋转 90°)、90 CounterCW(逆时针旋转 90°)、Flip Horizontal(水平翻转)、Flip Vertical(垂直翻转)、Component Properties(元件属性)等，这些操作可以在选定元器件后右击鼠标找到对应项进行操作，也可在菜单栏 Edit 子菜单下选择命令，还可以应用快捷键进行快捷操作。元器件的旋转与翻转操作如附图 32 所示。

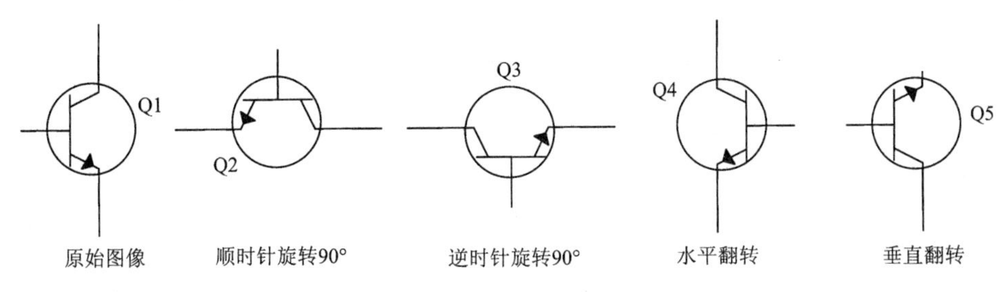

附图 32　元器件的旋转与翻转操作

(4)元器件特性参数

在电路工作区双击元器件，在弹出的元器件特性对话框中，可以设置或编辑元器件的各种特性参数，如附图 33 所示。元器件不同每个选项下将对应不同的参数。

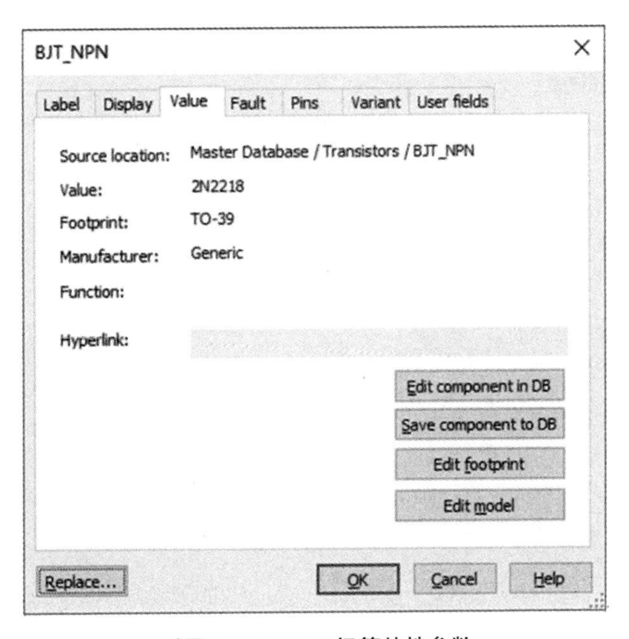

附图 33　NPN 三极管特性参数

例如：NPN 三极管的选项为

Label-标识　　Display-显示　　Value-数值　　Pins-管脚

(5)将元器件连接成电路

软件元器件引脚连接线是自动产生的，当鼠标箭头在器件引脚(或某一节点)的上方附近时，会自动出现一个小十字节点标记，按动鼠标左键连接线就产生了，将引线拖至另外一个引脚处出现同样一个小十字节点标记时，再次按动鼠标左键就可以连接上了。如果要得到折线，就必须在连接线直角处点击，再拖动引线产生折线。注意：在 Multisim 中连线的起点和终点不能悬空。

三、Multisim 14.0 的基本仪器仪表的使用

1. 数字万用表(Multimeter)

Multisim 14.0 提供的万用表外观和操作与实际的万用表相似，可以测电流(A)、电压(V)、电阻(Ω)和分贝值(dB)，测直流或交流信号。万用表有正极和负极两个引线端。如附图 34 所示。

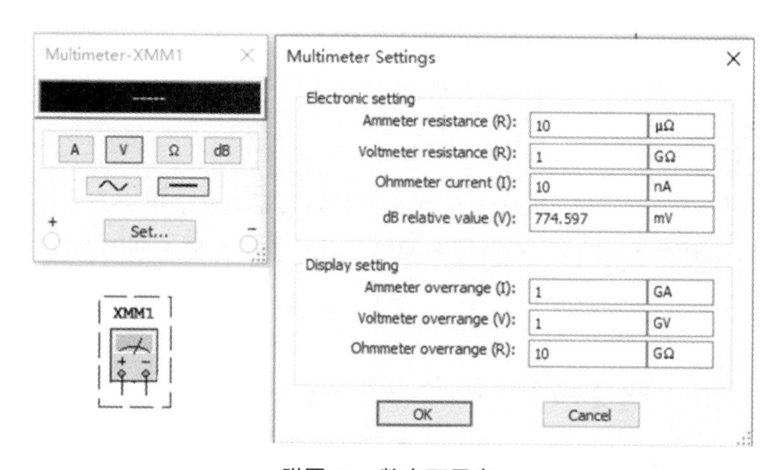

附图 34　数字万用表

2. 函数发生器(Function Generator)

Multisim 14.0 提供的函数发生器可以产生正弦波、三角波和矩形波，信号频率可在 1 MHz 到 999 MHz 范围内调整。信号的幅值以及占空比等参数也可以根据需要进行调节。信号发生器有三个引线端口：负极、正极和公共端。如附图 35 所示。

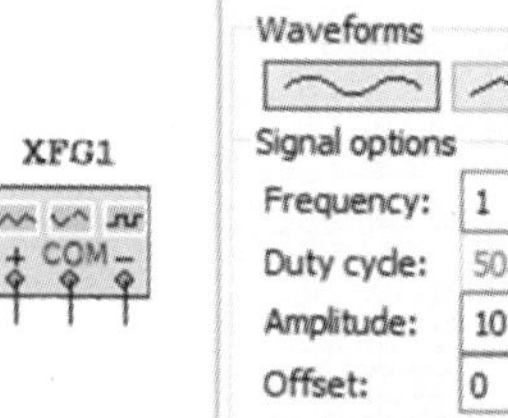

附图 35　函数发生器

3. 双踪示波器(Oscilloscope)

Multisim 14.0 提供的双踪示波器与实际的示波器外观和基本操作基本相同，该示波器可以观察一路或两路信号波形的形状，分

析被测周期信号的幅值和频率，时间基准可在秒直至纳秒范围内调节。示波器图标有四个连接点：A 通道输入、B 通道输入、外触发端 T 和接地 G 如附图 36 所示。

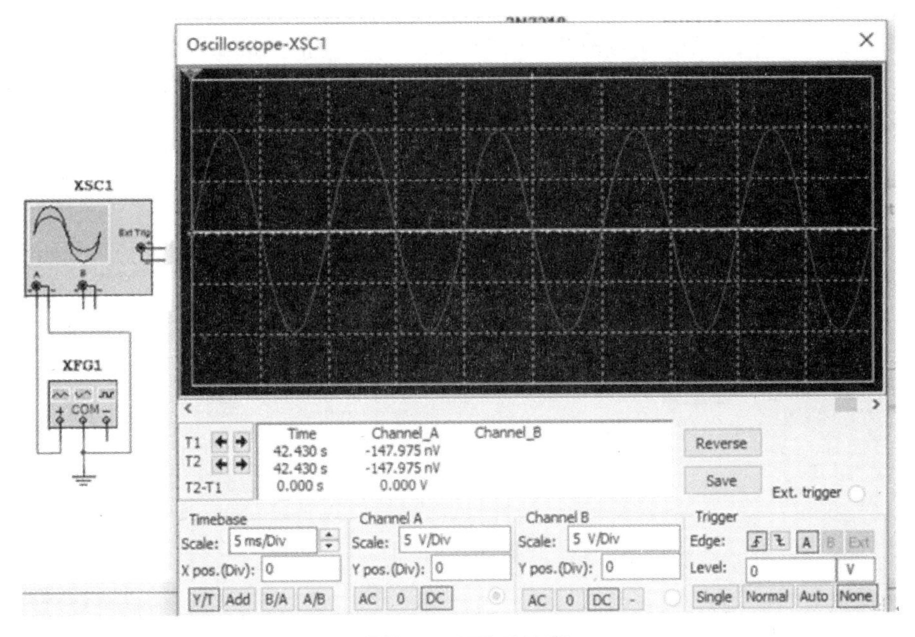

附图 36　双踪示波器

示波器的控制面板分为四个部分：

(1)Time base(时间基准)

Scale(量程)：设置显示波形时的 X 轴时间基准。

X position(X 轴位置)：设置 X 轴的起始位置。

显示方式设置有四种：Y/T 方式指的是 X 轴显示时间，Y 轴显示电压值；Add 方式指的是 X 轴显示时间，Y 轴显示 A 通道和 B 通道电压之和；A/B 或 B/A 方式指的是 X 轴和 Y 轴都显示电压值。

(2)Channel A(通道 A)

Scale(量程)：通道 A 的 Y 轴电压刻度设置。

Y position(Y 轴位置)：设置 Y 轴的起始点位置，起始点为 0 表明 Y 轴和 X 轴重合，起始点为正值表明 Y 轴原点位置向上移，否则向下移。

触发耦合方式：AC(交流耦合)、0(0 耦合)或 DC(直流耦合)，交流耦合只显示交流分量；直流耦合显示直流和交流之和；0 耦合，在 Y 轴设置的原点处显示一条直线。

(3)Channel B(通道 B)

通道 B 的 Y 轴量程、起始点、耦合方式等项内容的设置与通道 A 相同。

(4)Tigger(触发)

触发方式主要用来设置 X 轴的触发信号、触发电平及边沿等。

Edge(边沿)：设置被测信号开始的边沿，设置先显示上升沿或下降沿。

Level(电平)：设置触发信号的电平，使触发信号在某一电平时启动扫描。

触发信号选择：Auto（自动）、通道 A 和通道 B 表明用相应的通道信号作为触发信号；Ext 为外触发；Sing 为单脉冲触发；Nor 为一般脉冲触发。

4. 频率计（Frequency Counter）

频率计主要用来测量信号的频率、周期、相位，脉冲信号的上升沿和下降沿，频率计的图标、面板以及使用如附图 37 所示。使用过程中应注意根据输入信号的幅值调整频率计的 Sensitivity（灵敏度）和 Trigger Level（触发电平）。

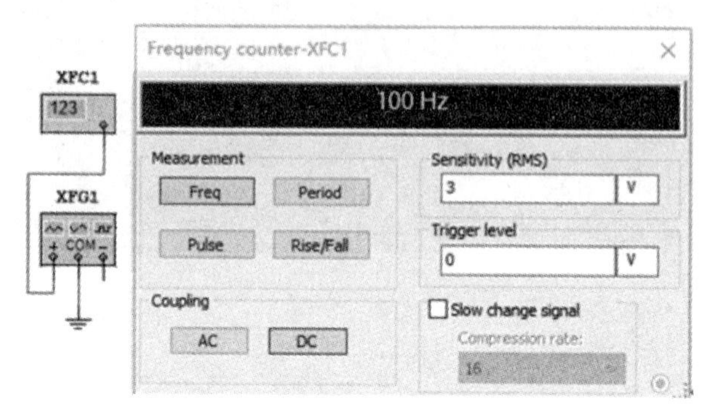

附图 37　频率计

参考文献

[1] 常用电子元器件检测与应用，王国明主编，机械工业出版社，2011 年 10 月
[2] 电子技能与实训，石小法主编，高等教育出版社，2001 年 10 月
[3] 电子技能与实训-项目式教学，陈雅萍主编，高等教育出版社，2013 年 5 月
[4] 电子技术基础，张龙兴主编，高等教育出版社，2009 年 8 月
[5] 电子技术基础与技能，张金华主编，高等教育出版社，2014 年 5 月